Anderl / Trippner (Hrsg.)

STEP
STandard for the
Exchange of
Product Model Data

Anderl / Trippner (Hrsg.)

STEP

STandard for the Exchange of Product Model Data

Eine Einführung in die Entwicklung, Implementierung und industrielle Nutzung der Normenreihe ISO 10303 (STEP)

Herausgegeben von
Professor Dr.-Ing. Reiner Anderl, Technische Universität Darmstadt
und Dipl.-Ing. Dietmar Trippner, BMW AG München

B. G. Teubner Stuttgart · Leipzig 2000

Wir danken dem ProSTEP-Verein zur Förderung internationaler Produktdatennormen e. V. für seine freundliche finanzielle Unterstützung bei der Erstellung dieses Buchs.

Die Deutsche Bibliothek – CIP-Einheitsaufnahme

Ein Titeldatensatz für diese Publikation ist bei
Der Deutschen Bibliothek erhältlich

ISBN 978-3-519-06377-3 ISBN 978-3-322-89096-2 (eBook)
DOI 10.1007/978-3-322-89096-2

Gesamtherstellung: Präzis-Druck GmbH, Karlsruhe

Vorwort

Die Normenreihe ISO 10303 (STEP) stellt eine wesentliche Grundlage der Produktdatentechnologie dar. Mit der wachsenden Verbreitung der Produktdatentechnologie in den verschiedenen Ingenieurdisziplinen beeinflusst STEP zunehmend die Ansätze zur Integration von CA-Systemen.

Das vorliegende Buch soll daher einen fundierten Einblick in die STEP-Technologie ermöglichen. Es besteht im Wesentlichen aus drei Teilen: I) der Betrachtung von STEP als Grundlage der Produktdatentechnologie, mit der Vorstellung industrieller Kooperationsmodelle und den sich daraus ergebenden Anforderungen, II) der Darstellung von STEP als Integrationstechnologie, mit einer Erläuterung der Inhalte der Normenreihe, der Modellierungssprache EXPRESS und der darauf aufbauenden Vorgehensweise zur Erstellung des STEP-Produktdatenmodells sowie modernen Implementierungsmethoden und III) der Einführungsstrategie von STEP, deren wesentliche Merkmale der Austausch von Produktdaten, der Einsatz von Methoden zur automatisierten Kommunikation in der Produktentwicklung und die Methoden zum STEP-basierten Produktdatenmanagement sind.

Zu dem vorliegenden Buch haben eine Reihe von Experten beigetragen, denen unser Dank gebührt. Herzlich bedanken möchten wir uns bei den Herren Michael Endres, Wilhelm Kerschbaum, Dr. Mario Leber und Dr. Josip Stjepandic von der ProSTEP GmbH, bei den Herren Alexander Angebrandt, Hans Axtner, Thomas Kiesewetter, Daniel Lange und Konrad Pagenstert von der BMW AG sowie bei den Herren Martin Arlt, Bernd Daum, Harald John, Jörg Katzenmaier, Martin Philipp und Christian Pütter vom Fachgebiet Datenverarbeitung in der Konstruktion der Technischen Universität Darmstadt. Ein besonderer Dank gilt auch Herrn Robert Gräb und Frau Regina Beuthel vom Fachgebiet Datenverarbeitung in der Konstruktion der Technischen Universität Darmstadt für das Layout und die Durchsicht des Manuskripts sowie Frau Christine Frick vom ProSTEP-Verein e.V. für ihre Anregungen.

Reiner Anderl, Dietmar Trippner

im Dezember 1999

Inhaltsverzeichnis

Abbildungsverzeichnis

Tabellenverzeichnis

Autoren

Teil I – Produktdatentechnologie

Reiner Anderl
Fachgebiet Datenverarbeitung in der Konstruktion
Technische Universität Darmstadt

Harald John
Fachgebiet Datenverarbeitung in der Konstruktion
Technische Universität Darmstadt

Teil II – STEP

Martin Arlt
Fachgebiet Datenverarbeitung in der Konstruktion
Technische Universität Darmstadt

Michael Endres
ProSTEP Produktdatentechnologie GmbH

Jörg Katzenmaier
Fachgebiet Datenverarbeitung in der Konstruktion
Technische Universität Darmstadt

Martin Philipp
Fachgebiet Datenverarbeitung in der Konstruktion
Technische Universität Darmstadt

Christian Pütter
Fachgebiet Datenverarbeitung in der Konstruktion
Technische Universität Darmstadt

Teil III – STEP in der Praxis

Alexander Angebrandt
BMW AG

Hans Axtner
BMW AG

Bernd Daum
Fachgebiet Datenverarbeitung in der Konstruktion
Technische Universität Darmstadt

Wilhelm Kerschbaum
ProSTEP Produktdatentechnologie GmbH

Thomas Kiesewetter
BMW AG

Daniel Lange
BMW AG

Mario Leber
ProSTEP Produktdatentechnologie GmbH

Konrad Pagenstert
BMW AG

Dietmar Trippner
BMW AG

Anhang

Reiner Anderl
Fachgebiet Datenverarbeitung in der Konstruktion
Technische Universität Darmstadt

Bernd Daum
Fachgebiet Datenverarbeitung in der Konstruktion
Technische Universität Darmstadt

Einleitung

Normen und Standards sind für die Produktentwicklung seit jeher von zentraler Bedeutung. Erst durch die genormte Produktdokumentation beispielsweise können Beschreibungen technischer Produkteigenschaften von verschiedenen Stellen interpretiert werden. Auf diese Weise werden grundlegende Voraussetzungen für die Zusammenarbeit zwischen Unternehmen zur wirtschaftlichen Entwicklung innovativer Produkte geschaffen.

STEP (Standard for the Exchange of Product Model Data) ist eine Normenreihe, die im Rahmen der ISO (International Organization for Standardization) für den Produktdatenaustausch, die Produktdatenspeicherung und -archivierung sowie die Produktdatentransformation entwickelt wurde und wird. STEP gewinnt zunehmend an Bedeutung, weil normative Grundlagen bereitgestellt werden, um Produktdaten zu strukturieren und deren Verarbeitung zu organisieren. Es werden dadurch die Voraussetzungen zur Integration von Anwendungssoftwaresystemen für die Produktentwicklung geschaffen.

Durch die Entwicklung und Normung von STEP sind wichtige Voraussetzungen zur Optimierung von Prozessketten geschaffen worden, da in die Entwicklung von STEP das Know-how und die Erfahrungen vieler unterschiedlicher Unternehmen eingeflossen sind, welche sich insbesondere in dem umfassenden Integrierten Produktmodell widerspiegeln.

Das vorliegende Buch hat das Ziel, STEP zunächst im Rahmen der begrifflichen, methodischen und organisatorischen Grundlagen der Produktdatentechnologie darzustellen. Es wird dazu eine Einführung in die STEP-Ziele gegeben, diese werden in den Gesamtkontext der Produktdatentechnologie eingeordnet, und es wird die Bedeutung von STEP für die Produktentwicklung aufgezeigt. Ein weiterer Anspruch des Buchs ist es, die Grundlagen für die Einführung von STEP in die Industrie zu erläutern und damit die Installation dieser Technologie im Unternehmen zu erleichtern bzw. zu ermöglichen.

Der Leser soll insgesamt in die Lage versetzt werden, relevante Modelle, Methoden und Instrumente aus STEP für einen bestimmten Kontext zu identifizieren und für den gegebenen Anwendungsfall zu nutzen. Dazu werden verwendete Terminologien vorgestellt, die dem Leser die Einordnung von STEP in die Produktdaten-, die Informations- und Kommunikationstechnologie ermöglichen. Darüber hinaus werden Bezüge zwischen Datenmodellen, Modellentwicklung, Systemintegration, Datenaustausch und Softwareanwendungen zu STEP und der Produktdatentechnologie aufgezeigt. Dieses Wissen bildet die Voraussetzung, um rechnerbasiert moderne Methoden des Entwicklungsmanagements wie beispielsweise Simultaneous Engineering, Concurrent Design oder die integrierte Produktentwicklung in der Praxis einzuführen und zu institutionalisieren, also die Optimierung der Prozessketten im Produktentwicklungsprozess zu betreiben.

Unter diesen Gesichtspunkten wurde eine Dreiteilung des Buchs vorgenommen. Die Teile sind für sich genommen aussagekräftig, da möglicherweise nicht für alle Leser die gesamte Komplexität von STEP relevant ist.

Teil I – Produktdatentechnologie – stellt die Grundlagen der Verarbeitung von Produktdaten vor.

Im Kapitel 1 werden zunächst elementare Begriffe wie beispielsweise Produktmodell, Produktlebenszyklus oder Lebensphase erläutert und prinzipielle Funktionen und Ziele der Produktdatentechnologie vorgestellt. Auf dieser Basis wird die Motivation für eine Integration der auf den Produktdaten operierenden Anwendungssysteme abgeleitet und eine entsprechende System- und Methodenintegration unter besonderer Berücksichtigung der modernen Methoden des Entwicklungsmanagements skizziert. Der abschließende Teil dieses Kapitels beschreibt die Informationsmengen des Produktmodells, welches die datentechnische Grundlage zur Umsetzung dieser Ziele darstellt.

Kapitel 2 beleuchtet Entwicklungen im Bereich der rechnerunterstützten Methoden und Techniken zur Nutzung digitaler Produktmodelle in Prozessketten. Dazu werden verschiedene Arten der Produktdatenverarbeitung im Entwicklungsprozess vorgestellt und deren Eigenschaften beschrieben. Als Ziel der Integration von produktdatenverarbeitenden Einzelsystemen wird eine kohärente Produktentwicklungsumgebung charakterisiert und die Bedeutung eines zugrundeliegenden Produktmodells für diese Integration erklärt. In diesem Zusammenhang werden die Möglichkeiten und Eigenschaften des Integrierten Produktmodells von STEP kurz skizziert. Weiterhin wird der Entwicklungsprozess und die Nutzung eines Produktmodells durch den Anwender am Beispiel erläutert. Die exemplarische Vorstellung verschiedener aktueller und zukünftiger Anwendungsszenarien (z. B. Prozessketten) schließt dieses Kapitel.

Das Kapitel 3 greift strukturelle und organisatorische Aspekte der Produktdatenverarbeitung auf. Es wird zunächst die Bedeutung von STEP für das Produktdatenmanagement unter dem Gesichtspunkt des Produktdatenaustauschs abgeleitet. Auf der Basis der Anforderungen an das Produktdatenmanagement wird eine Systemarchitektur beschrieben, die die Installation einer integrierten IT-Umgebung für die Unterstützung des Produktentstehungsprozesses im Unternehmen darstellt. Schließlich werden unternehmensübergreifende Aspekte (z. B. Datenaustausch zwischen Hersteller und Zulieferer) angesprochen und Lösungsmöglichkeiten für die auftretenden Probleme skizziert und bewertet.

Teil II – STEP – thematisiert Konzepte, Methoden und Inhalte der Norm ISO 10303, die die umfassenste Entwicklung zur Lösung und Umsetzung der in Teil I beschriebenen Probleme und Ziele verkörpert.

Kapitel 4 ordnet STEP in die Normung ein und zeigt die organisatorischen Strukturen im Rahmen der ISO auf. Es werden Ziele und Struktur der Produktdatenmodellentwicklung im Rahmen von STEP vorgestellt. In Ergänzung dazu wird die phasenorientierte Vorgehensweise zur Ausarbeitung und Abstimmung einer ISO-Norm vorgestellt, die mit der Veröffentlichung einer Norm als Internationaler Standard (IS) abschließt. Anschließend wird der Aufbau der ISO 10303 insbesondere in Hinblick auf deren Aufteilung in Serien aufgezeigt und die Inhalte der einzelnen Serien kurz erläutert. Eine weitere wichtige Aktivität der ISO im Bereich der Produktdatentechnologie stellt die Normung für Teilebibliotheken (Part Libraries, ISO 13584) dar, die in enger Beziehung zur ISO 10303 steht. Daher werden sowohl der Aufbau als auch die Struktur der ISO 13584 erläutert. Die Darstellung des aktuellen Status im interdisziplinären Normungsprozess schließt das Kapitel. Dabei wird insbesondere auf die Anwendungsprotokolle 212 und 214 eingegangen.

Ferner beschreibt es die wesentlichen Mechanismen, die in der STEP-Datenmodellentwicklung verwendet werden. Zunächst wird mit der Beschreibung der formalen Modellierungssprache EXPRESS die Grundlage für die Spezifikation der Produktdatenmodelle erläutert. Es werden anhand von einfachen Beispielen Sprachumfang, Eigenschaften und Struktur dieser Modellierungssprache dargestellt. Zusätzlich werden verschiedene Weiterentwicklungen von EXPRESS vorgestellt. Im Anschluss daran werden der inhaltliche Aufbau und die Erstellung von Datenmodellen detailliert behandelt. Als Grundlage für eine datentechnische Integration von neuen Modellen mit bestehenden Normendokumenten wird das Konzept der Basismodelle von STEP erläutert. Darauf aufbauend wird die Entwicklungsmethodik zur Erstellung eines Anwendungsprotokolls beschrieben und auf Inhalte der einzelnen Phasen detailliert eingegangen.

Grundsätzliche Aspekte zum Lesen und Verstehen von Anwendungsprotokollen werden anhand eines Beispiels aus dem Anwendungsprotokoll 214 vorgestellt. Nach den methodischen Grundlagen der Datenmodellentwicklung werden die Implementierungsmethoden von STEP dargestellt. Es werden sowohl der Aufbau und die Eigenschaften des zum sequentiellen Datenaustausch benutzten STEP-Physical File beschrieben, als auch die Konzepte des Standard Data Access Interface (SDAI) vorgestellt. Weiterhin wird eine Klassifikation von Rechnerwerkzeugen zur Unterstützung der Datenmodellentwicklung gegeben und der Software-Entwicklungsprozess von der Spezifikation der Datenmodelle bis zum Anwendungssystem dargestellt. Abschließend werden ausgewählte Entwicklungen aus dem Bereich der Informationstechnologie (z. B. CORBA, JAVA) und deren Relevanz bzw. Einfluss auf STEP erläutert.

Das Kapitel 5 konkretisiert die im Kapitel 4 vorgestellten Implementierungsmethoden hinsichtlich einer Umsetzung der STEP-Anwendungsprotokolle in rechnerbasierte Anwendungssysteme. Zunächst werden grundsätzliche Konzepte zur Implementierung des Application Interpreted Model (AIM) und dessen Partitionierung in Konformitätsklassen vorgestellt. Anschließend werden die zuvor allgemein beschriebenen Vorgehensweisen zur Implementierung für den vorliegenden Anwendungsfall konkretisiert und eine Implementierungsstrategie vorgestellt. Bemerkungen zu Maßnahmen für die Koordination und Kooperation bei der Implementierung runden die Beschreibung der Softwareerstellung ab. Zur Validierung der erstellten Software werden die im Rahmen von STEP vorgeschlagenen Testverfahren erläutert. Insbesondere wird hierbei auf die Konformitätsprüfung von STEP-basierten Implementierungen eingegangen. Abschließend werden die Aktivitäten des ProSTEP-Vereins zur Qualitätssicherung von STEP-Implementierungen skizziert.

Teil III – STEP in der Praxis – stellt den allgemeinen Stand der Implementierung sowie bereits durchgeführte Projekte zur Einführung von STEP in Unternehmen vor.

Kapitel 6 geht in erster Linie auf den Stand der Implementierung von STEP-Prozessoren zum Austausch von 3D-Volumenmodellen zwischen CAD-Systemen ein. Dabei wird der Leistungsumfang der verschiedenen STEP-Prozessoren an den bestehenden Anwendungsprotokollen bzw. deren Konformitätsklassen gespiegelt und der aktuelle Stand der Einführung der Prozessoren zum Geometrieaustausch in der Industrie dargestellt. Dabei wird zwischen verschiedenen Branchen und Ländern unterschieden. Darüber hinaus werden auch häufige Hemmnisse seitens der Unternehmen bei der Einführung von STEP angesprochen.

Im Kapitel 7 wird in einem ersten Beispiel die Implementierung einer Schnittstelle zwischen zwei CAD-Systemen vorgestellt. Dazu wird die Ausgangslage analysiert und ein

Lösungsprinzip zur Behebung der vorhandenen Probleme definiert. Das zweite Beispiel dieses Kapitels befasst sich mit dem Austausch von PDM-Daten. Zunächst werden die verwendeten Begriffe geklärt und die Notwendigkeit des Austauschs von PDM-Daten motiviert. Anschließend werden typische Kommunikationsszenarien zur Unterstützung des Konstruktionsprozesses in Unternehmen in Hinblick auf den Austausch von Produktdaten geschildert. Dabei wird speziell auf die Datenaustauschproblematik mit der Zulieferindustrie eingegangen. Die Vorstellung der Möglichkeiten zur Automatisierung des Produktdatenaustauschs mittels STEP beendet das Kapitel.

Abschließend werden die wesentlichen Aspekte des gesamten Buchs noch einmal kurz zusammengefasst und ein Ausblick auf geplante Aktivitäten im Bereich der Produktdatentechnologie gegeben.

Teil I

Produktdatentechnologie

1 Einführung in die Produktdatentechnologie

Die Produktdatentechnologie umfasst die Verarbeitung von Produktdaten in den Phasen des Produktlebenszyklus und baut auf dem sogenannten Integrierten Produktmodell auf. Dieses Integrierte Produktmodell dient als logische Integrationsplattform für Anwendungssoftwaresysteme, die in den Phasen des Produktlebenszyklus eingesetzt werden. Ziel ist es dabei, dass nach der Vorgabe des Integrierten Produktmodells alle Produktdaten aus den Produktlebensphasen abgebildet und für die Verwendung in verschiedenen Anwendungssoftwaresystemen rechnerverarbeitbar zur Verfügung gestellt werden. Einmal erstellte, d. h. beschriebene oder berechnete Produktdaten, können somit in verschiedenen Anwendungssoftwaresystemen weiterverarbeitet werden. Es entsteht ein durchgängiger Informationsfluss im Produktlebenszyklus.

Der Produktlebenszyklus bildet dabei den Werdegang eines Produkts ab, wobei verschiedene Produktlebensphasen beschrieben werden (Bild 1.1). Zu ihnen zählen insbesondere die Produktplanung, die Konstruktion, die Arbeitsvorbereitung, die Herstellung, der Vertrieb, die Nutzung sowie das Recycling und die Entsorgung des Produkts. Die ersten vier Phasen werden zu dem Begriff Produktentstehung zusammengefasst. Die Produktentstehung umfasst dabei die Phasen, in denen eine möglichst vollständige Produktbeschreibung sowie die Beschreibung der Produktherstellung erfolgt.

Das Integrierte Produktmodell für die Produktentstehung liegt insbesondere für die Abbildung der Produktgestalt und der Produktstruktur detailliert ausgearbeitet und genormt vor.

Die grundlegende Norm für Produktdaten ist STEP. Der Begriff STEP bedeutet

"Standard for the Exchange of Product Model Data"

und steht als Arbeitstitel für eine internationale Norm zum Austausch von Produktmodelldaten. STEP umfasst die ISO-Normenreihe

ISO 10303 "Product Data Representation and Exchange"

und stellt die wesentliche Grundlage der Produktdatentechnologie dar.

Durch STEP wird eine einheitliche Beschreibung von Produktdaten vorgegeben. Sie definiert abstrakte, allgemein gültige Merkmale von Produkten sowie Zusammenhänge und Abhängigkeiten zwischen Merkmalen. Diese Beschreibung wird auch als Produkt-

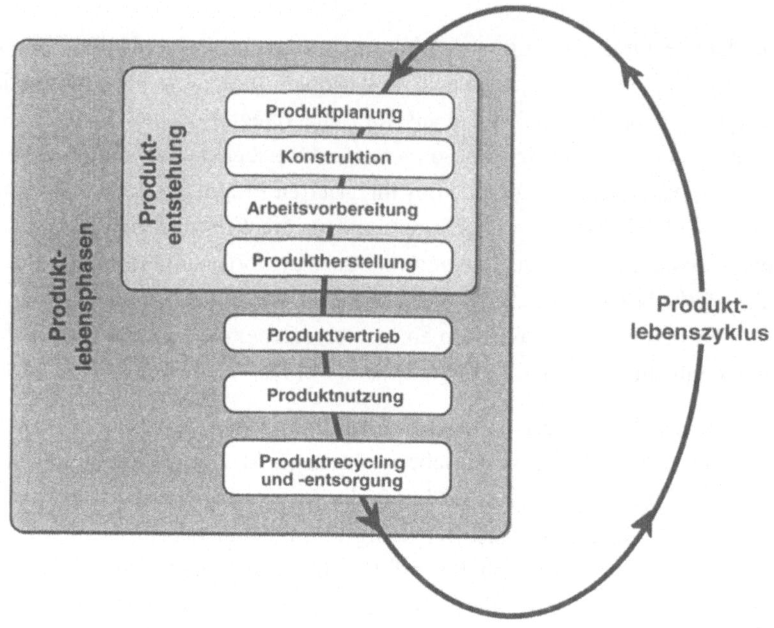

Bild 1.1
Phasen des Produktlebenszyklus

modell bezeichnet und wegen der phasen- und anwendungsübergreifenden Bedeutung Integriertes Produktmodell genannt.

Aus der abstrakten, aber allgemein gültigen Festlegung von Produktdaten im Integrierten Produktmodell werden Spezialisierungen für Anwendungsgebiete (Automobilindustrie, Elektroindustrie, Bauwesen etc.) abgeleitet. Diese Spezialisierungen liefern dann die Grundlage, um Funktionen der Produktdatenverarbeitung in Anwendungssoftwaresysteme zu integrieren.

STEP liefert mit dem Integrierten Produktmodell die Grundlage, um einheitliche Funktionen zur Verarbeitung von Produktdaten zu entwickeln. Zu diesen Funktionen zählen:

- Produktdatenaustausch,
- Produktdatenspeicherung,
- Produktdatenarchivierung und
- Produktdatentransformation.

Diese Funktionen zur Verarbeitung von Produktdaten zielen darauf ab, die verschiedenen Anwendungssoftwaresysteme in den Phasen des Produktlebenszyklus nicht als "Insellösungen" einzusetzen, sondern durchgängige Informationsflüsse und damit integrierte Anwendungen zu erreichen. Diese Integration kann nach einer System- oder Methodenintegration erfolgen.

1.1 System- und Methodenintegration

Gegenstand der Systemintegration ist die Integration von Anwendungssoftwaresystemen. Sie erfolgt durch eine Systemkopplung über den Austausch von Produktdaten oder durch den Zugriff auf eine einheitliche Produktdatenbasis. Dabei stehen insbesondere die Funktionen des Produktdatenaustauschs und der Produktdatenspeicherung im Vordergrund.

Der Vorteil der Systemintegration über eine einheitliche, d. h. systemneutrale Produktdatenbasis, ergibt sich aus dem in Bild 1.2 dargestellten Zusammenhang. Sind z. B. bei einer systemspezifischen Kopplung für die Integration von fünf unterschiedlichen CAD-Systemen zwanzig unterschiedliche Schnittstellen erforderlich, so reduziert sich deren Anzahl bei der Verwendung einer einheitlichen Produktdatenbasis auf zehn.

Die Formeln zur Berechnung der notwendigen Schnittstellen lauten:

- für den Fall systemspezifischer Schnittstellen: n (n-1),
- für den Fall systemneutraler Schnittstellen: 2n,

wobei n die Zahl der durch Prä- und Postprozessoren zu koppelnden Systeme angibt.

Dieser Unterschied wächst mit zunehmender Anzahl unterschiedlicher Softwaresysteme und rechtfertigt die Anstrengungen zur Entwicklung und Implementierung einer einheitlichen Produktdatenbasis.

Die Methodenintegration ist zunächst unabhängig von der Rechnerunterstützung durch Anwendungssoftwaresysteme und stellt die zu lösenden Aufgaben in den Vordergrund. Dies bedeutet, dass methodische Vorgehensweisen, Organisation, Mitarbeiterqualifikation und -Know-how sowie einzusetzende Anwendungssoftwaresysteme betrachtet werden. Der Vorteil dieses Ansatzes ist, dass er die Aufgabenstellung ganzheitlich behandelt und die Reduzierung insbesondere von Iterationszyklen, das Erkennen und Vermeiden von Fehlerquellen und die Verkürzung von Durchlaufzeiten in der Produktentwicklung und -konstruktion anstrebt.

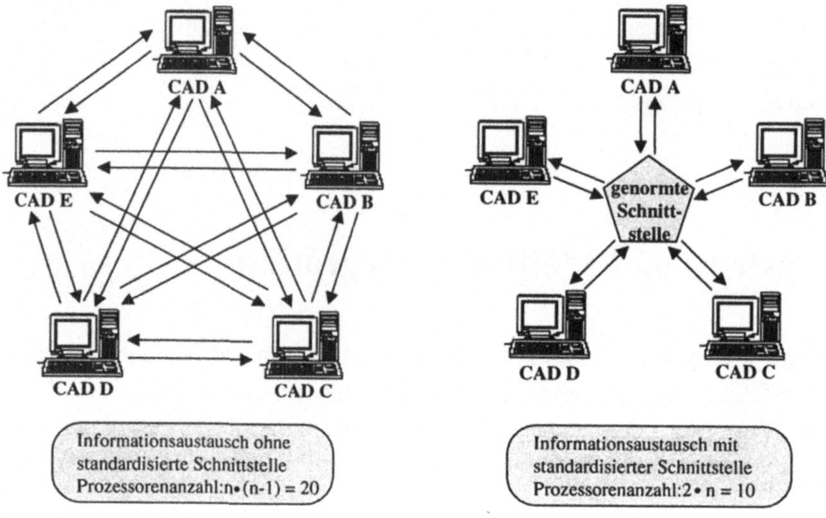

Bild 1.2
Systemintegration über systemspezifische und neutrale Schnittstellen

Jedoch stellt der Ansatz der Methodenintegration auch wesentlich komplexere Anforderungen an die Unternehmensorganisation sowie Informations- und Kommunikationstechnik. In der Praxis wird die Methodenintegration häufig durch die Einrichtung von Entwicklungs- und Konstruktionsprojekten, den Aufbau von Prozessketten bzw. Prozessnetzen und die Einführung des Produktdatenmanagements vorangetrieben.

Mit dem Bestreben, eine Methodenintegration einzuführen, gewinnen die modernen Methoden des Entwicklungsmanagements zunehmend an Bedeutung. Zu diesen Methoden zählen:

- Entwicklungspartnerschaften in einem erweiterten Unternehmen (engl.: extended enterprise),
- Concurrent Design und
- Simultaneous Engineering.

Entwicklungspartnerschaften in einem erweiterten Unternehmen gehen von einer Arbeitsorganisation aus, die auf der Zerlegung von Entwicklungs- und Konstruktionsaufgaben aufbaut und die Bearbeitung der Aufgaben an eigene Abteilungen oder kooperierende Unternehmen vergibt.

Concurrent Design und Simultaneous Engineering kennzeichnen die Arbeitsorganisation bei Entwicklungs- und Konstruktionsprojekten. Beide Begriffe werden in der Praxis häufig synonym gebraucht. In Bezug auf die Produktdatentechnologie sollen sie dennoch zunächst einzeln erläutert werden, obgleich auch Mischformen praktiziert werden können.

Concurrent Design versteht eine Entwicklungs- und Konstruktionsaufgabe als ein Projekt, dem zwei Ansätze zugrunde liegen. Zum einen ist dies die Zerlegung einer Entwicklungs- und Konstruktionsaufgabe in Teilaufgaben und zum anderen die Berücksichtigung verschiedener, oft gegenläufiger Anforderungen an die konstruktive Lösung.

Die Zerlegung der Entwicklungs- und Konstruktionsaufgabe ist eine methodisch-organisatorische Aufgabe und setzt Zerlegungsprinzipien voraus wie beispielsweise nach systemtechnisch-funktionalen Ansätzen (z. B. Fahrwerk, Antriebssystem, Bremssystem, Beleuchtungssystem) oder strukturellen Ansätzen (Produkt, Baugruppen, Unterbaugruppen, Einzelteile). Nach der Zerlegung der Aufgabe erfolgt die Zuteilung zu Mitarbeitern im Projektteam. Es sind dazu Projektplanungs- und -managementmethoden erforderlich, wie die Erstellung eines Arbeitsplans, die Festlegung von Meilensteinen und Lösungsaudits sowie die Festlegung von Synchronisationspunkten, um die konstruktiven Lösungen aufeinander abzustimmen.

Zur Berücksichtigung von Anforderungen an die konstruktive Lösung muss das Anforderungsprofil bekannt sein. Dies liegt häufig als Anforderungsliste, Pflichtenheft und/oder Lastenheft vor. Bewährt hat sich insbesondere die Methode des Quality Function Deployment (QFD), die ausgehend von Kundenanforderungen über mehrere Stufen zur Festlegung der Produkt- und Prozessspezifikation führt. Das Anforderungsprofil sowie die Zerlegungsstruktur der Entwicklungs- und Konstruktionsaufgabe müssen allen Mitgliedern im Projektteam bekannt sein und schnell aktualisiert werden können. Darüber hinaus sind Methoden zum kooperativen Arbeiten insbesondere zur rechnerbasierten Kommunikation notwendig.

Simultaneous Engineering legt ein simultanes Vorgehen in den Phasen der Produktentstehung zugrunde, d. h. Arbeiten in den Produktentstehungsphasen Produktentwicklung und -konstruktion, Arbeitsvorbereitung sowie Produktherstellung werden zeitlich überlappend durchgeführt. In der Praxis bedeutet dies beispielsweise das parallele Entwickeln von Produkten und Betriebsmitteln (insbesondere von Werkzeugen).

Simultaneous Engineering erfordert ähnlich wie Concurrent Design Methoden zur parallelen Abwicklung von Entwicklungs- und Konstruktionsaufgaben unter Berücksichtigung des Anforderungsprofils an das Produkt und darauf abgestimmter Methoden des Projektmanagements. Vor diesem Hintergrund gewinnen die Methoden des Produktdatenmanagements einen ganz besonderen Stellenwert. Gerade für das Simultaneous

Engineering ist dabei die Qualität der Methoden zur Identifikation und Klassifikation, zur Freigabe und Änderung, zur Produktstrukturierung und -konfiguration sowie zur Projekt-, Artikel- und Dokumentenverwaltung entscheidend. So muss zu jedem Zeitpunkt des Zugriffs auf Produktdaten deren Freigabestatus und deren Änderungsstand bezogen auf das Entwicklungsprojekt bekannt sein.

Die Prinzipien der Entwicklungsmanagementmethoden Concurrent Design und Simultaneous Engineering zeigt Bild 1.3. Durch Concurrent Design und Simultaneous Engineering wächst der Bedarf an Kommunikation und Abstimmung zwischen den beteiligten Personen bei der Produktentstehung, und die Komplexität der auszutauschenden Produktdaten steigt. Die Funktionen Produktdatenaustausch und Produktdatenspeicherung im Sinne des Product Data Sharing, also des Zugriffs auf und die Verarbeitung von Produktdaten in verteilten Anwendungen, gewinnen deshalb zunehmend an Bedeutung.

Simultaneous Engineering

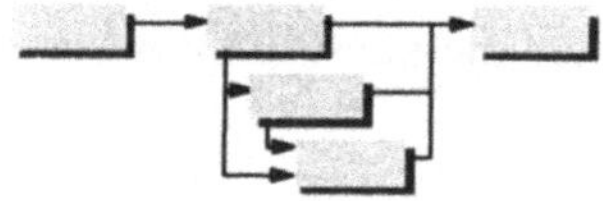

weitgehend gleichzeitiges Entwickeln von Produkt und Produktionseinrichtung unter weitgehender Einbeziehung von Zulieferern und Systemherstellern

Concurrent Design

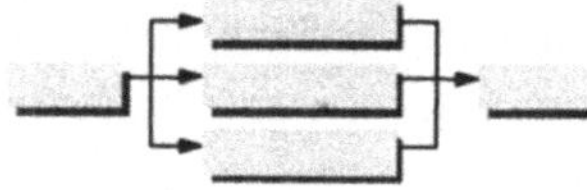

parallelisierte und verteilte Bearbeitung von Aufgaben in der konstruktiven Phase des Produktentwicklungsprozesses

Bild 1.3
Simultaneous Engineering und Concurrent Design

Die STEP-Norm stellt mit dem Integrierten Produktmodell die konzeptionelle Grundlage für diese Funktionen dar. Sie muss in Anwendungssoftwaresystemen implementiert werden, um die Funktionen der Produktdatentechnologie praktisch einsetzen zu können. Dies bedeutet auch, dass die STEP-Norm in unterschiedlichen Anwendungssoftwaresystemen verfügbar sein muss wie z. B. in CAD (Computer Aided Design)-, FEM (Finite-Elemente-Methoden)-, MKS (Mehrkörpersimulation)-Systemen und insbesondere auch in PDM (Produktdatenmanagement)-Systemen.

1.2 Produktdefinition, -repräsentation und -präsentation

Eine methodische Betrachtung von Produktdaten hinsichtlich ihrer Aufgabe zur Integration von Anwendungssoftwaresystemen in den Phasen des Produktlebenszyklus führt zur Betrachtung von Produktdaten nach drei Gesichtspunkten (Bild 1.4):

- Produktdefinition,
- Produktrepräsentation und
- Produktpräsentation.

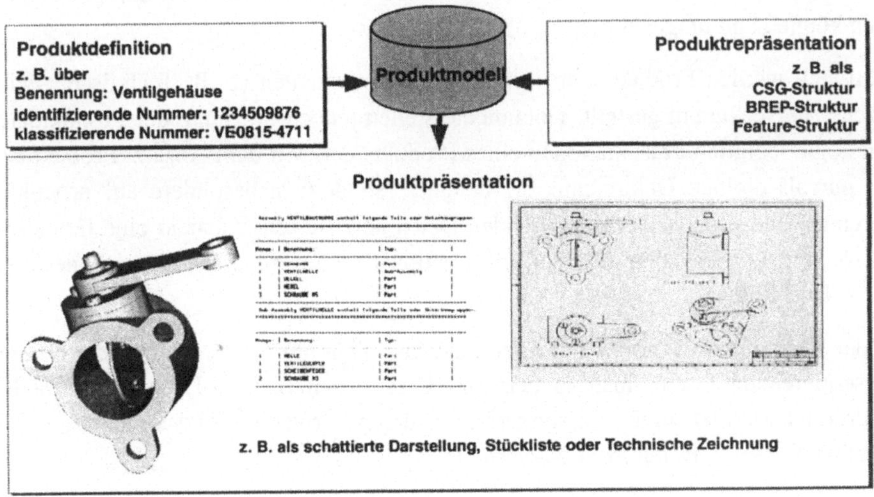

Bild 1.4
Produktdefinition, -repräsentation und -präsentation

Produktdaten zur **Produktdefinition** umfassen die administrativen und organisatorischen Produktdaten. Sie dienen beispielsweise der eindeutigen Identifizierung und Klassifikation eines Produkts (z. B. über die Sachnummer und den Artikelstammsatz), der Einordnung in die Phasen des Lebenszyklus (z. B. über Freigabestatus, Änderungsstand und Version) sowie in die Produktstruktur (z. B. Alternative, Variante).

Produktdaten der **Produktrepräsentation** werden zur rechnerverarbeitbaren Abbildung von Produktmerkmalen genutzt. Sie sind so ausgelegt, dass mit Analyse- und Simulationsmethoden Aussagen über das Produktverhalten getroffen werden können. So wird z. B. eine Repräsentation des Produktmerkmals Gestalt über Geometriemodelle (Linien-, Flächen- oder Volumenmodelle) dargestellt, das Produktmerkmal Festigkeit wird über Finite-Elemente-Modelle abgebildet, das Produktmerkmal Bewegung über das Kinematikmodell und das Produktmerkmal Teileauflösung und Teileverwendung über das Produktstrukturmodell.

Die **Produktpräsentation** dagegen zielt auf eine graphische oder textuelle Darstellung der Produktrepräsentation. Die Produktpräsentation lässt sich so immer aus einer vorhandenen Produktrepräsentation ableiten (z. B. Ansichten und Schnitte einer Technischen Zeichnung aus dem 3D-Geometriemodell). Vielfach sind Produktrepräsentation und Produktpräsentation auch bidirektional assoziativ. Das heißt, dass Änderungen in der Produktrepräsentation automatisch zu Änderungen in der Produktpräsentation führen können und umgekehrt.

Traditionell werden Produktdaten in Form von Dokumenten (z. B. Technische Zeichnungen) zur Verfügung gestellt. Dokumente stellen jedoch im Sinne der Produktdatentechnologie lediglich Präsentationen eines Produkts dar. Mit dem Ansatz, Produktdaten nicht nur als digitale Dokumente zu verstehen, sondern insbesondere auf produktdefinierenden und produktrepräsentierenden Daten aufzusetzen, entstand eine Grundlage, um Produktdaten für einen digitalen Informationsfluss in Prozessketten und -netzen zu nutzen (Bild 1.5).

Aus der Sicht der Anwendung bedeutet dies, dass nicht nur die Bedeutung der produktrepräsentierenden Daten, insbesondere der CAD-Daten (z. B. 3D-Geometriemodelle und Produktstruktur), zunimmt, sondern auch deren Verwaltung und Steuerung des Informationsflusses z. B. durch PDM-Systeme.

Darüber hinaus können Produktdaten auch so genutzt werden, dass nicht nur die Produktgestalt in digitaler Form aufgebaut und bewertet wird, sondern auch das Produktverhalten simuliert werden kann. Dies führt zu digitalen Prototypen. Ziel ist es dabei, Systeme und Komponenten eines Produkts mit ihrem Verhalten digital abzubilden. Wie die entsprechenden, interdisziplinären und auf STEP aufbauenden Datenstrukturen jedoch gestaltet sein werden, ist noch Gegenstand der Forschung.

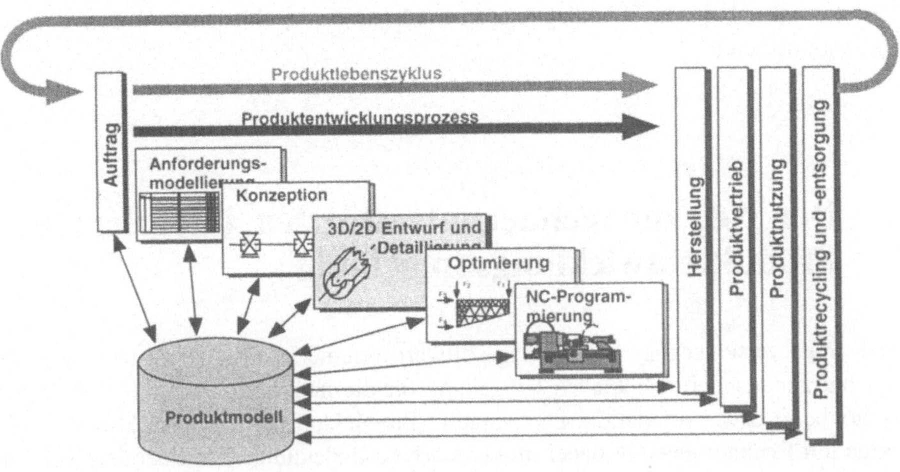

Bild 1.5
Produktmodell in der Prozesskette "Produktentwicklung und -konstruktion"

Die Entwicklung der Produktmodellspezifikation für produktdefinierende, produktrepräsentierende und produktpräsentierende Daten ist schon weit fortgeschritten und auch international bereits genormt. Die Einführung in die industrielle Praxis hat branchenabhängig auf internationaler Ebene bereits begonnen.

2 Von der Technischen Datenverarbeitung zur Produktdatentechnologie

Der Wandel der Technischen Datenverarbeitung in den Produktentstehungsphasen ist durch den zunehmenden Einsatz rechnerunterstützter Methoden sowie durch eine zunehmende Nutzung digitaler Produktmodelle in Prozessketten geprägt. Darüber hinaus hat die Leistungsfähigkeit der Anwendungssoftwaresysteme zur Unterstützung der Produktentwicklung in den letzten Jahren deutlich zugenommen und Insellösungen werden zunehmend zu integrierten Anwendungen ausgebaut. Die Produktdatentechnologie stellt dabei die technologische Grundlage zur Integration der verschiedenen Anwendungssoftwaresysteme bereit.

2.1 Der Weg zur rechnerunterstützten, integrierten Produktentwicklungsumgebung

Der Einsatz verschiedener Anwendungssoftwaresysteme im Produktentstehungsprozess führt hin zur rechnerunterstützten Umgebung für die integrierte Produkt- und Prozessbeschreibung bzw. -simulation. Die schnelle Entwicklung und Konstruktion von Produkten am Rechner gewinnt dabei immer stärkere Bedeutung. Der Übergang von einer traditionellen Organisation der Produktentstehung hin zum Einsatz einer rechnerunterstützten, integrierten Produktentwicklungsumgebung kann durch vier Stufen des Informationsaustauschs im Produktentstehungsprozess (Bild 2.1) verdeutlicht werden.

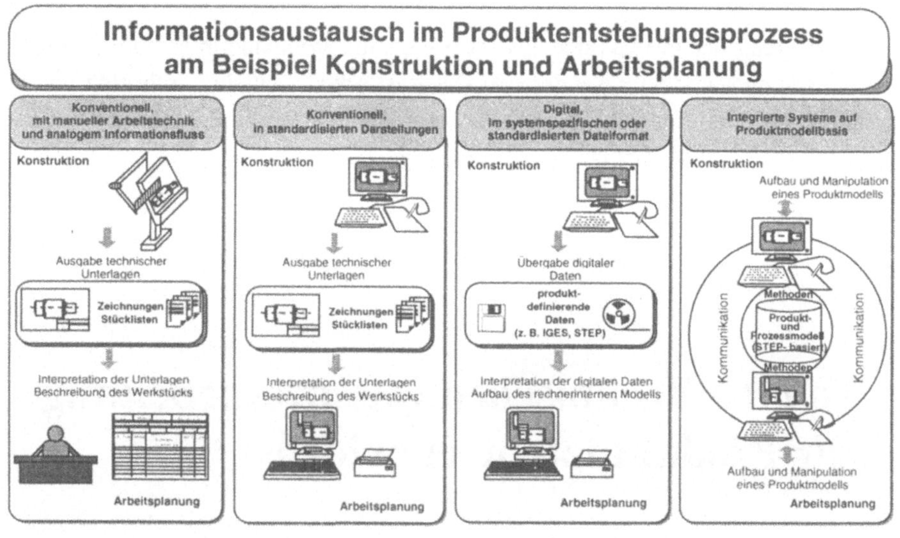

Bild 2.1
Arten der Produktdatenverarbeitung im Produktentwicklungsprozess

Zunächst wurden Produktdaten in analoger Form auf traditionellen Datenträgern (Papier) erstellt und nach vorgegebenen Regeln, aufbauend auf nationalen und internationalen Normen oder firmenspezifischen Richtlinien und Standards, präsentiert. Technische Zeichnungen, Stücklisten, Arbeitspläne oder auch Formulare sind Beispiele dafür. Diese Unterlagen dienten sowohl zur Dokumentation von Entwicklungsergebnissen wie auch zur Kommunikation dieser Ergebnisse zwischen den an der Produktentstehung beteiligten Personen.

Mit der Einführung von IT (Informationstechnologie)-Systemen zur rechnerunterstützten Entwicklung und Konstruktion mit CAD-Systemen änderten sich die Methoden zur Produktentwicklung und -konstruktion. CAD-Systeme erlauben eine digitale Beschreibung von Produkten, zunächst über die Produktgeometrie und deren Präsentation in Form Technischer Zeichnungen. Dennoch wurden CAD-Systeme zunächst hauptsächlich zur Erstellung Technischer Zeichnungen eingesetzt, diese wurden ausgeplottet und zur Kommunikation verwendet.

Anfang der 80er Jahre wurde der CAD-Datenaustausch (Bild 2.1: digital, im systemspezifischen oder standardisierten Format) eingeführt, insbesondere auf Basis der national genormten Schnittstellen IGES, SET, VDAFS sowie des Industriestandards DXF und in den systemspezifischen Datenformaten (der sogenannte native Datenaustausch). Der Datenaustausch auf Basis standardisierter Formate wird dabei mittels Prä- bzw. Postprozessoren durchgeführt, die die Transformation in systemspezifische Datenformate auf Dateiebene vornehmen (Bild 2.2).

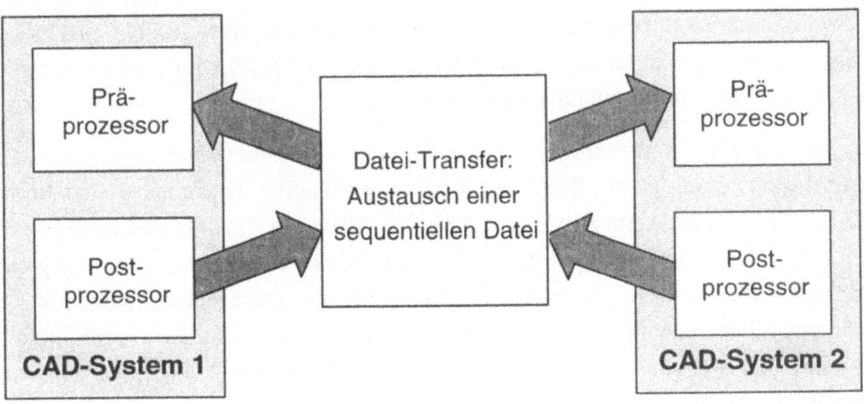

Bild 2.2
Datenaustausch zwischen CAD-Systemen mit standardisierten Dateiformaten

Der auf STEP basierende Produktdatenaustausch wird seit Ende der 90er Jahre in die industrielle Anwendung eingeführt. Der Übergang von einem Austausch von CAD-Daten hin zu Produktdaten, insbesondere durch die Nutzung von STEP, stellt einen bedeutenden Schritt dar. Dieser Schritt umfasst zunächst, dass neben den Daten der Produktgeometrie und einer Technischen Zeichnung auch Daten über

- die Produktstruktur und -konfiguration,
- die ablauforganisatorische Einbindung von Produktdaten in Prozessketten (mit Freigabe- und Änderungsstand, Versionierung, Klassifikation etc.) und
- die Produktbeschreibung mittels der Featuretechnologie

ausgetauscht werden können.

Neben dem Produktdatenaustausch gewinnt die Integration von Anwendungssoftwaresystemen über Datenbanken zunehmend an Bedeutung. Ihr liegt eine Systemarchitektur zugrunde, nach der Produktmodelldaten in Datenbanken abgebildet werden. Der Zugriff auf die Produktmodelldaten kann dann selektiv von verschiedenen Anwendungssoftwaresystemen erfolgen.

Eine besondere Bedeutung kommt dabei auch der Verwaltung von Produktdaten sowie der Steuerung des Informationsflusses in Prozessketten zu. Für diese Aufgabe werden zunehmend Produktdatenmanagement-Systeme (kurz PDM-Systeme) eingesetzt.

Die Abbildung von Produktmodelldaten in Datenbanken eröffnet neue Potentiale zur Verbesserung der Produktentwicklung. Sie erlaubt beispielsweise den Zugriff auf und die Verarbeitung von Produktdaten in verteilten Anwendungen (engl.: product data sharing) und ermöglicht so die Einrichtung von Produktentwicklungsumgebungen zum Concurrent Design und Simultaneous Engineering.

Voraussetzung für die Verwirklichung der Funktionen Produktdatenaustausch und Produktdatenspeicherung ist in STEP die formale Spezifikation der Schemata des Produktmodells. Diese formale Spezifikation erfolgt mit Hilfe der Datenmodellierungssprache EXPRESS. Dies bedeutet, dass alle in STEP definierten Produktdaten auf der gleichen Grundlage und unter Berücksichtigung der in EXPRESS vorgegebenen Konstrukte definiert werden. Dies bewirkt eine deutliche Steigerung der Qualität der Produktmodellbeschreibung und legt auch Grundlagen für eine zukünftige Langzeitarchivierung von digitalen Produktdaten.

2.2 Komplexität von Produktmodelldaten

Die Komplexität des Produktmodells ist insbesondere hinsichtlich der zu verarbeitenden Datenstrukturen gestiegen. Für den Anwender ist zwar die Modellierung - unterstützt durch immer leistungsfähigere Systeme - einfacher geworden, aber der Anspruch an deren Anwendung ist gestiegen.

Hierbei ist erkennbar, dass nicht nur die Modellierung dreidimensionaler Geometrie zunimmt, sondern auch überproportional hierzu die Anwendung von CA-Systemen zur Berechnung und Simulation. Das Arbeiten in Prozessketten gewinnt folglich an Bedeutung.

Diese Tendenz geht auch aus einer Untersuchung des CADcircle bei 1750 Anwendern hervor [Se-97], wonach der Einsatz der 2D/3D-CAD-Systeme innerhalb eines Jahres deutlich gestiegen ist und das Arbeiten in Prozessketten zunimmt. Bild 2.3 zeigt einen Vergleich der Häufigkeit der Anwendung von CAD-Prozessketten der Jahre 1996 und 1997.

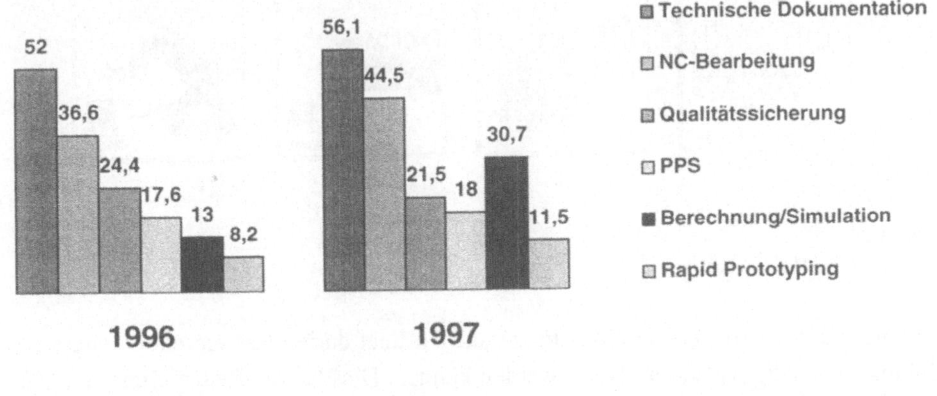

Bild 2.3
Zunahme des Arbeitens in Prozessketten

2.2.1 Prozessketten

Das besondere Potential einer dreidimensionalen geometrischen Produktrepräsentation (vorzugsweise eines Volumenmodells) liegt in der Einrichtung von Prozessketten und der durchgängigen Nutzung der Produktdaten. In Bild 2.4 werden einige Prozessketten, die als Bausteine zum Aufbau komplexer Prozessnetze verstanden werden können, beispielhaft illustriert und im Folgenden näher erläutert [AnOt-98].

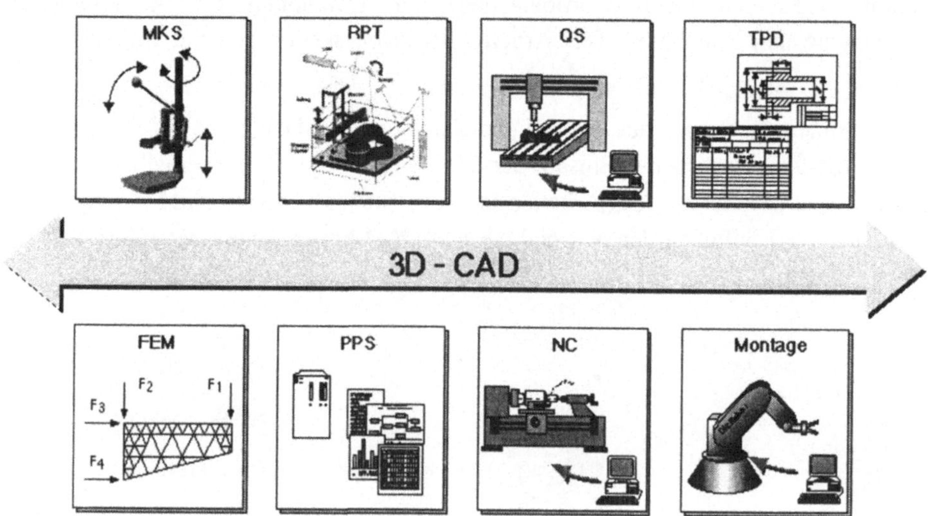

Bild 2.4
Ausgewählte Prozessketten

Der Vorteil des Arbeitens in CAD-Prozessketten liegt darin, dass einmal erzeugte Produktdaten ständig weiterverarbeitet werden können. Dies hat die Reduzierung bzw. Vermeidung eines wiederkehrenden Modellierungsaufwands und die Reduzierung von Fehlerquellen zur Folge. Die Einrichtung dieser Prozessketten verbessert den Produktentwicklungsprozess durch die Weiterverarbeitung bestehender Produktdaten.

CAD - Berechnung/Simulation (FEM, MKS)

In der Prozesskette CAD - Berechnung/Simulation werden Geometriedaten des CAD-Systems genutzt, um Berechnungs- und Simulationsaufgaben zu lösen. Beispielsweise werden zur Berechnung, aufbauend auf den Geometriedaten eines Bauteils, Finite-Elemente-Strukturen generiert, um Spannungsverteilungen oder Verformungen zu berechnen. Zur Simulation werden Geometriedaten und Daten der Produktstruktur genutzt, um beispielsweise kinematisches und dynamisches Bauteilverhalten zu simulieren.

CAD - Rapid Prototyping (RPT)

Die Prozesskette CAD - Rapid Prototyping basiert darauf, dass ausgehend von Geometriebeschreibungen in CAD-Systemen Steuerdaten für die schnelle Erstellung realer Prototypen gewonnen werden. Dazu wird die analytisch oder parametrisch beschriebene Produktgeometrie in eine hinreichend angenäherte Geometriebeschreibung transformiert wie beispielsweise in Dreiecksflächen. Diese Daten können dann zur Herstellung realitätsnaher Prototypen (z. B. über das Stereolithographieverfahren) genutzt werden. Änderungen am physikalischen Prototypen können durch Verfahren der Flächenrückführung wieder in das CAD-Modell einfließen, so dass das CAD-Modell als Original betrachtet werden kann.

CAD - Technische Produktdokumentation (TPD)

Die Prozesskette CAD - Technische Produktdokumentation basiert auf der Ableitung technischer Dokumente (z. B. Technische Zeichnungen) aus CAD-Daten. Auch dem Entwicklungsprozess nachgeschaltete Funktionen wie Einkauf, Vertrieb und Service (Kundendienst, Ersatzteile) können durch Dokumentationen auf Basis der CAD-Modelle unterstützt werden. Beispielsweise sind für den Zusammenbau Explosionsdarstellungen oder für Bedienungsanleitungen fotorealistische Darstellungen aus dem CAD-Modell ableitbar. Zunehmende Bedeutung gewinnt dabei das direkte, referenzierte Einbinden von CAD-Daten in Textdokumente. Dies ermöglicht, das CAD-Modell im Kontext des Textdokuments zu laden und zu ändern.

CAD – Arbeitsvorbereitung (NC, Montage)

Die Prozesskette CAD - Arbeitsvorbereitung verwendet die Geometriebeschreibung eines Werkstücks, um ausgehend davon Daten für numerisch gesteuerte Werkzeugmaschinen zu gewinnen. In dieser Prozesskette sind mehrere Aktivitäten zu durchlaufen wie z. B. die Festlegung des Rohteils, die Bestimmung der zu verwendenden Werkzeugmaschine, die Auswahl der Werkzeuge und Vorrichtungen, die Definition der Fertigungsstrategie und die Planung der Operationsfolge.

CAD – Fertigungssteuerung (PPS)

Arbeitsplandaten, die z. B. über CAP (Computer Aided Planning)-Systeme aus dem CAD-Modell abgeleitet und detailliert worden sind, können im PPS (Produktionsplanung und -steuerung)-System um Maschinendaten wie Verfügbarkeit, Kapazität oder Stundensatz und Personaldaten vervollständigt werden. Die Prozesskette CAD - PPS ermöglicht auch den Zugriff auf organisatorisch-administrative Produktdaten (z. B. für die Freigabe von Produktdaten).

CAD – Qualitätssicherung (QS)

Die Prozesskette CAD - Qualitätssicherung dient einerseits der Übernahme von Produktdaten zur Erstellung von Prüfplänen und andererseits zur Ableitung von Steuerdaten für numerisch gesteuerte Messmaschinen. Über den Rahmen der Qualitätssicherung hinausgehend sind auch Verbindungen zu Methoden des Qualitätsmanagements wie z. B. QFD (Quality Function Deployment) oder FMEA (Fehlermöglichkeits- und Einflussanalyse) möglich [AnPoSt-97].

2.2.2 Weitere Entwicklungen

Über die Nutzung von Produktdaten in Prozessketten hinaus werden Produkt- und Prozessmodelle weiterentwickelt, um schon in frühen Entwicklungs- und Konstruktionsphasen Aussagen über das Produkt, das Produktverhalten und die Produzierbarkeit zu gewinnen, und zwar bevor es physikalisch hergestellt wird. Die damit verbundenen Technologien reichen von

- Digital Mockups (DMU) über
- digitale Prototypen bis hin zu
- virtuellen Produkten.

Der Begriff **Digital Mockup** steht dabei für die Repräsentation der Produktstruktur mit Baugruppen und Einzelteilen auf Basis von Volumen- oder Flächengeometrien. Durch Zuweisung von Materialeigenschaften zum Volumeninhalt können Gewicht, Schwerpunktslagen sowie Trägheitsmomente und -tensoren bestimmt werden. Entsprechend der Produktstruktur ist die Simulation von Einbau- und Ausbauvorgängen mit Kollisionsprüfungen möglich. Außerdem können aus dem Digital Mockup Präsentationsmodelle für Anwendungen der Virtuellen Realität (VR) abgeleitet werden.

Digitale Prototypen erweitern die Möglichkeiten von Digital Mockups um physikalische und logische Eigenschaften, die zur Simulation des Produktverhaltens hinsichtlich eines oder mehrerer physikalischer und logischer Effekte erforderlich sind. Zu diesen Simulationen zählen z. B. die Kinematik- oder die Mehrkörpersimulation (MKS). Parallel dazu zielt Digital Manufacturing (DMF) auf die Simulation von Fertigungsschritten, um die Produzierbarkeit eines Produkts zu prüfen.

Der Begriff **Virtuelles Produkt** steht für die Repräsentation der Summe der Eigenschaften eines Produkts, wie sie zur ganzheitlichen Analyse und Simulation des Produktverhaltens erforderlich sind. Hierzu zählt insbesondere die Abbildung des Produktverhaltens in den einzelnen Phasen des Produktlebenszyklus. Art und Umfang der Informationen eines Produktmodells zur Abbildung der Eigenschaften eines virtuellen Produkts sind Gegenstand der Forschung.

3 Architektur und Organisation der Technischen Datenverarbeitung

Von der Technischen Datenverarbeitung im Produktentstehungsprozess wird gefordert, dass durchgängige Informationsflüsse für Prozessketten und -netze, aufbauend auf den Verfahren der System- und Methodenintegration, eingerichtet werden können. Dies bedeutet, dass einerseits verschiedene Anwendungssoftwaresysteme integriert und aufeinander abgestimmt werden müssen, andererseits aber auch die Verwaltung von Produktdaten in und die Steuerung von Produktdaten durch die Prozessketten und -netze beherrscht werden muss.

Während der konstruktiven Phase der Produktentwicklung ist die Weiterverwendung möglichst vollständiger Daten aus der Geometriemodellierung für Zeichnungserstellung, Berechnung, Simulation und Dokumentation vorrangig. Entlang der Auftragsabwicklungskette besteht das Ziel in dem selektiven Zugriff auf die in Entwicklung und Konstruktion erzeugten Geometrie-, Technologie- oder auch organisatorischen Daten für weitere planende oder herstellende Produktionsphasen.

Um den Informationsfluss in Prozessketten zu gewährleisten, sind nicht nur Aspekte des Datenaustauschs zu berücksichtigen, sondern auch der Verfügbarkeit, Sicherheit, Verantwortlichkeit und Dokumentation der Produktdaten, also dem Produktdatenmanagement.

Diese Aspekte sind insbesondere vor dem Hintergrund einer unternehmensübergreifenden Kooperation zu betrachten, deren mögliche Organisationsformen anhand von Hersteller-Zulieferer-Szenarien dargestellt werden.

3.1 Organisationsformen der unternehmensübergreifenden Kooperation

Zulieferunternehmen sind in der Regel nicht nur für einen bestimmten Kunden tätig, sondern Bestandteil eines sich inzwischen global erstreckenden Hersteller-Zulieferer-Netzwerks. Verschiedene Kunden setzen in der Regel auch unterschiedliche CA- und PDM-Systeme ein. Oftmals hat der Zulieferer in Hinblick auf das Format der Daten, das dem Kunden geliefert werden muss, nur geringe Einflussmöglichkeiten, wenn er den Auftrag erhalten will. Dabei befindet sich der Zulieferer im Spannungsfeld der Erfüllung der Kundenwünsche und der Optimierung der internen Prozesse. Angestrebt wird auch die Nutzung von Synergieeffekten zwischen verschiedenen Projekten. In dieser Situation gibt es drei verschiedene Strategien für die Kooperation, die im Folgenden mit ihren jeweiligen Vor- und Nachteilen aufgeführt werden: Die Segmentlösung, die Satellitenlösung und die Schnittstellenlösung [ESI-97].

3.1.1 Die Segmentlösung

Die Segmentlösung wird häufig dann eingerichtet, wenn Kunden Zulieferer als Entwicklungspartner in ein Entwicklungsprojekt einbinden. Ein wesentliches Merkmal ist hierbei, dass für die Durchführung des Entwicklungsprojekts eine durchgängige, einheitliche Entwicklungsumgebung gefordert wird.

Durch den Zwang, den gesamten Produktentwicklungsprozess in den gleichen CA-Systemen, wie sie die Kunden einsetzen, abzuwickeln, werden deren CA-Systeme als Segmente in der eigenen Entwicklungsumgebung installiert (Bild 3.1). Zusätzlich müssen die Konfigurationen der Systeme kundenspezifisch etabliert werden. Innerhalb einer Abteilung im Unternehmen können dann z. B. schnell mehrere CAD-Systeme vorhanden sein, so dass ähnliche Aufgabenstellungen für verschiedene Kunden auch auf verschiedenen Systemen bearbeitet werden müssen. Dies stellt für das Unternehmen einen höheren Aufwand dar, und eine Nutzung von Synergieeffekten (z. B. Gleichteile, Baukästen) ist in diesem Szenario schwer zu erreichen. Nicht zu unterschätzen ist auch, dass die Mitarbeiter auf mehreren Systemen geschult werden müssen oder nicht an allen Systemen und somit flexibel einsetzbar sind.

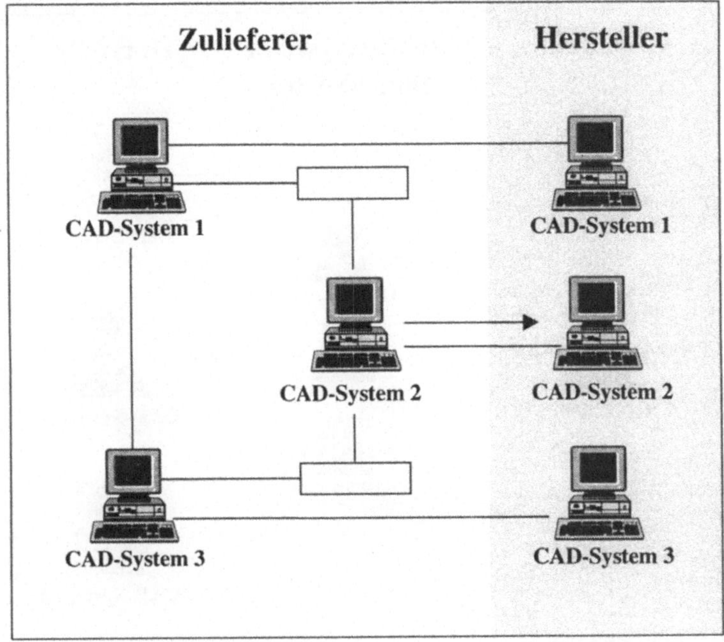

Bild 3.1
Segmentlösung

Der Vorteil der Segmentlösung liegt in einer effizienten Durchführung der Entwicklungsprojekte mit den Kunden. Die DV-Schnittstellen werden dabei jedoch komplett in das Zulieferunternehmen verlagert. Die Herausforderung (insbesondere wenn mehrere Segmente eingerichtet werden) besteht darin, die Funktionen der Produktdatenverarbeitung im Unternehmen effizient einzurichten und sie auch unter Berücksichtigung der organisatorischen Randbedingungen (z. B. Freigaben, Änderungsabläufe etc.) zu beherrschen.

3.1.2 Die Satellitenlösung

Die Satellitenlösung (Bild 3.2) erlaubt die Abwicklung des Entwicklungsprozesses in den jeweils eigenen CA-Systemen. Der Kunde fordert, dass Produktdaten im Format seines CA-Systems, dem sogenannten nativen Format, geliefert werden. Dabei ist das Unternehmen kein Partner, der in den Entwicklungsprozess eingebunden ist, sondern es wird in erster Linie die Zulieferung von Komponenten erwartet. Es muss lediglich das

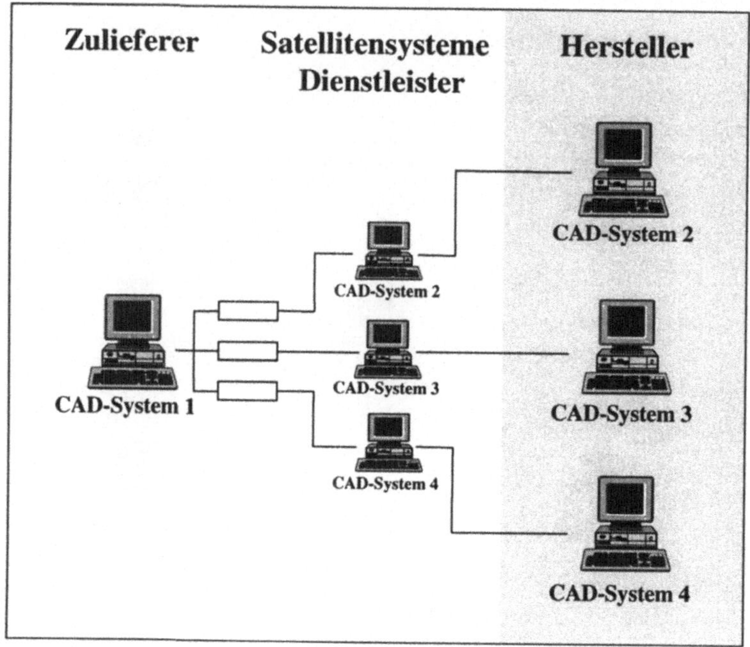

Bild 3.2
Satellitenlösung

Entwicklungsergebnis in Form digitaler Produktdaten, meist als digitale Zeichnung oder als 3D-CAD-Modell, gegenüber dem Kunden dokumentiert werden.

Zum Produktdatenaustausch werden in diesem Fall sogenannte Satellitensysteme, also z. B. die von dem Kunden geforderten CAD-Systeme, vorgehalten. Über neutrale oder maßgeschneiderte Schnittstellen werden im Unternehmen selbst Produktdaten aus dem für die Konstruktion eingesetzten CAD-System in das Satellitensystem eingelesen und dort eventuell nachbearbeitet. Der Austausch mit dem Kunden erfolgt dann im nativen Format des CAD-Systems des Kunden. Die Verantwortung für den Datenaustausch liegt ebenso wie der mit der Erstellung des nativen Formats verbundene Aufwand auf der Seite des eigenen Unternehmens.

Bei der Satellitenlösung behält das Unternehmen seine eigene (homogene) Entwicklungsumgebung bei. Satellitenlösungen werden meist als einzelner Arbeitsplatz eingerichtet, der lediglich als CA-Arbeitsplatz zur Kommunikation mit dem Kunden gebraucht wird. Alternativ werden häufig Dienstleistungsunternehmen beauftragt, Produktdaten im nativen Format zu erstellen. Diese übernehmen die Produktdaten aus dem

CA-System des Unternehmens, übertragen sie in das geforderte System des Kunden und bereiten sie entsprechend der Vorgaben auf.

3.1.3 Die Schnittstellenlösung

Die Schnittstellenlösung (Bild 3.3) verbindet Kunden und Unternehmen direkt über Schnittstellen. Das Unternehmen ist dabei ebenfalls nicht in den Entwicklungsprozess eingebunden. Der Kunde erwartet lediglich die Lieferung des Entwicklungsergebnisses in digitaler Form, zwar nicht unbedingt im nativen Format, aber in seiner Entwicklungsumgebung verarbeitbar. Kunden und Zulieferer setzen in diesem Szenario die CAD-Systeme ein, die ihren individuellen Anforderungen am besten gerecht werden. Die Verantwortlichkeit reicht auf beiden Seiten bis zum Prä- bzw. Postprozessor. Insbesondere bei der Nutzung genormter Schnittstellen für die Schnittstellenlösung wird die Unabhängigkeit des Produktdatenaustauschs von CAD-System-Versionen erreicht.

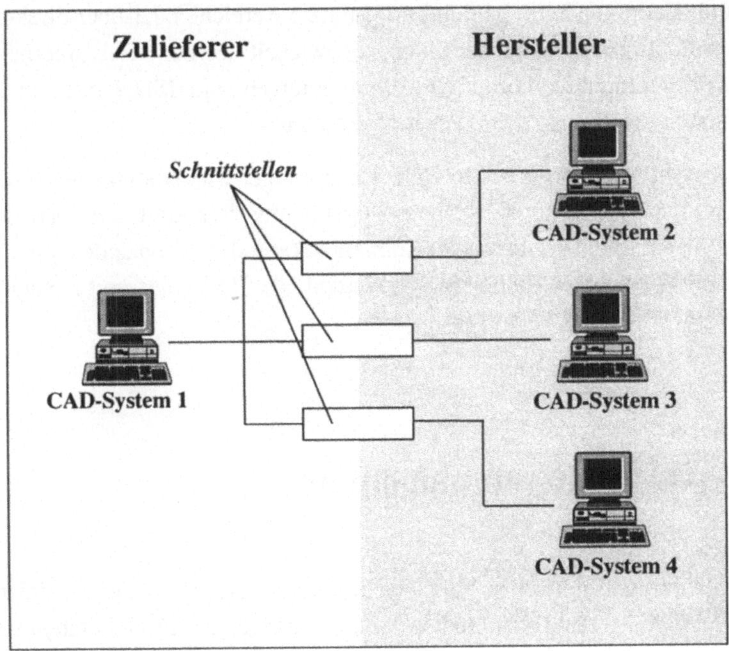

Bild 3.3
Schnittstellenlösung

3.2 Durchführung des Datenaustauschs

Für den Datenaustausch wesentliche Vorgänge sind zum einen die Umwandlung von Produktdaten zwischen verschiedenen Strukturen und Formaten, zum anderen die Durchführung der Kommunikation zwischen Sender und Empfänger der Produktdaten.

Bei der Umwandlung sind in der Regel die Prä- und Postprozessoren der beteiligten CA-Systeme für eine optimale Umwandlung der Daten zu konfigurieren bzw. die Daten je nach System und Anwendungsanforderungen anzupassen. Weiterhin ist zu beachten, ob und wie konvertierte Daten verknüpft mit den Ausgangsdaten abgelegt werden, um an andere Empfänger weitergegeben werden zu können, ohne erneut eine Konvertierung durchzuführen. Die damit verbundene redundante Datenhaltung erfordert natürlich entsprechende Maßnahmen zur Konsistenzsicherung.

Bezüglich der Kommunikation ist zwischen unternehmensinternem und unternehmensübergreifendem Datenaustausch zu unterscheiden. Bei unternehmensinternem Datenaustausch kann der Datenaustausch in der Regel über das Unternehmensnetzwerk entweder durch Dateitransfer in gemeinsam genutzte Bereiche oder über direkten Dateizugriff mit vordefinierten Zugriffsrechten abgewickelt werden. Bei unternehmensübergreifender Kommunikation sind Direktverbindungen wie ISDN oder Internet sowie Transportmedien wie Band oder Diskette verfügbar.

Der Datenaustausch kann somit in einer Kette einiger Einzeltätigkeiten resultieren, die aber durch eine entsprechende Rechnerunterstützung verknüpft, automatisiert bzw. beschleunigt werden können. Diese Funktionalität kann durch spezielle Systeme zum Datenaustausch-Management übernommen werden oder Teil eines umfassenden Konzepts zum Produktdatenmanagement sein.

3.3 Produktdatenmanagement

Die auf ablauforganisatorischen Vorgaben basierende Steuerung des Informationsflusses und die Verwaltung der Produktdaten ist Gegenstand des Produktdatenmanagements. Neben dem Produktdatenaustausch wird durch das Produktdatenmanagement auch die Unterstützung des Product Data Sharing, d. h. der autorisierte Zugriff auf Produktdaten durch an der Produktentwicklung beteiligte Personen bzw. CA-Systeme, ermöglicht. Product Data Sharing stellt somit auch eine wichtige Grundlage für Methoden des

Entwicklungsmanagements wie Simultaneous Engineering und Concurrent Design dar. Sie sehen die aufeinander abgestimmte Durchführung von Entwicklungstätigkeiten durch Projektteams vor.

Wichtigstes Ziel ist in diesem Zusammenhang eine optimale Steuerung betrieblicher Abläufe mit geringer Fehleranfälligkeit und einer schnellen Durchführung. Dazu gehört die DV-technische Festlegung dieser Abläufe und die Protokollierung der damit verbundenen Entstehungs- bzw. Änderungsgeschichte der Produktdaten. Ebenso wird die weitgehend automatisierte Informations- und Unterlagenverteilung z. B. in Form einer elektronischen Umlaufmappe angestrebt. Dies beinhaltet auch die automatische Benachrichtigung solcher Stellen, die von Zustandsänderungen (z. B. nach einer Freigabe) während der Produktentwicklung unmittelbar betroffen sind. Ein wesentlicher Aspekt hierbei ist die Definition von Sichten auf die Produktdaten, die nur den jeweils interessierenden Ausschnitt präsentieren.

Die mit dem Einsatz von CA-Systemen verbundene Informationsmenge und -vielfalt erfordern auch eine effektive Verwaltung. Systemspezifische Dateiformate bedingen eine Verteilung von Produktdaten auf verschiedene Dateien, die nicht isolierte Einheiten darstellen, sondern komplexe Beziehungen zueinander aufweisen (z. B. zwischen Modellen, Stammdaten und Strukturdaten). Diese Beziehungen können darüber hinaus dynamischen Änderungen unterliegen. Eine Datenhaltung in übersichtlicher Form, bei der auch Beziehungen zwischen Objekten berücksichtigt werden, ist besonders dann von Bedeutung, wenn Varianten bzw. Konfigurationen, Versionen und Alternativen bezogen auf Produkte, Prozesse oder Dokumente zu verwalten sind.

Produktinformationen wie 3D-CAD-Modelle, Stücklisten, Simulationsmodelle oder NC-Daten sind nicht nur untereinander, sondern auch mit firmenspezifischem Wissen oder allgemein verfügbaren Daten verknüpft. Unter die Gruppe der Produktinformationen fallen auch Technische Dokumente (z. B. Versuchs- und Prüfberichte) oder Angebotstexte, zu diesem Zweck auch Referenzen auf konventionell erstellte Dokumente. Firmenwissen umfasst unter anderem Wiederholteile, Maschinen- und Werkzeugdaten, Termin- und Kapazitätsdaten, Kosteninformationen und organisatorische Daten, aber auch alle Arten von Problemlösungen (Konstruktionen, Berechnungen etc.), die im Unternehmen erarbeitet wurden. Allgemein verfügbare Informationen sind z. B. Norm- und Zukaufteile in Katalogform.

Den Zugriffsmöglichkeiten auf diese Informationen kommt in Hinblick auf die Reduktion der Variantenvielfalt durch die verstärkte Wiederverwendung vereinheitlichter Einzelteile und Baugruppen sowie von Norm- und Zukaufteilen eine besondere Bedeutung zu.

Neben der Sicherstellung der Verarbeitbarkeit und Verfügbarkeit aller Informationen, die für die Produktentwicklung von Bedeutung sind, ist der Schutz der gespeicherten Informationen überaus wichtig. Verlust oder Missbrauch kritischer Daten und Informationen sind durch Zugriffskontrollmechanismen, eine entsprechende Dateiverwaltung und eine umfassende Privilegienverwaltung zu unterbinden. Das Zugriffsrecht der Benutzer wird hierbei in Abhängigkeit von den Projekten, den Rollen (Zuständigkeit, Verantwortlichkeit) innerhalb der Projektteams, den Geheimhaltungsstufen und dem Freigabestatus der Produktdaten (in Arbeit, in Prüfung, freigegeben, in Änderung) geregelt. Ebenfalls in den Bereich der Informationssicherung fällt die Archivierung von Daten durch das PDM-System selbst bzw. die Unterstützung einer Langzeitarchivierung im Sinne der Produkthaftungsgesetze. Auch hier wird angestrebt, über STEP die Verarbeitbarkeit der Daten unabhängig von Wechseln des Systems oder der Systemversion langfristig sicherzustellen.

Weitere Anforderungen an das Produktdatenmanagement im Bereich der Verwaltung von Produktdaten stellen die Vermeidung redundanter Datenhaltung, also der mehrfachen Speicherung gleicher Daten, sowie die Sicherstellung der Datenkonsistenz dar. Die Konsistenzsicherung bezieht sich in diesem Zusammenhang zum einen auf die abgeglichene Datenhaltung der im Unternehmen verteilten Produktdaten und zum anderen auf die Konsistenz aller Präsentationsformen für das gleiche Produkt. Zusammengenommen ist die Aktualität der gespeicherten Informationen sowie deren Eindeutigkeit sicherzustellen.

Softwaresysteme zum Produktdatenmanagement unterstützen die genannten Funktionen durch die Bereitstellung geeigneter Benutzeroberflächen und ihre Systemarchitektur zur Integration von CA-Systemen. Dazu erfolgt eine Trennung von systemspezifischen Daten und Metadaten, die die Beziehungen zwischen den Dateien, die Zugriffsrechte und den Status beinhalten. Die Metadaten werden in der Regel durch Datenbanksysteme verwaltet, während die Dateien der CA-Systeme in einem Sicherheitsbereich abgelegt sind, der durch die Anwender ausschließlich über das PDM-System und nicht über die Betriebssystemebene erreichbar sein darf.

Eine besondere Herausforderung stellt die enge Integration von unterschiedlichen Anwendungssystemen verschiedener Hersteller dar, die auch bedingt durch Versionswechsel kaum durch ein einzelnes PDM-System geleistet werden kann. Um dennoch eine Entwicklungsumgebung mit ablauforganisatorischer Einbettung der zu integrierenden Anwendungssoftwaresysteme und mit Unterstützung für Teamarbeit aufzubauen, bietet sich eine Aufteilung der Aufgaben in Produktdatenmanagement (PDM) und Teamdatenmanagement (TDM) an (Bild 3.4). Die Bedeutung von STEP für das Produktdatenmanagement liegt somit

- in der Bereitstellung eines neutralen Referenzmodells für die Integration unterschiedlicher PDM- und TDM-Implementierungen und einer Methodik zum Aufbau eines unternehmensweiten PDM-Modells,
- in der Sicherstellung der Weiterverarbeitbarkeit der verwalteten Daten durch jeweils nachgelagerte CA-Systeme, dem Datenaustausch zwischen Zulieferer und Hersteller und der Langzeitarchivierung, sowie
- in der Möglichkeit des zentralen Zugriffs auf Produktdaten über die Domänen einzelner Anwendungssysteme hinweg.

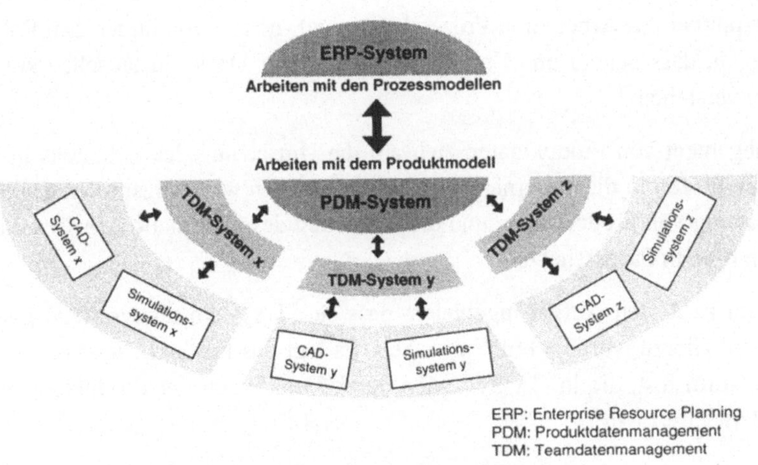

Bild 3.4
Integration von Anwendungssoftwaresystemen über Team- und Produktdatenmanagement

3.4 Zusammenfassung

Architektur- und Organisationskonzepte der Technischen Datenverarbeitung prägen das Leistungsprofil des Produktentwicklungsprozesses insbesondere bei der Kooperation zwischen Unternehmen. Dabei sind drei Aufgabenstellungen zu lösen:

- die Organisationsform,
- der Produktdatenaustausch (Transformation, Anpassung und Kommunikation) sowie
- das Management von Produktdaten.

Die Organisation bildet die Grundlage für den unternehmensübergreifenden Datenaustausch und stellt Anforderungen an die eingesetzten Systeme und die Abläufe zum Produktdatenaustausch.

Der Produktdatenaustausch auf Basis von Standards kann unterschiedliche IT-Systeme zur Produktentwicklung verbinden. Er ermöglicht die Weiterverarbeitung gesendeter Produktdaten in einem empfangenden IT-System, bei Verwendung systemspezifischer Formate durch Umwandlung in das neutrale Format. Die Kommunikationsverfahren unterstützen hierbei das Arbeiten in Prozessketten und -netzen. Sie bilden den Rahmen für die Fähigkeit, dass Sender und Empfänger miteinander Daten austauschen können und sich dabei verstehen.

Das Management von Produktdaten zielt auf die Umsetzung des Arbeitens in Prozessketten und -netzen in die Unternehmensabläufe bzw. Entwicklungsprojekte. Es umfasst die Verwaltung von Produktdaten und die Steuerung des Informationsflusses durch Prozessketten bzw. in Prozessnetzen.

Gemeinsam ist diesen Aufgabengebieten, dass sie IT-System-übergreifend gelöst werden müssen. Hierzu wurde STEP entwickelt. Es legt das Produktdatenmodell als internationale Norm fest, die in CA-Systemen durch Funktionen der Produktdatenverarbeitung implementiert wird.

Literatur zum Teil I

[AnOt-98] Anderl, R.; Ott, T.: Produktentwicklung mit Integrierten Produkt- und Prozessmodellen. Zeitschrift Werkstatt und Betrieb 131 (1998) 4, Carl Hanser Verlag, München, 1998

[AnPoSt-97] Anderl, R.; Polly A.; Staub G.: Produktqualität durch Konstruktionsqualität. Hrsg.: DIN, Deutsches Institut für Normung e.V., Beuth Verlag GmbH, Berlin, Wien, Zürich, 1997

[ESI-97] N. N.: Studie der Arbeitsgruppe ESI im ProSTEP e.V. mit dem Verband der Deutschen Automobilindustrie e.V. 1997

[Se-97] Sendler, U.: CADCIRCLE Presseinformation Nr. 3, November 1997. Folgestudie Mechanik CAD, 1997

Weitergehende Literaturhinweise

[Ab-97] Abeln, O.: Innovationspotentiale in der Produktentwicklung - Das CAD-Referenzmodell in der Praxis. B. G. Teubner Verlag, Stuttgart, 1997

[AnTr-98] Anderl, R.; Trippner, D.: ProSTEP Science Days '98 Product Data Technology Facing the Future, ProduServ GmbH Verlagsservice, Berlin, 1998

[EvBoLa-95] Eversheim, W.; Bochtler, W.; Laufenberg, L.: Simultaneous Engineering - Erfahrungen aus der Industrie für die Industrie. Springer Verlag, 1995

[Fo-95] Fowler, J.: STEP for Data Management Exchange and Sharing. Published by Technology Appraisals, Twickenham, 1995

[GrAnErPo-93] Grabowski, H.; Anderl, R.; Erb J.; Polly, A.: Integriertes Produktmodell. Hrsg.: DIN Deutsches Institut für Normung e.V., Beuth Verlag, Berlin, 1993

[SpKr-97] Spur, G.; Krause F.-L.: Das virtuelle Produkt – Management der CAD-Technik. Carl Hanser Verlag, München, Wien, 1997

Teil II

STEP – ISO 10303

4 Normung und Entwicklung von STEP

Die ISO-Norm STEP behandelt neben der Archivierung und Speicherung in erster Linie den Austausch von Produktdaten. Bereits 1979 wurde in den USA zunächst in der Version 1.0 das neutrale Austauschformat IGES entwickelt. IGES steht für Initial Graphics Exchange Specification und wurde zunächst für den Austausch technischer Zeichnungen verwendet. IGES wurde mit der zunehmenden Leistungsfähigkeit moderner CAD-Systeme weiterentwickelt und umfasst in seiner aktuellen Version auch den Austausch von Freiformflächen und Volumenmodellen.

Der Verzicht von Konformitätstests bei der Entwicklung von IGES und die unterschiedlichen Interpretationsmöglichkeiten des Standards führten zu Problemen bei der Übertragung von IGES-Dateien. Aus diesem Grund hat der VDA (Verband der Automobilindustrie) für IGES Leistungsstufen definiert (VDA-IS, IGES-Subsets des Verbands der deutschen Automobilindustrie), die den Umfang der übertragbaren Modellinhalte spezifizieren. Neben IGES besitzt in der deutschen Automobilindustrie die VDA-Flächenschnittstelle (VDAFS) immer noch große Bedeutung. Die VDAFS wurde speziell für die Übertragung von Freiformflächen und -kurven beliebigen Grads entwickelt und in der DIN 66301 genormt.

In Frankreich wurde von der Firma Aerospatiale ebenfalls für den Austausch von CAD-Daten die SET (Standard d'Echange et de Transfer)-Schnittstelle entwickelt und liegt inzwischen als französischer Normvorschlag vor.

Für alle genannten Datenaustauschformate IGES, VDA-IS, VDAFS und SET gilt, dass sie für den Austausch von Geometrieinformationen wie Linien, Flächen, Volumen und Technischen Zeichnungen entwickelt wurden und dass sie nur in nationale Standards umgesetzt wurden. Den Anforderungen, die sich aus einer Unterstützung der gesamten Prozesskette der Produktentwicklung sowie einer Internationalisierung der Märkte ergeben, werden diese Formate nur noch begrenzt gerecht. Es wurde daher von der ISO beschlossen, die nationalen Aktivitäten zusammenzuführen und eine neue Norm für den Produktdatenaustausch zu entwickeln. Das Normierungsvorhaben wurde offiziell „International Automation Systems and Integration – Product Data Representation and Exchange“ getauft, ist aber vor allem unter dem Namen „Standard for the Exchange of Product Model Data“ (STEP) bekannt. STEP besitzt große Bedeutung für die Produktdatentechnologie und wird inzwischen in einer Reihe von Industriezweigen, darunter die Automobil-, die Luftfahrt- und die Schiffsindustrie, eingesetzt. Es verdrängt zunehmend IGES und VDAFS, da sowohl Qualität als auch Funktionalität deutlich darüber hinaus gehen. Im Folgenden wird daher die Entwicklung und sowie der Aufbau von STEP vorgestellt, wobei insbesondere die Methodik zur Entwicklung von Produktdatenmodellen und deren Umsetzung in Softwaresysteme für branchenspezifische Lösungen näher betrachtet werden.

4.1 Normungsprozess in der ISO

Die Normungsaktivitäten im Umfeld der Produktdatentechnologie sind in der Normungsorganisation ISO (International Organisation for Standardization) organisiert. Im Rahmen der ISO behandelt das TC 184 SC 4, bei elektrotechnischen Themenstellungen in Zusammenarbeit mit der IEC, die Normungsprojekte zur Produktdatentechnologie.

TC steht für Technical Committee, und TC 184 trägt den Titel

"Industrial Automation Systems and Integration".

SC steht für Sub-Committee, und SC 4 umfasst die Themen zu

"Industrial Data".

Die Ausarbeitung und die Harmonisierung der Normen erfolgt in den sogenannten "Working Groups" (Arbeitsgruppen), die ihre Dokumente zur Normung nach einem vorgegebenen Verfahren zur Sicherung der Qualität und Konsistenz den Mitgliedsländern des SC 4 zur Normungsabstimmung vorlegen. Neben STEP wird in diesen Arbeitsgruppen auch die Familie der P-LIB-Standards (ISO 13584) bearbeitet.

Zur Ausarbeitung und zur Abstimmung einer Norm wird dabei eine Vorgehensweise praktiziert, die aus insgesamt sechs Phasen besteht und die Normdokumente hervorbringen, die verschiedene Reifegrade besitzen (Bild 4.1).

In der Vorschlagsphase wird ein Gebiet oder ein Teilgebiet zur Normung vorgeschlagen und in einem Dokument, dem sogenannten "New Work Item" (Neues Arbeitsthema), beschrieben. Dabei werden Umfang und Inhalt festgelegt und beides international abgestimmt. Internationale Abstimmung bedeutet hierbei, dass mindestens fünf Nationen Interesse bekunden müssen, sich an der Normung zu beteiligen.

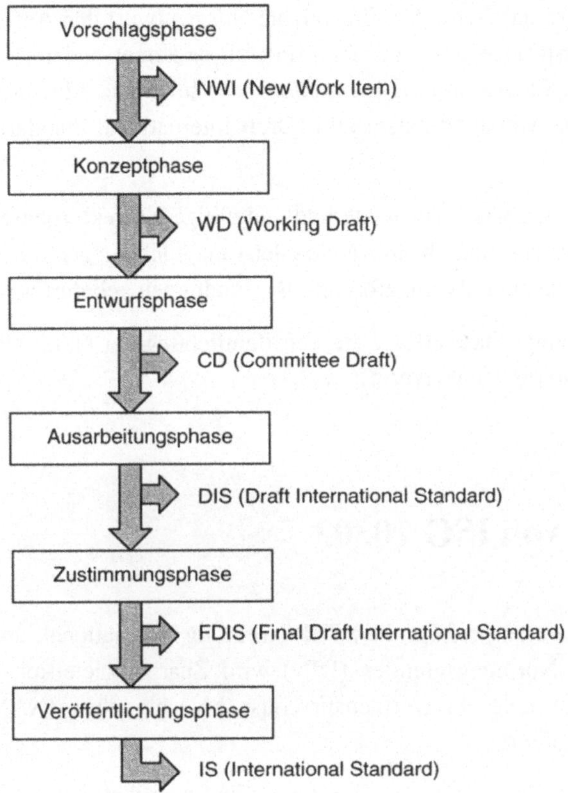

Bild 4.1
Phasen zur Erarbeitung und zur Abstimmung einer internationalen Norm

Die Konzeptphase dient der Erstellung eines Dokuments, dem sogenannten WD (Working Draft, dt.: Arbeitspapier, -entwurf), das die wesentlichen technischen Inhalte der zukünftigen Norm enthalten muss. Dies bedeutet auch, dass in dieser Phase die Abstimmung verschiedener technischer Ansätze sowie die Einigung auf einen technischen Inhalt erfolgen muss. Dies ist vielfach mit Konsensfindung auf der Basis von Kompromissen verbunden.

In der Entwurfsphase erfolgt die Erstellung eines CD (Committee Draft, dt.: Normenentwurf), der von dem Fachgremium, einer Arbeitsgruppe oder auch einem Expertenteam erstellt und in SC 4 eingebracht wird. Im Rahmen eines internationalen, schriftlichen Abstimmungsverfahren wird von den Nationen, die offizielle Mitglieder des SC 4 sind, darüber entschieden, ob die technischen Inhalte reif und hinreichend gut genug sind, um im Normungsprozess weiter fortzufahren.

In der Ausarbeitungsphase wird der eingereichte Normentwurf den Anforderungen einer internationalen Norm angepasst und überprüft, ob er keiner anderen, bereits gültigen Norm widerspricht. Es erfolgt eine internationale, schriftliche Abstimmung, deren Ergebnis bei positivem Votum zu einem DIS (Draft International Standard, dt.: Vornorm) führt.

Die Zustimmungsphase wurde als letzte und endgültige Korrekturphase eingeführt. Sie zielt darauf ab zu überprüfen, ob Einwände oder Einsprüche gegen die Vornorm berück wurden und ob gegebenenfalls eingeforderte Begründungen geliefert wurden.

In der Veröffentlichungsphase erfolgt die Veröffentlichung der Norm als IS (International Standard, dt.: Internationale Norm).

4.2 Aufbau von ISO 10303

Aufgrund ihrer Bedeutung erfolgt die STEP-Normung international, aber insbesondere aus den deutschen Normungsgremien (DIN) wird Zuarbeit geleistet. In Deutschland wird die STEP-Normung im Normenausschuss Maschinenbau (NAM), Arbeitsausschuss 96.4, durchgeführt.

Dem Integrierten Produktmodell von STEP liegt die Spezifikation produktdefinierender, produktrepräsentierender und produktpräsentierender Daten zugrunde. Damit stellt STEP insbesondere als internationale Norm die Grundlage für die System- und Methodenintegration dar.

Um dem Anspruch zu genügen, Softwareentwicklungen für den industriellen Einsatz zu unterstützen, wurden in den Konzepten von STEP Methoden zur

- Entwicklung und formalen Spezifikation des Produktmodells,
- Qualitätssicherung und
- Implementierung

berücksichtigt.

Die methodische Vorgehensweise zur Produktmodellentwicklung unterscheidet zunächst zwischen der Rolle der Produktmodellspezifikation als Implementierungsvorgabe und seiner Rolle als integrierendes Konzept, um Interoperabilität zwischen verschiedenen Anwendungen zu ermöglichen. Die Produktmodellspezifikation als Implementierungsvorgabe wird durch die sogenannten Anwendungsprotokolle (engl.:

application protocols) bereitgestellt. Die Produktmodellspezifikation als integrierendes Konzept liegt in Form anwendungsunabhängiger (engl.: generic resources) und anwendungsabhängiger Basismodelle (engl.: application resources) vor. Anwendungsabhängige und anwendungsunabhängige Basismodelle fließen in die Anwendungsprotokolle unter Einhaltung bestimmter Richtlinien und Regeln ein (vgl. Kapitel 4.7.2).

Die formale Spezifikation erfolgt mit Hilfe einer Beschreibungssprache, die eigens für die Entwicklung von STEP erarbeitet und genormt wurde. Diese Beschreibungssprache heißt EXPRESS. Die Produktmodellspezifikation in EXPRESS ist somit direkt rechnerverarbeitbar. Ergänzend zur textuellen Notation von EXPRESS wurde die graphische Notation EXPRESS-G entwickelt. Eine vertiefende Beschreibung von EXPRESS und EXPRESS-G findet sich in Kapitel 4.6.

Die Implementierungsmethoden zu STEP legen fest, wie STEP-Produktmodelldaten nach den Vorgaben der Anwendungsprotokolle zu implementieren sind. Dazu wurde definiert, wie die Produktmodelldaten auf eine sequentielle Datei (englisch: physical file) und in eine Datenbank abgebildet werden (Kapitel 4.8).

Die Methoden zur Qualitätssicherung beziehen sich sowohl auf die Entwicklung des Produktdatenmodells als auch auf seine Implementierung und werden in Kapitel 5.4 dargelegt.

Das rechnerverarbeitbar-spezifizierte Produktmodell von STEP bietet damit für die industrielle Anwendung die folgenden Möglichkeiten:

- die direkte Nutzung der Produktmodellspezifikation zur Entwicklung von Software,
- eine konsistente und redundanzfreie Datenhaltung durch die Abbildung aller Produktdaten aus den Phasen des Produktlebenszyklus und deren einheitliche Interpretation,
- die Interoperabilität von STEP-Software bei sich überschneidenden Anwendungsgebieten und
- die Fortschreibbarkeit und Transformation von Produktmodellen auf Basis der Spezifikation.

Aufgrund dieser Merkmale gewinnt STEP eine überaus hohe Bedeutung sowohl für die anwendende Industrie als auch für die Softwareindustrie. Darüber hinaus ermöglicht STEP die Einrichtung innerbetrieblicher und überbetrieblicher Prozessketten. Damit wird ein Wandel in der Arbeitsorganisation und der Arbeitskultur eingeleitet. Er führt weg von einem funktionsbezogenen Arbeiten mit isolierter Rechnerunterstützung, hin zu einem integrierten Arbeiten in Prozessketten und -netzen.

Der Aufbau der ISO-Normenreihe 10303 sieht eine klassifizierende Gliederung in sogenannte Serien vor.

In die Serie der Dokumentnummern 1 bis 10 (z. B. ISO 10303-1) sind einführende Dokumente eingeordnet, die die Zielsetzung und den Aufbau der Norm ISO 10303 enthalten. Erstes Dokument dieser Serie ist ISO 10303-1 "Overview and Fundamental Principles". In diesem Dokument werden die grundlegenden Konzepte der ISO 10303 sowie der Aufbau der Normenreihe beschrieben.

Die 10er Serie trägt den Titel "Description Methods" und enthält Normdokumente, die die Spezifikationsmethoden (insbesondere die Sprache EXPRESS) festlegen, mit denen alle Modellbeschreibungen innerhalb von ISO 10303 definiert werden.

Die 20er Serie umfasst "Implementation Methods" und enthält die Normen, die zur Implementierung von Softwarelösungen erforderlich sind. Hierzu zählen insbesondere ISO 10303-21 "Clear Text Encoding of the Exchange Structure", die Abbildung von Produktdaten in eine sequentielle Datei, und ISO 10303-22 "Standard Data Access Interface" (SDAI) für den Datenbankzugriff auf Produktdaten.

In der 30er Serie "Conformance Testing - Methodology and Framework" werden die Methoden zur Prüfung der Konformität von Implementierungen gegenüber der genormten Spezifikation festgelegt.

Es folgen nun Serien mit der Beschreibung von objektorientierten Schemata zum Produktmodell. Diese unterteilen sich in die anwendungsunabhängigen und anwendungsabhängigen Basismodelle sowie die sogenannten Anwendungsprotokolle.

Die 40er Serie umfasst die "Integrated Generic Resources". Sie bilden anwendungsneutrale Produktmerkmale ab. Diese sind unabhängig von einem bestimmten Anwendungsgebiet wie z. B. das Geometriemodell, das Produktstrukturmodell oder das Präsentationsmodell.

In der 100er Serie "Integrated Application Resources" werden Basismodelle beschrieben, die auf einen bestimmten Anwendungssachverhalt bezogen sind. Beispiele für anwendungsspezifische Basismodelle sind z. B. das Zeichnungserstellungsmodell, das Finite-Elemente-Modell oder das Kinematikmodell.

Die Dokumente der 40er und der 100er Serie bilden zusammen das Integrierte Produktmodell von ISO 10303.

Die 200er Serie enthält die "Application Protocols". Sie legen die Verwendung des Integrierten Produktmodells in einem bestimmten Anwendungskontext fest. Hierbei ist es erforderlich, einzelne Konstrukte des Integrierten Produktmodells zu spezialisieren, um den Anforderungen einer Anwendung gerecht zu werden.

Die 300er Serie "Abstract Test Suites" definiert zu jedem Anwendungsprotokoll der 200er Serie sogenannte abstrakte Testzyklen. Dabei werden abstrakt, d. h. unabhängig von einer bestimmten Implementierungsmethode (also einer sequentiellen Datei oder einer Datenbank), die für die Konformitätsprüfung erforderlichen Testfälle beschrieben. Durch die Bereitstellung der abstrakten Testfälle wird veröffentlicht, wie eine Implementierung hinsichtlich des Einhaltens der Normkonformität geprüft werden kann.

Die 500er Serie "Application Integrated Constructs" (AIC) umfasst die Festlegung von Konstrukten des Produktdatenmodells, die in allen Anwendungen, die diese Datenstrukturen benötigen, gleich zu verwenden sind. Über diesen Ansatz der AICs wird eine Kompatibilität der Software in den Bereichen angestrebt, in denen auch gleiche Sachverhalte ausgedrückt werden.

Bild 4.2 zeigt übersichtlich die Strukturierung der Normenreihe ISO 10303 in die verschiedenen Serien.

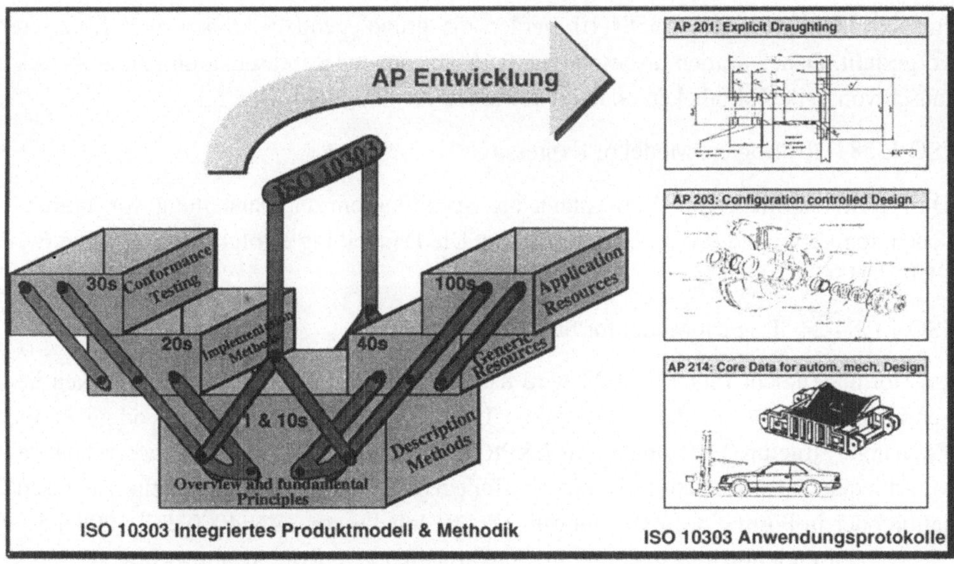

Bild 4.2
Serien der Normenreihe ISO 10303

Das Integrierte Produktmodell der ISO 10303 und seine Anwendungsprotokolle werden somit in den Dokumenten der 40er, der 100er und 200er Serie spezifiziert, während die Dokumente der weiteren Serien die Methoden für die Spezifikation, die Implementierung und die Konformitätsprüfung festlegen.

4.3 Aufbau von ISO 13584

Die ISO-Normenreihe 13584 "Parts Library" (P-LIB) umfasst Normdokumente für Teilebibliotheken (Norm-, Katalog- und Wiederholteilebibliotheken), um Erzeugungslogiken rechnerverarbeitbar, aber systemneutral bereitzustellen und daraus Teilegeometrien und Attribute zu erzeugen.

Die Normenreihe ISO 13584 besteht aus den folgenden Teilen:

ISO 13584-1 "Overview and Fundamental Principles"

In dem Normdokument DIS 13584-1 wird eine Einführung in die Normenreihe und ein Überblick über deren Aufbau gegeben. Darüber hinaus wird auf die gegenseitigen Abhängigkeiten zwischen den Teilen der Normenreihe eingegangen.

ISO 13584-10 "Conceptual Model of Parts Library"

Im Normdokument ISO 13584-10 werden die grundlegenden Ansätze und Konzepte vorgestellt. Dabei werden insbesondere die Konzepte zur Repräsentation und zum Austausch von Teilebibliotheken erläutert sowie die Terminologie erklärt.

ISO 13584-20 "Logical Model of Expressions"

Das Normdokument 13584-20 enthält die Spezifikation zur Darstellung von numerischen, logischen und textuellen Ausdrücken. Die Darstellung erfolgt in der Sprache EXPRESS (ISO 10303-11).

ISO 13584-24 "Logical Model for Supplier Library"

Im Normdokument ISO 13584-24 wird das Austauschformat für Teilebibliotheken beschrieben. Es baut auf der Spezifikation ISO 10303-21 "Clear Text Encoding of the Exchange Structure" auf und ist in EXPRESS spezifiziert. Darüber hinaus erlaubt es verschiedene Repräsentationsformen für Teilegeometrien wie z. B. explizite Repräsentation oder in Form einer Erzeugungslogik. Die Inhalte von DIN 4000 Teil 100 sind in diesem Normdokument abgedeckt, die Funktionalität geht jedoch darüber hinaus.

ISO 13584-26 "Identification of Library Systems"

Das Normdokument ISO 13584-26 legt fest, wie die Teileidentifikation erfolgt, um eine eindeutige Teilekennzeichnung zu ermöglichen.

ISO 13584-31 "Geometric Programming Interface"

Das Normdokument ISO 13584-31 umfasst die Spezifikation einer Programmierschnittstelle, um Teilebibliotheken in CAD-Systeme einzubinden. Diese Spezifikation enthält die Spezifikation nach DIN V 66304 (VDA-Programmschnittstelle) und unterstützt so den Austausch parametrischer Geometrien über Erzeugungslogiken.

ISO 13584-42 "Methodology for Structuring Part Families"

Das Normdokument 13584-42 legt Regeln fest, um Teilefamilien strukturiert, z. B. in Form hierarchischer Strukturen zu beschreiben. Sie geben vor, wie z. B. Sachmerkmaltabellen oder Produktkataloge aufzubauen sind. Darüber hinaus ist ein in EXPRESS formuliertes Datenmodell enthalten, um Produktdaten von Teilefamilien (also z. B. Sachmerkmale) auszutauschen. Dieses in EXPRESS formulierte Datenmodell ist identisch mit dem IEC 61360 "Dictionary Schema".

ISO 13584-101 "Geometric View Exchange Protocol by Parametric Program"

Dieses Normdokument ISO 13584-101 enthält Mechanismen zum Austausch generischer Geometriebeschreibungen, aufbauend auf 13584-31. Darüber hinaus werden Variablen zur Steuerung der Erzeugung einer Teiledarstellung definiert. Diese Variablen beziehen sich auf die geometrische Darstellung, die Detaillierung, die Ansichtsvariante und den Einbauzustand.

ISO 13584-102 "View Exchange Protocol by ISO 10303 Geometry"

Das Normdokument ISO 13584-102 legt fest, wie das Einbringen von STEP-Geometrien in 13584-Bibliotheken erfolgt. Die Spezifikation baut dabei auf ISO 10303-214 auf.

4.4 Stand der Normung

Im Rahmen von ISO 10303 (STEP) werden derzeit zwölf sogenannte Resource Parts sowie ca. dreizig Anwendungsprotokolle (APs) entwickelt bzw. gepflegt, die sich in unterschiedlichen Stadien der Normung befinden. Im Folgenden wird dargelegt, welchen Stand die Normungsaktivitäten der wichtigsten Teile von STEP und insbesondere von AP 214 erreicht haben, und welche organisatorischen Aspekte die Normung beeinflussen.

4.4.1 Normung der STEP-Reihe

Wenn auch aus Anwendersicht der Stand der Normung der APs von höchstem Interesse ist, denn sie repräsentieren ja die Anforderungen bestimmter Anwendergruppen sowie die dazugehörigen Implementierungsschemata, so ist doch der Normungsstand der Resource Parts aus organisatorischen Gesichtspunkten von ähnlich hoher Bedeutung, da sie die Strukturen für die Implementierungsmodelle der APs bilden. Anwendungsprotokolle können aufgrund der ISO-Regularien keinen "fortgeschritteneren" Status in der Normung haben als diejenigen Normen, insbesondere die STEP Resource Parts, die sie referenzieren.

In der sogenannten Initial Release von STEP wurden 1994 neben den grundlegenden Teilen der Normenreihe die Resource Parts 41 (Fundamentals of Product Description and Support), 42 (Geometric and Topological Representation), 44 (Product Structure and Configuration), 46 (Visual Presentation) und 101 (Draughting) genormt. Zwischenzeitlich haben auch die Resource Parts 43 (Representation Structures), 47 (Shape Variation Tolerances) und 105 (Kinematics) den Status einer internationalen Norm erreicht.

Ebenfalls mit der Initial Release wurden die Anwendungsprotokolle 201 (Explicit Draughting) und 203 (Configuration Controlled Design) veröffentlicht, für die heute kommerzielle Prozessoren für CAD-Systeme für den Datenaustausch angeboten werden. Darüber hinaus wurde zwischenzeitlich AP 202 (Associative Draughting) genormt.

Anzumerken bleibt, dass neben der ständig steigenden Zahl von AP-Projekten auch bereits einige Projekte mangels Interesse oder Finanzierung wieder eingestellt wurden.

4.4.2 Normung von AP 212

Das Anwendungsprotokoll 212 „Electrotechnical Design and Installation“ ist eine Initiative der Elektroindustrie und wird von ProSTEP und Siemens in Zusammenarbeit mit der DKE und weiteren internationalen Partnern entwickelt und als ISO/IEC-Standard 10303-212 genormt.

Das Anwendungsdatenmodell ISO/IEC 10303-212 beschreibt die Produktdaten von Entwicklungsprozessketten in der Elektroindustrie. Dazu zählen im Zusammenhang mit elektrischen Anlagen und Ausrüstungen (z. B. in Kraftwerken, Energieverteilungsnetzen, Fahrzeugen, Schiffen oder Gebäuden) unter anderem Informationen, die notwendig sind, um die in Zeichnungen, schematischen Darstellungen (z. B. Funktionspläne,

Schaltpläne, Installationsdiagramme), Netzlisten, Verbindungslisten und Stücklisten enthaltenen Daten zu beschreiben.

Gegenüber den bisher im Bereich der Elektroindustrie eingesetzten Schnittstellenformaten wie IGES, EDIF, SET, VNS oder DXF, die zumeist nur den Austausch graphischer Informationen in Form von Zeichnungen erlauben, berücksichtigt AP 212 die elektrischen und mechanischen Eigenschaften eines elektrotechnischen Produkts. Es gestattet damit die vollständige Beschreibung der Schaltungslogik sowie aller zugehörigen technischen und nicht technischen Daten zusätzlich zur graphischen Darstellung. Um den vielfältigen Anforderungen gerecht zu werden, enthält das AP 212 die folgenden Bereiche:

- allgemeine Beschreibung von Produkten und deren Struktur,
- Beschreibung von Funktionen und deren Struktur,
- Verbindungen und Netze,
- Signale,
- Installation, Kabel- und Verdrahtungsplanung,
- Kennzeichnung und Klassifizierung, z. B. von Betriebsmitteln, Anschlüssen und Signalen,
- Zuordnung von Attributen, Eigenschaften und Erläuterungen,
- Dokumentation und graphische Darstellung,
- Versions- und Konfigurationsverwaltung und
- Freigabe, Arbeitsaufträge.

Das AP 212 hat die entscheidenden Schritte zum Erreichen eines der wichtigsten Meilensteine auf dem Weg hin zum Internationalen Standard (IS) zurückgelegt. Um den Status eines Committee Draft (CD) zu erreichen, wurde im Mai 1996 das AP 212-Dokument dem zuständigen Gremium des ISO TC 184/SC 4 zur abschließenden Prüfung vorgelegt. Die Veröffentlichung des AP 212 als Committee Draft erfolgte im Dezember 1996. Anfang 1998 wurde die Phase des Committee Draft erfolgreich abgeschlossen. Nach Fertigstellung des Dokuments für die ISO-Vornorm (Draft International Standard, DIS), wird in einem weiteren fünfmonatigen Review-Prozess das Dokument bezüglich technischer Vollständigkeit sowie editorischer Korrektheit überprüft. Im November 1999 soll dann der Final Draft International Standard, die letzte Dokumentenversion vor dem abschließenden International Standard (IS), freigegeben werden.

4.4.3 Normung von AP 214

Die Entwicklung von AP 214 "Core Data for Automotive Mechanical Design Processes" wurde Ende 1992 begonnen und wird seither, finanziert durch die Gesellschafter der ProSTEP GmbH, den ProSTEP-Verein, den VDA (Verband der Automobilindustrie) und gefördert durch das Bundesministerium für Wirtschaft, kontinuierlich vorangetrieben. An der Finanzierung beteiligen sich auch in unterschiedlichem Umfang die in der SASIG (STEP Automotive Special Interest Group) zusammengeschlossenen Automobilhersteller- und –zuliefererverbände aus den Ländern Japan, Frankreich, Schweden und den USA.

Wichtigster Themenbereich in AP 214 ist seit der Initiierung die Produktstruktur und hierbei insbesondere die Handhabung der komplexen Variantenvielfalt, die im Automobilbau besonders ausgeprägt ist. Dies beinhaltet Themen des Produktdatenmanagements wie Spezifikation, Konfiguration, Klassifikation und Gültigkeit, bezieht sich aber auch auf Geometrien und Konstruktionselemente sowie deren graphische Darstellung.

AP 214 wurde im August 1995 erstmals in einer vollständigen Form veröffentlicht (CD) und zur internationalen Abstimmung versandt. Bei der Veröffentlichung war man sich durchaus bewusst, dass zu vielen Punkten, die im AP behandelt werden, noch Klärungsbedarf bestand, was sich auch im Abstimmungsergebnis mit nahezu 1600 Eingaben bestätigte. Eine Veröffentlichung zu diesem frühen Zeitpunkt war jedoch notwendig, um den Standardisierungsprozess einzuleiten und Verzögerungen zu minimieren. Aufgrund der Menge der Änderungen, die in Folge der Eingaben erforderlich waren, wurde im April 1997 ein zweiter CD veröffentlicht.

Gravierende Änderungen waren insbesondere in den Bereichen Produktstruktur, Konstruktionselemente und Toleranzen notwendig, während sich andere Datenstrukturen wie z. B. die für Geometrien, Annotation und Zeichnungswesen bereits als stabil erwiesen.

Der zweite CD fand bei den beteiligten Nationen breite Zustimmung, so dass als nächster Schritt die Veröffentlichung des DIS beschlossen wurde.

Im Anschluss an die Abstimmung über den zweiten CD erwiesen sich noch einmal Erweiterungen bei der Strukturierung von (variantenbehafteten) Produkten als notwendig, was das besondere Interesse an diesem Teilbereich von AP 214 widerspiegelt. Darüber hinaus wurden aus Gründen der Harmonisierung mit anderen APs die Bereiche Externe Referenzen sowie Produkteigenschaften und -klassifikation überarbeitet.

4.4.4 Organisatorische Aspekte der Normung

Wie bereits aus den oben genannten Daten für die Standardisierung von AP 214 ersichtlich wird, ist die Entwicklung eines STEP-Anwendungsprotokolls innerhalb der ISO mit einem nicht unerheblichen zeitlichen Aufwand verbunden. Dies ist einer der größten Kritikpunkte an der Standardisierung von STEP und hat im Wesentlichen zwei Gründe:

- Die Entwicklung eines internationalen Standards erfordert die mehrfache Veröffentlichung des Dokuments mit jeweils mehrmonatigen Abstimmungszeiträumen.
- Die Entwicklung eines internationalen Standards erfordert die Berücksichtigung vielfältiger Interessen aus allen beteiligten Nationen.

Dies führt unter anderem dazu, dass von einem Anwendungsprotokoll nicht erwartet werden kann, dass es zum Zeitpunkt seiner endgültigen Standardisierung allen Anforderungen entspricht. So ist es für AP 214 beispielsweise nicht möglich, Aspekte wie die Parametrik zu berücksichtigen.

Bereits während des Standardisierungsvorhabens kann es auch dazu kommen, dass sich bestimmte Interessengemeinschaften auf Vorab-Schemata oder Ausschnitte des zu standardisierenden Datenmodells einigen. Solche zu einem bestimmten Zeitpunkt eingefrorenen Modelle erlauben frühzeitige Implementierungen, die auch der Validierung des Anwendungsprotokolls dienen können. Sie müssen jedoch parallel zu dem zugrunde liegenden Modell gepflegt und weiterentwickelt werden. Beispiel für auf AP 214 basierende Schemata sind "VDA ORG", "AP 214 ORG" und das "PDM-Schema":

- Der Begriff "VDA ORG" bezeichnet das Resultat einer Initiative des VDA CAD/CAM-Arbeitskreises zur Erfassung der Anforderungen der deutschen Automobilindustrie an den Austausch organisatorischer Daten aus dem Jahr 1995. Es handelt sich hierbei um eine Datenspezifikation, welche die Anforderungen bezüglich der PDM-Stammdaten in deutscher Anwenderterminologie widerspiegelt.
- Die in der VDA ORG-Spezifikation ermittelten Anforderungen wurden auf die ARM-Datenstrukturen von AP 214 (CD 1) abgebildet, um so eine abgeschlossene Untermenge von AP 214 für den Austausch von Stammdaten nach AP 214 zu definieren; Ergebnis war das sogenannte AP 214 ORG-Schema.
- Eine internationale Entwicklung, die auf den Bemühungen basiert, Grundstrukturen für den Austausch organisatorischer Daten zu definieren, ist das sogenannte PDM-Schema. Es handelt sich hierbei im Wesentlichen um die den heutigen Anwendungsprotokollen

gemeinsame Untermenge für PDM-Daten und kann inhaltlich als Fortentwicklung der AP 214 ORG-Spezifikation angesehen werden.

Eine wesentliche Fragestellung ist auch, wie mit notwendigen Änderungen in genormten Teilen der STEP-Reihe und hier insbesondere der Resource Parts umgegangen wird. Wie bereits erläutert, wurden in 1994 in der sogenannten Initial Release unter anderem sechs der STEP-Resource Parts (41, 42, 43, 44, 46, 101) als Internationale Norm veröffentlicht und festgeschrieben. Da alle Anwendungsprotokolle eine Abbildung ihrer Anforderungen auf diese und andere Resource Parts vornehmen müssen, um das jeweilige Implementierungsschema zu definieren, besteht eine direkte Abhängigkeit zwischen jedem AP und den STEP-Resource Parts.

Mittlerweile wird jedoch aufgrund erweiterter Anforderungen mehrerer Anwendungsprotokolle seit 1996 eine Überarbeitung einiger STEP-Resourcen vorgenommen; dies betrifft insbesondere die Teile 41, 42, 43 und 44. Diese Änderungen werden zwar in einer aufwärtskompatiblen Form durchgeführt, führen aber trotzdem dazu, dass Teilmengen von Informationen aus einem AP, das die überarbeiteten Versionen verwendet (z. B. AP 214), nicht in APs, die auf den ersten Fassungen aufbauen (z. B. AP 203), überführt werden können.

4.5 Methodische Grundlagen der Datenmodellentwicklung und -implementierung

In diesem Abschnitt werden die wesentlichen Mechanismen, die in der Datenmodellentwicklung verwendet werden, vorgestellt. Die methodische Durchdringung des Modellierungsprozesses ist bei der ISO-Norm 10303 (STEP) besonders hoch und demzufolge sind die Eigenschaften der methodischen Datenmodellierung besonders gut darzustellen.

Als wesentliches Ziel ist die Bereitstellung eines Datenmodells zu nennen, das für vorgegebene

- Produktklassen (Maschinen, Maschinenelemente, Halbzeuge),
- Produktdatenklassen (Geometrie, NC-Daten, Werkstoffwerte),
- Phasen im Produktlebenszyklus (z. B. Konstruktion, Vertrieb),
- Verwendungszwecke (z. B. Angebotserstellung) und

- Fachdisziplinen von verarbeitenden Institutionen (Konstrukteur, Materialprüfer, Disponent)

alle Anforderungen des Datenaustauschs, der Datenspeicherung und der Datenarchivierung erfüllt.

Ein solches Datenmodell muss eindeutig beschrieben sein und wird in einem Anwendungsprotokoll genormt. Tabelle 4.1 zeigt den im Rahmen der ISO 10303 definierten Aufbau eines solchen Normendokuments. In diesem Kapitel werden unter anderem einzelne Abschnitte eines solchen Dokuments genauer beschrieben.

Tabelle 4.1 Aufbau eines Anwendungsprotokolls in ISO 10303

Abschnitt	Titel	Kurzbeschreibung
1	Definition des Gültigkeitsbereichs	Enthält eine Liste von Aspekten, die von dieser Norm aufgegriffen bzw. explizit nicht abgedeckt werden.
2	Normative Referenzen	Auflistung von Referenzen auf andere ISO Dokumente, die im Zusammenhang mit dieser Norm stehen.
3	Definitionen und Abkürzungen	Auflistung aller Abkürzungen und Definitionen, die in der Norm Verwendung finden.
4	Definition des Funktionsumfangs	Beschreibungen und Definitionen zu Units of Functionality, Application Objects und Application Assertions
5	AIM - Das interpretierte Modell	Beschreibungen und Definitionen zur Mapping Table und zur EXPRESS Shortform. Des Weiteren werden Implementierungshinweise aufgeführt.
6	Konformitätsanforderungen	Auflistung und Definition der Konformitätsklassen und Zuordnung der Units of Functionality zu den Konformitätsklassen.
Anhang A	Implementierungsgrundlagen	Spezifikation der Longform des AIM
Anhang B	Konventionen zu Physical Files	Auflistung von Kurznamen für alle AIM-Objekte zur Erzeugung von platzsparenden Dateien
Anhang C	Implementierungsspezifikationen	Angabe von spezifischen Implementierungshinweisen und -konventionen
Anhang D	Praktikable Implementierung	Angabe weiterer Implementierungshinweise
Anhang E	Dokumentenkenner	Auflistung von Identifikatoren für Short- und Longform Objekte
Anhang F	Gültigkeitsbereich	Enthält das mittels SADT spezifizierte Aktivitätenmodell (AAM), welches den Gültigkeitsbereich des Dokuments angibt.
Anhang G	ARM – Modellvisualisierung	Enhält das Anwendungsbezogene Referenzmodell (ARM) z. B. in EXPRESS-G.
Anhang H	AIM – Modellvisualisierung	Enthält das Interpretierte Modell (AIM) in EXPRESS-G

Anhang J	AIM – digitale Verarbeitung	Enthält die Longform des AIM, die Konformitätsklassen und die Shortform in EXPRESS
Anhang K	ARM- digitale Verarbeitung	Enthält das ARM in EXPRESS.
Anhang L	Literaturverzeichnis	Auflistung aller Referenzierungen, die keine ISO Normen sind.

Um die Eindeutigkeit des Datenmodells zu gewährleisten, ist innerhalb der ISO 10303 eine Fachsprache entwickelt worden. Diese trägt den Namen EXPRESS und wird im folgenden Abschnitt, als sogenannte formale Spezifikation, erläutert.

4.6 EXPRESS

4.6.1 Formale Spezifikation

Im Gegensatz zu anderen Datenaustauschformaten und -normen sind die Informationsmodelle von STEP zu einem großen Teil formal beschrieben, d. h. die formalen Informationsmodelle werden durch linguistische Spezifikationen ergänzt, welche gleichfalls Bestandteil der Norm sind. Informelle Beschreibungen wie beispielsweise die IGES-Spezifikation definieren ihre Inhalte mittels natürlichsprachlicher Texte oder Anwendungsbeispielen. Diese Beschreibungen sind zwar leicht zu lesen, beinhalten aber zwei wesentliche Nachteile:

1. Die Spezifikation ist mehrdeutig. Begriffe können im gleichen Kontext von verschiedenen Instanzen unterschiedlich interpretiert werden. Beispielsweise wird im naturwissenschaftlichen Bereich der Begriff „Funktion" im Allgemeinen mit der mathematischen Abbildung in Verbindung gebracht. Im Ingenieurwesen assoziiert man eine Funktion hingegen oft auch mit der Produktfunktionalität.

2. Die Spezifikation ist unvollständig. Insbesondere bei der Beschreibung des Sachverhaltes durch Beispiele können Sonderfälle unberücksichtigt bleiben. Dies führt dazu, dass Anwender der Spezifikation für diese Sonderfälle Annahmen treffen müssen, die sich nicht zwingend mit den Annahmen anderer Anwender decken, die die Spezifikation für ihren Anwendungsfall wiederum anders auslegen.

Diese Nachteile wirken sich besonders bei Spezifikationen im Produktdatenkontext aus, da sich diese sowohl durch eine hohe Komplexität auszeichnen als auch durch die folgende Implementierung eine Definition aufweisen müssen. Dies führt beispielsweise dazu, dass Datenaustauschprozessoren von Softwaresystemen nicht kompatibel sind, obwohl sie sich an Normen orientieren. Diese Inkompatibilitätsprobleme treten insbesondere bei komplexen Geometrieaustauschformaten im CAD-Bereich, aber auch bereits beim vergleichsweise einfachen Datenaustausch zwischen Textverarbeitungssystemen auf.

Solche Gründe implizieren die Beschreibung der Informationsmodelle von STEP mit einer formalen Modellierungssprache. Zu diesem Zweck wurde mit EXPRESS eine Modellierungssprache im Rahmen von STEP entwickelt, die seit 1984 sowohl zur Beschreibung der Integrierten Resourcen als auch zur Entwicklung der Anwendungsprotokolle eingesetzt wird. EXPRESS wurde 1994 als Part 11 von STEP genormt.

Um die Norm STEP lesen, interpretieren oder implementieren zu können, ist also die Kenntnis von EXPRESS nötig. Im Folgenden wird daher die Syntax und Semantik der Sprache vorgestellt. An dieser Stelle soll keine formale Beschreibung der Sprache erfolgen, sondern anhand eines Beispiels EXPRESS aus einer benutzerorientierten Sicht erläutert werden (vgl. [ISO-94a] für eine formale Beschreibung von EXPRESS).

4.6.2 Sprachbeschreibung

EXPRESS verfügt im Gegensatz zu den meisten anderen Modellierungssprachen sowohl über eine graphische als auch über eine textuelle Notation. Die graphische Notation wird als EXPRESS-G bezeichnet und stellt eine Untermenge der textuellen Notation dar. Nachfolgend sollen die Elemente beider Notationen am Beispiel des Informationsmodells vorgestellt werden. Dieses Beispiel wird schrittweise zu einem (stark vereinfachten) Informationsmodell für die Produktstruktur erweitert.

Zentrales Element in EXPRESS ist das Entity. Durch Entities werden Objekte der realen Welt wie im folgenden Beispiel Baugruppen oder Bauteile, dargestellt. Entscheidend ist, dass Entities keine Individuen der realen Welt abbilden, sondern Gruppen von Individuen mit gleichen Attributen.

Entities werden mit Relationen zueinander in Beziehung gesetzt. Das in Bild 4.3 dargestellte Beispiel sagt aus, dass das Attribut `Gestalt` eines Entity `Bauteil` durch das Entity `Geometrie` beschrieben ist (die Eigenschaften des Entity `Geometrie` werden im Beispiel nicht angegeben).

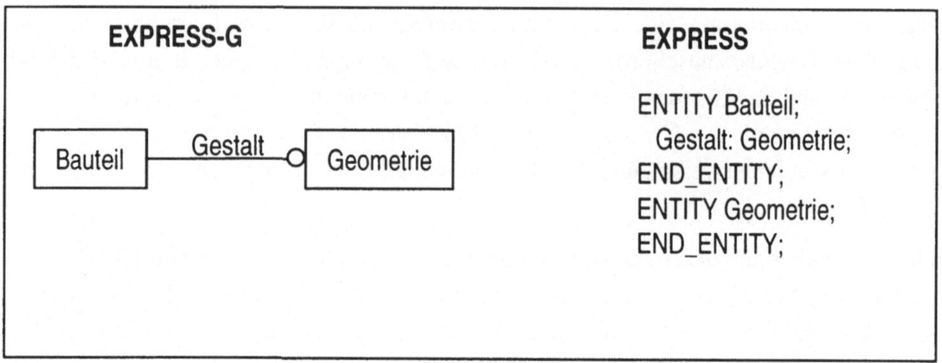

Bild 4.3
Beispiel für Relationen zwischen Entities

Eigenschaften von Entities ohne eigene Struktur wie z. B. die Seriennummer oder die Bezeichnung eines Bauteils werden in EXPRESS durch das Sprachelement Simple Type modelliert. EXPRESS unterscheidet je nach Art der abzubildenden Daten sieben verschiedene Wertemengen für Simple Types (Tabelle 4.2).

Tabelle 4.2 Simple Types in EXPRESS

Bezeichung	Wertemenge	Beispieleigenschaften
STRING	Zeichenketten mit beliebiger Länge und Inhalt	Artikelbezeichnung, Namen von Personen
INTEGER	ganze Zahlen im Bereich [-65536,65536]	Versionsnummer, Baujahr
REAL	rationale Zahlen	mathematische Konstanten (PI, e etc.), Messdaten
NUMBER	abhängig vom Kontext entweder INTEGER oder REAL	Artikelpreise, Geometriedaten
BOOLEAN	TRUE oder FALSE	ist_ein_Zukaufteil
LOGICAL	TRUE, FALSE oder UNKNOWN	(s. o.)
BINARY	0 oder 1	Bilddaten, verschlüsselte Daten

Zusätzlich zu den vordefinierten Simple Types besteht in EXPRESS die Möglichkeit, mit Hilfe von Enumerations oder Select Types endliche, benutzerdefinierte Wertemengen zu spezifizieren und diese als Eigenschaften von Entities anzugeben. Ein typisches Beispiel für eine Enumeration ist die Menge der Farben. Die Wertemenge der Enumeration „Farbe“ besteht dann beispielsweise aus den Elementen rot, grün, blau etc.

Die Menge, die durch einen Select Type definiert wird, besteht aus Begriffen, die bereits im Modell beispielsweise in Form von Entities spezifiziert sind (`Verbindungstyp` in

Bild 4.5). Bei der Instanziierung wird das entsprechende Attribut eines Entity mit einer Instanz eines Elements aus der Menge des Select Type belegt.

Des Weiteren ist es in EXPRESS möglich, Synonyme für Typen wie Entities, Enumerations, Simple Types oder Select Types anzugeben. Diese Synonyme (Defined Types) werden in EXPRESS-G durch ein gestricheltes Viereck dargestellt (Bild 4.4). Defined Types werden im Allgemeinen benutzt, um einem Modell mehr semantische Aussagekraft zu geben und somit die Lesbarkeit des Modells zu verbessern.

EXPRESS-G

EXPRESS

```
ENTITY Bauteil;
  Gestalt: Geometrie;
  Bezeichnung: STRING;
  Synonyme: OPTIONAL SET [1:?] OF STRING;
  Seriennr: INTEGER;
  Versionsnr : INTEGER;
  Farbe: Farben;
  Herstellung: Datum;
  Masse : INTEGER;
END_ENTITY;
ENTITY Geometrie;
END_ENTITY;
TYPE Farben = ENUMERATION OF (rot, grün, blau);
END_TYPE;
TYPE Datum = ARRAY [1:3] OF INTEGER;
END_TYPE;
```

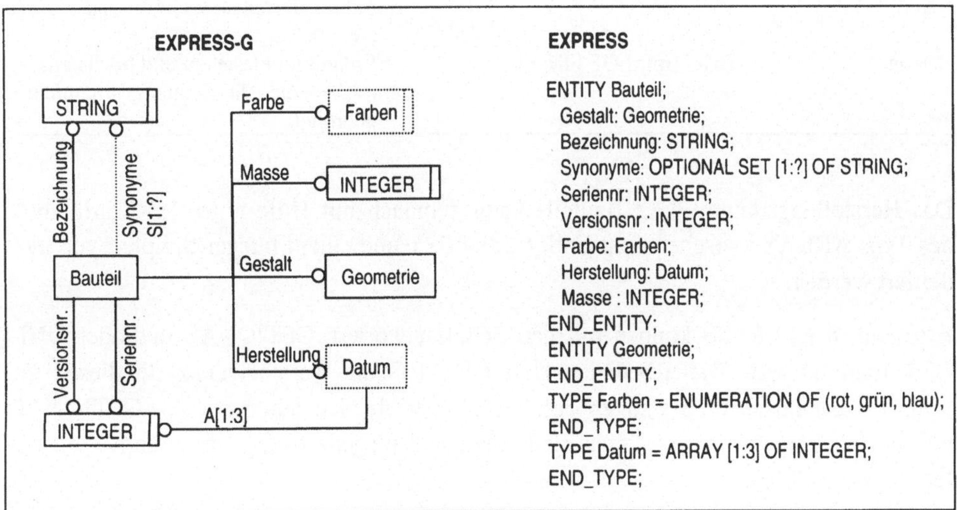

Bild 4.4
Darstellung von Simple Types und Enumerations als Entity-Attribute

Die bisher dargestellten Relationen zwischen den verschiedenen Elementen sind lediglich 1:1-Relationen, d. h. jeder Ausprägung (Instanz) eines Entity wird genau ein konkreter Wert der spezifizierten Wertemenge zugeordnet (beispielsweise besitzt ein Bauteil genau eine aktuelle Versionsnummer). EXPRESS bietet jedoch die Möglichkeit Relationen beliebiger Kardinalität, also m:n-Relationen zu definieren. Diese m:n-Relationen können darüber hinaus durch verschiedene Typen strukturiert werden (Tabelle 4.3).

Tabelle 4.3 Aggregationstypen in EXPRESS

Typ	Syntax	Erläuterung
Feld	ARRAY [m:n] OF [Type]	Besteht aus genau n-m+1 Elementen, das erste Element wird mit m indiziert, das letzte mit n.
geordnete, redundante Liste	LIST [m:n] OF [Type]	Enthält mindestens m und höchstens n Elemente. Die Elemente sind geordnet und dürfen mehrfach enthalten sein.
geordnete, redundanzfreie Liste	SET [m:n] OF [Type]	Enthält mindestens m und höchstens n Elemente. Die Elemente sind geordnet, dürfen aber nur einmal enthalten sein.
Menge	BAG [m:n] OF [Type]	Enthält mindestens m und höchstens n Elemente. Die Elemente sind nicht geordnet.

Das Herstellungsdatum eines Bauteils kann demnach mit Hilfe einer 1:3-Kardinalität des Typs ARRAY zwischen dem Entity `Bauteil` und einem Integer Simple Type modelliert werden.

Attribute in EXPRESS können mit den Schlüsselwörtern OPTIONAL und/oder UNIQUE markiert sein. Dabei bedeutet UNIQUE, dass die Wertebelegung für dieses Attribut für alle Instanzen des zugehörigen Entity verschieden sein muss. Als OPTIONAL gekennzeichnete Attribute müssen nicht zwingend für jede Instanz mit einem Wert belegt sein.

In dem Modell einer Produktstruktur müssen neben Bauteilen auch Baugruppen abgebildet werden. Baugruppen sind ebenso wie Bauteile durch Versionsnummer, Seriennummer, Synonyme und eine Bezeichnung gekennzeichnet. Um die Komplexität des Modells zu reduzieren und gleichzeitig ähnliche Begriffe in Ober- und Unterbegriffe (in EXPRESS Super- bzw. Subtype) zu klassifizieren, wird in EXPRESS das Konzept der Abstraktion (Vererbung, Spezialisierung) benutzt. Eine Begriffshierarchie wird mittels der Supertype Relation aufgebaut. Entlang dieser Relation werden Eigenschaften der Oberbegriffe auf die jeweiligen Unterbegriffe vererbt und müssen somit nicht explizit als Eigenschaften der Unterbegriffe definiert werden.

Wendet man das Konzept der Abstraktion auf das Produktstrukturbeispiel an, können sowohl Baugruppen als auch Bauteile unter dem abstrakteren Oberbegriff „Artikel" zusammengefasst werden. Die Eigenschaften „Bezeichnung", „Synonyme", „Seriennummer" und „Versionsnummer" werden demnach vom Artikel auf Baugruppe und Bauteil vererbt. Es ergibt sich die in Bild 4.5 dargestellte Struktur. Das Entity `Artikel` wird dabei als abstrakt deklariert. Damit wird ausgedrückt, dass in einer Datenbank, die auf diesem Schema basiert, keine Ausprägungen des Entity `Artikel` instanziiert werden dürfen, sondern nur die konkreteren Entities `Baugruppe` und `Bauteil`.

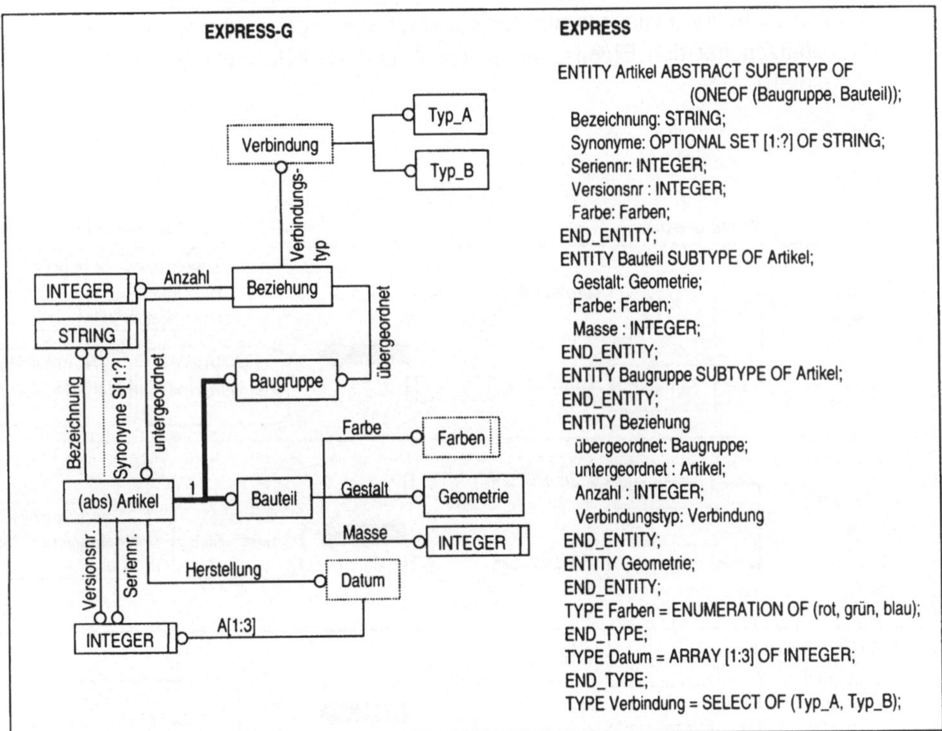

Bild 4.5
Produktstrukturbeispiel

EXPRESS bietet drei verschiedene Typen von Vererbungsbeziehungen an. Die Vererbungsbeziehung zwischen `Artikel` und dessen Spezialisierungen wird als `oneof`-Spezialisierungsbeziehung bezeichnet, da ein Artikel entweder eine Baugruppe oder ein Bauteil sein muss. Instanzen, die sowohl Baugruppe als auch Bauteil sind, sind somit nicht erlaubt. Zusätzlich zu dieser Vererbungsbeziehung, die den Vererbungsmechanismen bekannter objektorientierter Programmiersprachen (z. B. C++) entspricht, unterstützt EXPRESS zwei zusätzliche Vererbungsmechanismen, die zum Konzept der Komplexen Instanz führen:

1. Falls ein Supertype mittels einer `and`-Spezialisierung auf zwei Subtypen A und B vererbt, können ausschließlich Instanzen mit den Eigenschaften von A und B existieren (Bild 4.6). Instanzen mit den Ei-

genschaften von A oder B sind nicht erlaubt. Die `and`-Spezialisierung wird in der Regel nur in Kombination mit anderen Vererbungstypen verwendet.

2. Die `andor`-Vererbung auf zwei Subtpyen A und B erlaubt die Erzeugung von Instanzen mit den Eigenschaften von A oder B sowie Instanzen mit den Eigenschaften von A und B (Bild 4.6 gibt ein Beispiel.).

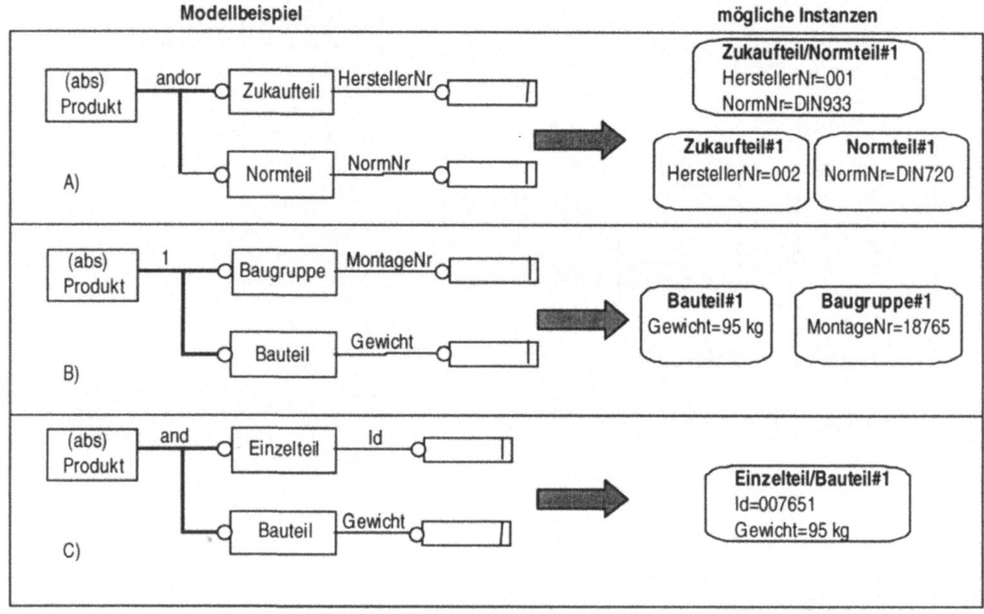

Bild 4.6
Beispiele der Spezialisierungsmöglichkeiten in EXPRESS

Instanzen, die Eigenschaften von mehreren Entities enthalten, werden als Komplexe Instanzen bezeichnet.

Das Entity `Beziehung` in Bild 4.5 bezeichnet man als Relationship Entity. Hierdurch werden Baugruppen (referenziert durch die Relation `übergeordnet`) mit ihren Unterbaugruppen bzw. Bauteilen (referenziert durch `untergeordnet`) verknüpft. Die Eigenschaft Anzahl gibt dabei an, wie oft das untergeordnete Element in der Baugruppe verwendet wird. Außerdem wird ein Select Type referenziert, der als Zeiger auf verschiedene Entities angesehen werden kann, welche alternativ die Verbindung zwischen den Elementen beschreiben. Durch dieses Relationship Entity lassen sich somit einfachste Produktstrukturen aufbauen.

EXPRESS-G enthält weitere graphische Elemente, die in dem obigen Beispiel keine Verwendung finden. Bei der Entwicklung komplexerer Modelle kann die Übersichtlichkeit sehr verbessert werden, wenn die Entities in logischen Modulen zusammengefasst werden oder die graphische Darstellung auf mehrere Seiten aufgeteilt wird. Die Module werden in EXPRESS als Schemata bezeichnet. Obgleich jedes Schema eine logisch abgeschlossene Einheit darstellt, lassen sich Teile daraus in anderen Schemata referenzieren und somit zu deren Ergänzung benutzen. Dazu werden die in Bild 4.7 dargestellten Konstrukte benutzt. Mit Hilfe der Konstrukte `REFERENCE FROM` und `USE FROM` können Elemente eines Schemas von Elementen eines anderen Schemas benutzt (referenziert) werden. Der Unterschied zwischen diesen beiden Konstrukten besteht darin, dass mittels `REFERENCE FROM` referenzierte Elemente lediglich innerhalb des importierenden Schemas sichtbar sind. Im Gegensatz dazu sind Elemente, die über `USE FROM` referenziert werden, über mehrere Ebenen der Referenzierung hinweg sichtbar.

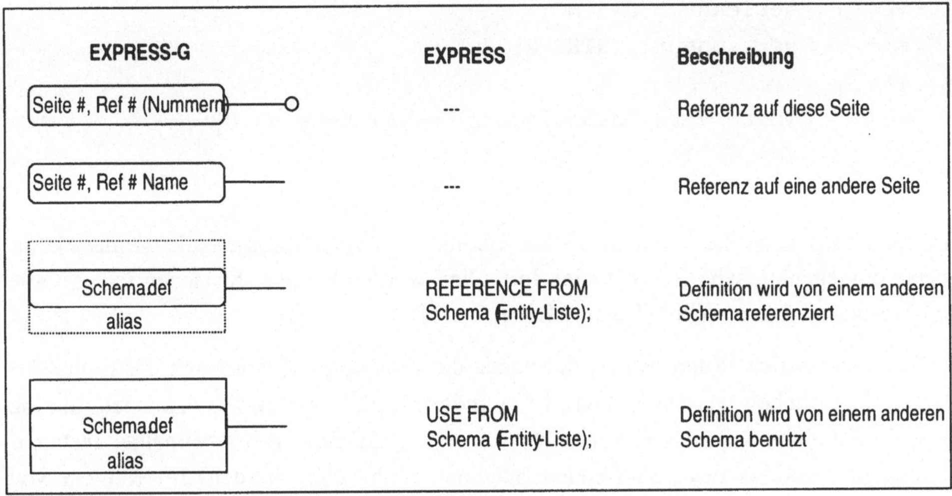

Bild 4.7
Graphische und lexikalische Darstellung von Schemakonstrukten

Zur Aufteilung eines Modells auf mehrere physikalische Seiten bietet EXPRESS-G die Möglichkeit, Seitenreferenzen zu definieren, welche Verweise auf Elemente des Informationsmodells spezifizieren, die auf anderen Seiten angeordnet sind.

EXPRESS-G stellt letztlich nur eine Untermenge der textuellen Form von EXPRESS dar. Es können also Modellteile textuell definiert werden, die in der graphischen Repräsentation nicht enthalten sind. Die wichtigsten dieser Beschreibungsmittel sind lokale und globale Regeln und Funktionen.

Lokale Regeln werden in EXPRESS als Where Rules bezeichnet und innerhalb der Entity Deklaration definiert. Where Rules können als Einschränkung der Ausprägungen von Entity-Attributen angesehen werden. Im obigen Beispiel sind durch die Definition des Attributs `Version` im Entity `Artikel` als Integer Simple Type auch negative Versionsnummern zugelassen. Dies ist nicht sinnvoll. Es muss daher definiert werden, dass die Belegung des Attributs „Version“ der Beschränkung unterliegt, größer (oder zumindest gleich) Null zu sein. Mit Hilfe einer Where Rule kann dieser Sachverhalt beschrieben werden:

```
ENTITY Artikel ABSTRACT SUPERTYPE OF
        (oneof (Baugruppe, Bauteil);
     seriennr.: STRING;
     versionsnr: INTEGER;
     ...
     where Versionsbedingung: versionsnr >= 0;
     END_ENTITY;
```

In Where Rules ist die Verwendung von Boole'schen Operatoren erlaubt, so dass komplexe aussagenlogische Bedingungen formuliert werden können. Instanzen müssen alle im Entity definierten Where Rules erfüllen.

Neben den lokalen Where Rules, mit denen die Konsistenzbedingungen der Entity-Attribute beschrieben werden können, ist es möglich, globale Regeln anzugeben, die die Konsistenz eines Schemas sicherstellen. Diese Regeln müssen bei beliebiger Instanzierung der Entities des betreffenden Schemas eingehalten werden. Im Kontext von STEP werden globale Regeln immer dann verwendet, wenn ein Entity nicht im Schema selbst definiert ist, sondern über ein USE FROM- oder REFERENCE FROM-Statement importiert wird, ansonsten werden lokale Regeln bevorzugt.

Im obigen Produktstrukturbeispiel wird die Anzahl jeder Unterbaugruppe, jedes Bauteils eines Produkts oder einer Baugruppe durch das Attribut „Anzahl“ im Entity `Beziehung` ausgedrückt. Eine globale Regel könnte fordern, dass alle untergeordneten Elemente einer Baugruppe oder eines Produkts nur einmal aufgeführt werden dürfen, also paarweise verschieden sein müssen. Die entsprechende globale Regel (Global Rule) wird dann wie folgt definiert:

```
RULE BG_BT_Eindeutigkeit;
 indicator : BOOLEAN := true;
 beziehung : LIST [1:?] of
   Beziehung:= BASE.BEZIEHUNG;
 REPEAT i := 1 TO SIZEOF(BASE.BEZIEHUNG);
  REPEAT j := i+1 TO SIZEOF(BASE.BEZIEHUNG);
   IF beziehung[i].untergeordnet=beziehung[j].untergeordnet
   AND
   IF beziehung[i].übergeordnet=beziehung[j].übergeordnet
   THEN indicator:=FALSE;
  END_REPEAT;
  WHERE Eindeutigkeit:indicator=TRUE;
END_RULE;
```

Eine hinreichende Bedingung für die Eindeutigkeit der beschriebenen Strukturierungsforderung ist, dass alle Instanzen des Entity `Beziehung` paarweise verschiedene, untergeordnete und übergeordnete Artikel bzw. Baugruppen referenzieren. Dies wird innerhalb der beiden `REPEAT`-Schleifen überprüft. Beim mehrfachen Auftreten derselben Entity-Instanz innerhalb der Instanzen des Entity `Beziehung`, nimmt die Boole'sche Variable `indicator` den Wert `FALSE` an. Die Where Rule am Ende der Regel gibt an, in welchem Fall die Bedingung, die durch die Regel formuliert wird, erfüllt ist. Dies ist dann der Fall, wenn keine „doppelten" Instanzen von `Beziehung` vorkommen und somit die Variable `indicator` den Wert `TRUE` behält.

Neben Bedingungen können Funktionen angegeben werden, die ebenfalls durch kein entsprechendes Symbol in EXPRESS-G definiert sind. Diese Funktionen können ebenfalls lokal oder global sein.

Lokale Funktionen werden in EXPRESS mit dem Schlüsselwort `DERIVE` gekennzeichnet und aus den Attributen des Entity berechnet. Eine lokale Funktion besteht aus einer Identifikation (im folgenden Beispiel `cs:`), einem Attributnamen (`checksum`) und genau einer Berechnungsvorschrift (`Seriennr+Versionsnr mod 9`). Lokale Funktionen werden im Allgemeinen benutzt, um Attribute, die relevant für das Informationsmodell sind, aus anderen Attributen abzuleiten. Das folgende Beispiel definiert die Prüfsumme zur Kontrolle der Serien- und Versionsnummer:

```
ENTITY Artikel ABSTRACT SUPERTYPE OF
        (oneof (Baugruppe, Bauteil));
 Seriennr : INTEGER;
 Versionsnr : INTEGER;
 ...
 DERIVE
 cs:
  checksum:=Seriennr+Versionsnr mod 9;
END_ENTITY;
```

Globale Funktionen können beliebige Größen zur Berechnung ihres Funktionsergebnisses in Form von Parametern heranziehen und werden einem Schema, nicht einem bestimmten Entity, zugeordnet. Analog zu ihrer Verwendung in den meisten Programmiersprachen werden auf der Basis von Übergabeparametern Ergebnisse berechnet. Globale Funktionen können in Berechnungsvorschiften von lokalen Funktionen benutzt werden.

Im folgenden Beispiel berechnet die globale Funktion die Masse einer Instanz des Entity `Baugruppe` rekursiv aus den Massen der enthaltenen Bauteile:

```
FUNCTION Baugruppe_Masse (bg : Baugruppe) : INTEGER;
 relations : LIST [1:?] OF
     RELATIONSHIP:=BASE.RELATIONSHIP;
 mass : INTEGER := 0;
 REPEAT i := 1 TO SIZEOF (BASE.RELATIONSHIP);
  IF (relations[i].übergeordnet=bg AND
      TYPEOF (relations[i].untergeordnet)=Bauteil)
  THEN mass := mass+relations[i].untergeordnet.Masse
               * relations[i].Anzahl;
  END_IF;
  IF (relations[i].übergeordnet=bg AND
     TYPEOF (relations[i].untergeordnet)=Baugruppe)
  THEN mass:= mass+
            Baugruppe_Masse(relations[i].untergeordnet);
  END_IF;
 END_REPEAT;
 RETURN (mass);
END_FUNCTION;
```

4.6.3 Modellierungsstile

Bei der formalen Spezifikation von Informationsmodellen spielt neben der Wahl der Modellierungssprache und den damit verbundenen Ausdrucksmitteln wie z. B. Vererbung auch der verwendete Modellierungsstil eine wesentliche Rolle. Bei der objektorientierten Modellierung können zwei grundlegende Vorgehensweisen unterschieden werden. Dies sind die abhängigkeitsgetriebene Modellierung und die informationsgetriebene Modellierung. Ihre Verwendung ist nicht durch die Sprachkonstrukte von EXPRESS oder anderen Modellierungssprachen vorgegeben, vielmehr lassen sie im Allgemeinen beide Stile zu.

Die in dem Abschnitt über die Sprache EXPRESS verwendeten Beispiele folgen durchweg dem abhängigkeitsgetriebenen Stil. Dies bedeutet, dass die definierten Objekte alle Informationen zu ihrer vollständigen Beschreibung über Attribute referenzieren. Zum Beispiel besagt das Objekt "Bauteil" in diesem Abschnitt, dass zu seiner vollständigen Beschreibung die Angabe einer Geometrie gehört. Für den Fall, dass Ausnahmen von dieser Regel vorausgesehen werden, kann diese Referenz als optional deklariert werden.

Bei der informationsgetriebenen Modellierungsweise hingegen werden die verschiedenen Informationen voneinander getrennt. Am Beispiel "Bauteil" würde dies bedeuten, dass dieses Objekt keine Referenz auf ein Geometrieobjekt beinhaltet. Um aber dennoch eine Geometrie und ein entsprechendes Bauteil miteinander zu assoziieren, bestehen zwei Möglichkeiten: Entweder kann das Geometrieobjekt das Bauteil referenzieren oder es kann ein Relationsobjekt definiert werden, das Bauteil und Geometrie referenziert und diese so indirekt miteinander verbindet. Im ersten Fall liegt der Modellierung die Annahme zugrunde, dass eine Geometrie stets die Geometrie eines Bauteils ist, im zweiten Fall werden zwei unabhängige Teilmodelle lose miteinander verbunden. Informationsgetrieben bedeutet also, dass Informationen nur dann in einen Zusammenhang gebracht werden, wenn dies erforderlich ist.

Beide Vorgehensweisen haben spezifische Eigenschaften, über die sich die an der Erstellung eines Informationsmodells Beteiligten im Klaren sein müssen, um die für den vorliegenden Anwendungsfall geeignete auswählen zu können.

Der abhängigkeitsgetriebene Stil zeichnet sich insbesondere durch eine klare Formulierung der betrachteten Sachverhalte und damit durch eine intuitive Lesbarkeit aus. Weiterhin entspricht dieses Vorgehen der gängigen Implementierungstechnik objektorientierter Sprachen, so dass hier eine leichte und zumindest teilweise algorithmisierte Übertragung des formalen Modells gewährleistet wird. Diese Aspekte liefern einen wesentlichen Beitrag zu einer hohen Qualität der anvisierten Lösung.

Der informationsgetriebene Stil hat andere Eigenschaften, die insgesamt auf eine hohe Flexibilität des Modells hinauslaufen. Nimmt man z. B. an, dass Bauteile in unterschiedlichem Kontext verwendet werden sollen, kann die Geometrieinformation eventuell überflüssig sein: Zwar wird sie im Fertigungsprozess benötigt, jedoch nicht bei der Stücklistenverwaltung. Eine direkte Übertragung des informationsgetriebenen Modells in eine Implementierung ist im Allgemeinen schwierig und aufgrund der Strukturen wenig performant. Bild 4.8 stellt diese beiden Modellierungsstile an einem Produktstrukturbeispiel gegenüber.

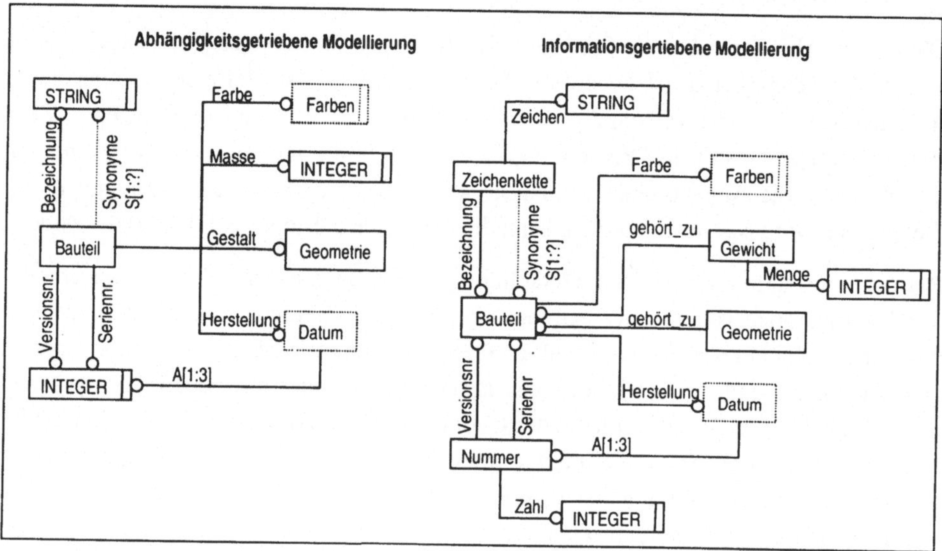

Bild 4.8
Gegenüberstellung des abhängigkeits- und informationsgetriebenen Modellierungsstils

Zusammenfassend kann gesagt werden, dass der abhängigkeitsgetriebene Modellierungsstil dann besser geeignet ist, wenn gewährleistet ist, dass alle Abhängigkeiten und Wechselwirkungen der Datentypen bekannt sind, und der informationsgetriebene Ansatz besser geeignet ist, um gegenüber hinzukommenden Anforderungen offen zu sein.

Bei den Integrierten Resourcen von STEP, wie sie in Kapitel 4.7 betrachtet werden, wird bei der Modellierung eine Mischform der beiden Konzepte verwendet: Alle identifizierenden Informationen wie Name und Identifizierungsstring wurden als Attribute der Objekte modelliert. Weiterhin wurde versucht, dort, wo Abhängigkeiten allgemein gültig festgestellt werden konnten, diese auch so zu modellieren. Dies bedeutet, dass Referenzen, die allgemein als zwingend erforderlich anerkannt wurden, auch als solche modelliert wurden, analog zu dem Beispiel, in dem das Objekt "Geometrie" das Objekt "Bauteil" referenziert. Dort, wo solche Abhängigkeiten nicht als allgemein gültig befunden wurden, dienen die beschriebenen relationenbildenden Entities zur Assoziierung von Teilmodellen oder einzelnen Datentypen. Dieser Modellierungsansatz ist darin begründet, dass die Integrierten Resourcen von STEP der Aufgabe genügen müssen, die Produktdaten aus allen Lebenszyklen für alle Industriezweige abzubilden.

4.6.4 EXPRESS-Erweiterungen

Trotz der umfangreichen Beschreibungsmittel, die EXPRESS bietet, um Informationsmodelle zu beschreiben, wurden bei der Anwendung in Industrie- und Forschungsprojekten Erweiterungen von EXPRESS eingeführt, die anwendungsspezifische Ergänzungen zum normierten Sprachumfang definieren.

Seit der Entstehung von EXPRESS wurden zahlreiche solcher Erweiterungen vorgeschlagen. Im Folgenden werden vier der wichtigsten exemplarisch vorgestellt.

4.6.4.1 EXPRESS-X

Ein Informationsmodell muss unter anderem vollständig und eindeutig sein. In der Regel werden in einem Modell Informationen abgebildet, die von unterschiedlichen Quellen (z. B. Anforderungen verschiedener Anwendungssysteme) stammen und teilweise disjunkten Anforderungen genügen müssen. In diesem Fall enthält das Modell Informationen, die nicht für jeden Anwender relevant sind. Dies kann zu Problemen in Anwendungssystemen führen, die mit diesen unnötig komplexen Daten umgehen müssen (z. B. Fehleranfälligkeit oder längere Entwicklungszeiten). Insbesondere beim Austausch von Produktdaten zwischen zwei funktional unterschiedlichen Systemen wie beispielsweise einem CAD- oder PDM-System ist diese Problematik von Bedeutung.

Um solche Probleme einzuschränken und zu vermeiden, ist es sinnvoll, eine Sicht für eine bestimmte Anwendung auf das Informationsmodell zu definieren. Diese Sicht, welche wiederum ein Informationsmodell darstellt, beinhaltet nur die Informationen, die von einer speziellen Anwendung benötigt werden.

Die Hauptanwendung von EXPRESS-X ist es, solche Sichten zu beschreiben. EXPRESS-X kann dazu benutzt werden, Abbildungen zwischen Entities eines Ursprungsschemas zu Entities eines anderen Schemas, der Sicht auf das Ursprungsschema, zu definieren. Mit EXPRESS-X wird die Erzeugung eines Sichtenmodells in zwei Phasen vorgenommen. Diese Phasen werden mit Erzeugungsphase und Kompositionsphase bezeichnet. In der Erzeugungsphase werden die Entities des Sichtenmodells und deren Attribute, die von den Entities des Ursprungsschemas abhängen, definiert. In der Kompositionsphase werden zusätzliche Attribute definiert, die von den Entities im Sichtenmodell abhängen (z. B. Attribute, die Beziehungen zwischen Sichten-Entities definieren). Eine spezielle Sicht auf ein Informationsmodell wird eindeutig definiert durch die Angabe eines Ursprungsschemas, des Sichtenschemas, und eines Mapping-Schemas (definiert in EXPRESS-X), welches die Abbildung definiert (Bild 4.9). Das Mapping mit EXPRESS-X ist dabei so definiert, dass eine EXPRESS-X verarbeitende Anwendung Daten nach der Instanziierung zurück in das Ursprungsschema transformieren kann (Bijektion).

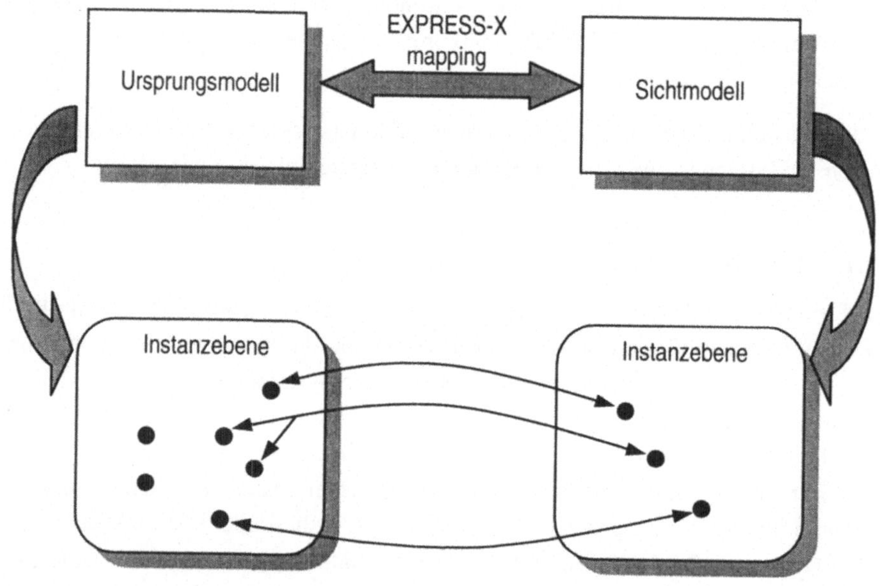

Bild 4.9
Schema-Mapping mit EXPRESS-X.

EXPRESS-X kombiniert die Möglichkeiten zweier älterer Spezifikationssprachen zur Unterstützung des Mappings, EXPRESS-V [HS-96] und EXPRESS-M [ISO-95], und wird als eigenständiger Teil von ISO-10303 genormt. EXPRESS-X verfügt zurzeit über keine graphische Notation ([ISO-96] gibt eine detaillierte Beschreibung von EX PRESS-X).

4.6.4.2 EXPRESS-P

EXPRESS-P ist eine Erweiterung des standardisierten EXPRESS für die Modellierung und Analyse von Prozessen und ist abwärtskompatibel zu EXPRESS. Mit EXPRESS-P ist es möglich, Kommunikationsstrukturen zwischen Prozessen und deren Verhalten zu definieren. Dazu wird das Konzept der dynamischen Entities eingeführt. Dynamische Entities erweitern die statischen Entity-Definitionen von EXPRESS um einen verhaltensbasierten Teil. Diese Erweiterung kann Beschreibungen von Interfaces, Methoden, Datenkanälen und Prozessen oder Verweise auf andere Prozesse enthalten. Analog zur Vererbung von Attributen in EXPRESS werden diese Konstrukte entlang der Supertype/Subtype-Hierarchie vererbt. Ein Interface definiert Signale, die über dieses Interface empfangen oder an andere Prozesse verschickt werden können. Methoden sind Funktionen oder Prozeduren, die nur im Gültigkeitsbereich des Entity sichtbar sind. Mit der Verwendung von Datenkanälen kann der Benutzer die Kommunikationsstrukturen zwischen Interfaces verschiedener Entities festlegen. Ein Prozess in EXPRESS-P ist eine Liste von Anweisungen in der Syntax von EXPRESS, erweitert um Konstrukte zur Unterstützung der Prozesskommunikation (z. B. `INPUT`, `TIMER`, `KILL` etc.).

Neben der textuellen Notation erweitert EXPRESS-P ebenfalls die graphische Notation EXPRESS-G um Symbole zur Darstellung der Kommunikationsstrukturen. Siehe [FM-94] für eine detaillierte Darstellung von EXPRESS-P.

4.6.4.3 EXPRESS-C

Wie EXPRESS-P ist auch EXPRESS-C eine abwärtskompatible Erweiterung von EXPRESS, die EXPRESS um objektorientierte und verhaltensbasierte Modellierungskonstrukte erweitert. Die Entity-Deklaration wird dazu um Operationen erweitert, welche aus einer Signatur, Vor- und Nachbedingungen und einem Algorithmus bestehen. Vor- und Nachbedingungen müssen vor bzw. nach der Ausführung des Algorithmus erfüllt sein. Operationen werden wie Attribute entlang der Vererbungshierarchie auf Subtypen vererbt; sie können überladen oder redefiniert werden. Attribute und Operationen können mit dem neuen Schlüsselwort `private` versehen werden, wodurch ihr Sichtbarkeits- bzw. Zugriffsbereich eingeschränkt wird. Verhaltensbasierte Aspekte eines Informationsmodells werden mittels eines deklarativen Event/Action-Konzepts definiert. Events werden durch die Änderung von Attributwerten ausgelöst. Wenn die (Boole'sche) Bedingung in einem Event zu „wahr" ausgewertet wird, wird die zum Event gehörige Aktion ausgeführt. Diese Aktion ist eine Liste von Anweisungen, welche möglicherweise weitere Aktionen über andere Events auslöst. Des Weiteren unterstützt EXPRESS-C das Konzept der dynamischen Typisierung, wodurch es Instanzen ermöglicht wird, während ihrer Existenz den Typ (also das zugehörige Entity) zu ändern.

Die Erweiterungen von EXPRESS-C sind ähnlich denen von EXPRESS-P, da beide Modellierungssprachen EXPRESS im Wesentlichen um Konstrukte zur Abbildung von Verhalten erweitern. Der Hauptunterschied ist die Sichtweise und damit der Anwendungsbereich der Sprachen bei der Modellierung verhaltensbasierter Aspekte eines Informationsmodells. Siehe [ISO-94b] für eine detaillierte Beschreibung von EX PRESS-C.

4.6.4.4 EXPRESS Version 2

Die Weiterentwicklung von EXPRESS ist zurzeit Gegenstand von Normungsaktivitäten des ISO/SC 4-Komitees zur Verbesserung des Standards. Unter anderem werden dabei die verschiedenen Erweiterungen in Hinblick auf folgende Ziele analysiert:

- die Verbesserung der statischen Modellierung von EXPRESS,
- die Abwärtskompatibilität von EXPRESS,
- die Integration von dynamischen und verhaltensbasierten Konstrukten,
- die Erweiterung der graphischen Notation und
- die Unifikation der verschiedenen Dialekte.

Dazu wurde in einem ersten Schritt die statische Modellierung um neue Datentypen und benutzerdefinierbare Operatoren erweitert. Das Event/Action-Konzept von EXPRESS-C wurde zur Integration verhaltensbasierter Konstrukte verwendet. EXPRESS-G wurde um neue Symbole zur Visualisierung der neuen Datentypen und der verhaltensbasierten Konstrukte erweitert. Es wird angestrebt, EXPRESS Version 2 als ISO-Standard zu normen.

4.7 Erstellung und inhaltlicher Aufbau von Datenmodellen

Im Folgenden werden der Prozess der Entwicklung eines Datenmodells und die wesentlichen Bestandteile eines solchen Datenmodells anhand der sogenannten Integrierten Resourcen und der Anwendungsprotokolle aus der Normreihe ISO 10303 erläutert. Für diese Normenreihe wurde EXPRESS zur formalen Notation der zu spezifizierenden

Datenmodelle gewählt. Über die EXPRESS-basierte Spezifikation hinaus ist jedoch für jedes Objekt auch eine natürlichsprachliche Definition normativ festgelegt. Formale und natürlichsprachliche Definition bilden eine untrennbare Einheit. Da die graphische Notation EXPRESS-G nicht alle Definitionsbestandteile, etwa Where Rules, abbilden kann, ist sie zwar als Bestandteil jedes Normentwurfs vorgeschrieben, aber nicht normativ, sondern informell. Als Beispiel für eine solche Definition eines Entities sei hier auf das Entity `product` verwiesen (Bild 4.10).

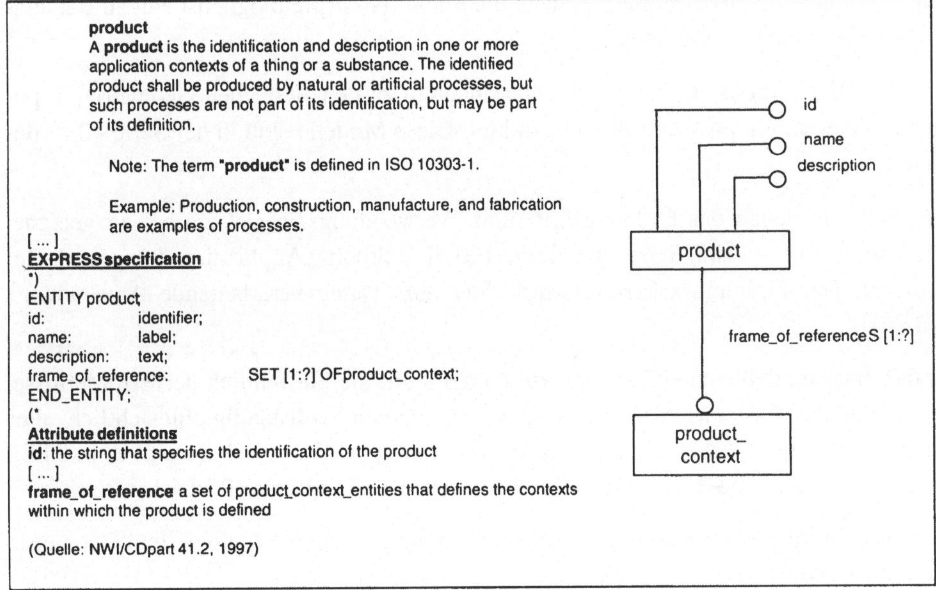

product
A **product** is the identification and description in one or more application contexts of a thing or a substance. The identified product shall be produced by natural or artificial processes, but such processes are not part of its identification, but may be part of its definition.

Note: The term "**product**" is defined in ISO 10303-1.

Example: Production, construction, manufacture, and fabrication are examples of processes.

[...]

EXPRESS specification

```
*)
ENTITY product
id:                 identifier;
name:               label;
description:        text;
frame_of_reference:        SET [1:?] OF product_context;
END_ENTITY;
(*
```

Attribute definitions

id: the string that specifies the identification of the product

[...]

frame_of_reference a set of product_context_entities that defines the contexts within which the product is defined

(Quelle: NWI/CDpart 41.2, 1997)

Bild 4.10
Definition des Entity `product` innerhalb des Normenentwurfs

4.7.1 Basismodelle

Bereits in der Einleitung dieses Kapitels wurden Ordnungsmerkmale für die Daten innerhalb eines Produktmodells aufgezeigt.

Diese Ordnungsmerkmale sind orthogonal zueinander, d. h., dass ein Datum erst dann eindeutig klassifiziert ist, wenn für alle diese Kriterien eine Zuordnung erfolgt. Genau diese Zuordnung ist bei der Erstellung eines fundierten Produktdatenmodells erforderlich. Jedoch besteht auf der anderen Seite ein Interesse daran, nicht bei jedem Entwurf eines solchen Modells vollständig von neuem zu beginnen.

Wegen der Orthogonalität der Ordnungskriterien ist es möglich, Datenmodelle hinsichtlich eines dieser Kriterien zu entwerfen, ohne einen endgültigen Verwendungszweck vorwegzunehmen. Die so entstehenden Modelle werden als Basismodelle bezeichnet.

In ISO 10303 wurde das Ordnungsmerkmal "Produktdatenklassen" für den Entwurf von Basismodellen herangezogen, weil dies mit dem Wissen der an der Entwicklung beteiligten Experten korreliert. Eine wesentliche Maßnahme bei dem Entwurf von Produktdatenmodellen ist erfahrungsgemäß, die Entwurfsschritte möglichst eng an Bekanntes und Gewohntes anzulehnen.

In ISO 10303 gibt es Basismodelle unter anderem zu den Bereichen Geometrie, Topologie, Material, Graphik und Produktstruktur. Diese Modelle sind in der Serie 40 ff. definiert.

Für Fälle, in denen das Ordnungskriterium "Verwendungszweck" am besten geeignet ist, wurde eine zweite Serie, die Serie 100 ff. initiiert (Application Integrated Resources). Das Ordnungskriterium wurde hier auf "Daten verarbeitende Anwendung" präzisiert.

In den Basismodellen sind Datenstrukturen definiert, die hinsichtlich der Erfordernisse, die durch das Ordnungsmerkmal vorgegeben werden, vollständig, hinsichtlich aller anderen Ordnungsmerkmale möglichst flexibel bzw. generisch sind. So gibt es in STEP z. B. unterschiedliche Basismodelle für Geometrie und Topologie (Bild 4.11).

Die Gründe für die vorgenommene Unterscheidung zwischen Topologie und Geometrie sind unter anderem:

- Die CAD-Technologie und insbesondere die Konsistenzsicherung von CAD-Modellen beruht auf mathematischen Gesetzmäßigkeiten, die auf den im Topologiemodell formulierten Daten aufsetzen.
- Geometrische Punkte, topologische Begrenzungspunkte und analoge Datenstrukturen höherer Ordnung können zusammenfallen, wie die Eckpunkte des Würfels im Beispiel, dies ist jedoch nicht zwangsläufig bzw. immer der Fall.
- Mit den Datenstrukturen des Geometriemodells kann man über CAD-Daten hinaus auch Präsentationen aller Art beschreiben, die keinen topologischen Gesetzmäßigkeiten genügen müssen.

Es ist wichtig zu beachten, dass in STEP nicht alle Geometriemodelle in eine einzige Form überführt werden, wie eine oberflächliche Betrachtung des Ansatzes für ein

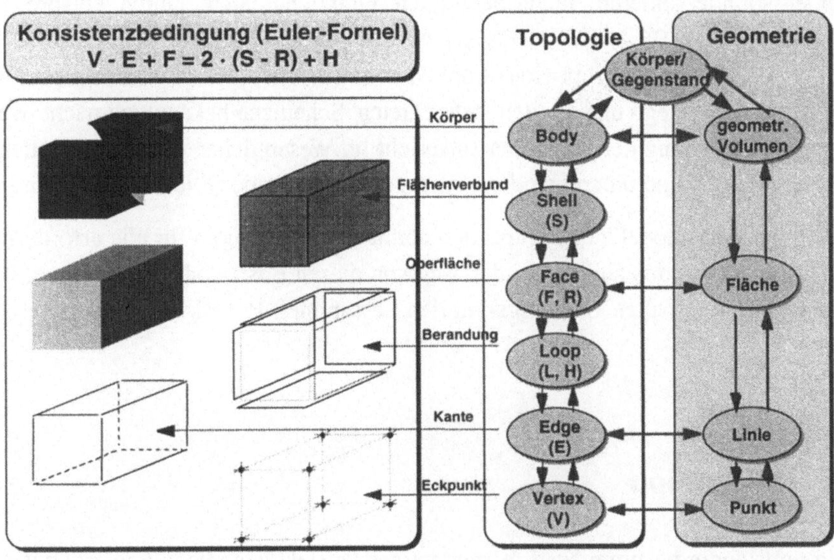

Bild 4.11
Idealisierte und vereinfachte Darstellung des Geometrie- und Topologiemodells in den Integrierten Resourcen von STEP

neutrales Austauschformat nahe legt, sondern lediglich für verschiedene Implementierungen eines Geometriemodells. STEP ermöglicht demzufolge den Austausch zwischen allen Systemen, die einen gemeinsamen Lösungsansatz in der geometrischen Repräsentation verwenden, aber kann beispielsweise nicht den Datenaustausch zwischen einem reinen CSG- und einem reinen BREP-Modellierer leisten, da hierbei eine Transformation der Datenstrukturen erfolgen müsste. Ähnliche Beschränkungen gelten für alle Basismodelle, so dass bei der Planung eines Datenaustauschszenarios die grundlegenden Ansätze der Datenstrukturen der beteiligten Softwaresysteme sehr wohl in Erfahrung gebracht und auf ihre Kongruenz abgeglichen werden müssen.

Aus implementierungstechnischen Gründen sind Basismodelle in sogenannte Schemata unterteilt. Ein Schema lässt sich mit einer in sich geschlossenen logischen Einheit vergleichen, die eine bestimmte Funktionalität zur Verfügung stellt. Im Geometriemodell sind die verschiedenen Erscheinungsformen in 3D-CAD-Systemen z. B. in unterschiedlichen Schemata untergebracht. Softwareentwickler können Implementierungen dementsprechend auf Schemaebene herunterbrechen, d. h. eine Software, die das BREP-Geometriemodell unterstützen will, muss das entsprechende Schema implementieren und vermeidet so alle anderen, nicht benötigten Funktionalitäten. Durch entsprechende Sprachkonstrukte (`USE, REFERENCE`) wird dabei gewährleistet, dass gemeinsame Grundlagen, z. B. das Konzept eines Punkts, in entsprechenden, gemeinsam zu nutzenden Schemata abgelegt und in den betrachteten Schemata bekannt gemacht werden können. Die Einteilung der Schemata entspricht im Wesentlichen den Teilmodellen, die in sich geschlossen und untereinander über relationenbildende Objekte verbunden sind.

Nachdem die Basismodelle eingeführt und damit Datenstrukturen für alle erforderlichen Datenklassen vorhanden sind, kann der Weg von diesen Basismodellen zu einem für einen konkreten, nach allen Ordnungskriterien bestimmten Produktdatenmodell erläutert werden.

4.7.2 Integration

Um ein vollständig bestimmtes, d. h. eindeutiges Produktdatenmodell zu erhalten, müssen alle fünf Ordnungsmerkmale der Daten fixiert werden. Unter Integration versteht man alle Maßnahmen, die Relationen zwischen Entities und Instanzen eines Entities abgleichen. Zur Integration werden zwei Mechanismen der Objektorientierung verwendet, Vererbung und Spezialisierung.

Vererbung bedeutet ganz allgemein die Übertragung von bereits spezifizierten Eigenschaften von einem Datentyp auf einen anderen. Eine detaillierte Darstellung des Vererbungsmechanismus ist im Abschnitt "formale Spezifikation" zu finden.

Spezialisierung bedeutet das Überschreiben oder Ergänzen von geerbten Eigenschaften eines Datentyps. Damit wird eine größtmögliche Flexibilität erreicht. Alle Subtypen können durch ihren gemeinsamen Supertyp angesprochen werden, aber durchaus unterschiedliche Eigenschaften haben, also z. B. auf die Änderung eines Attributs unterschiedlich reagieren. Im Rahmen der ISO 10303 ist festgelegt, dass Datentypen durch Vererbung lediglich spezialisiert werden können, also die Wertebereiche der Attribute bzw. die Typenvielfalt der Relationen beschränkt werden. Dies geschieht durch lokale Randbedingungen (Where Rules) oder durch globale Beschränkungen (Global Rules).

Zusammenfassend ist es im Rahmen der STEP-Methodik zulässig, mit dem Ziel der Ausprägung eines konkreten Produktdatenmodells von den Datentypen der Basismodelle Subtypen zu bilden und deren Verwendung gegenüber den "Eltern" zu beschränken. Demzufolge kann der Vererbungsmechanismus nur verwendet werden, um in den

Resourcen bereits definierte Datentypen weiter zu spezialisieren oder durch den Einsatz von Mehrfachvererbung einen weiteren Freiheitsgrad zu fixieren.

Die Spezialisierung von Eigenschaften, die sich nicht durch Vererbung aus den Basismodellen verwirklichen lassen, werden durch Relationen zwischen Datentypen ausgedrückt, die jeweils einen Teil der erforderlichen Semantik tragen. Zum Beispiel kann es bei bestimmten, für spezielle Anwendungsfelder wie Luftfahrt oder andere sicherheitsrelevante Bereiche erforderlich sein, den Herstellungsprozess in besonderer Form zu dokumentieren. Dieser Sachverhalt wird so realisiert, dass dieser Typ von Bauteil ein Subtyp des allgemeinen Falls ist und dass, da er nicht um ein Attribut erweitert werden darf, welches die geforderte Dokumentation enthält, eine geeignete Relation zwischen diesem Typ und dem den Nachweis repräsentierenden Datentyp formuliert wird. Der Subtyp "zu dokumentierendes Bauteil" wird zusätzlich gegenüber seinem Supertyp dahingehend spezialisiert, dass eine lokale Regel das Vorhandensein einer Verknüpfung (Relation) erzwingt (Bild 4.12).

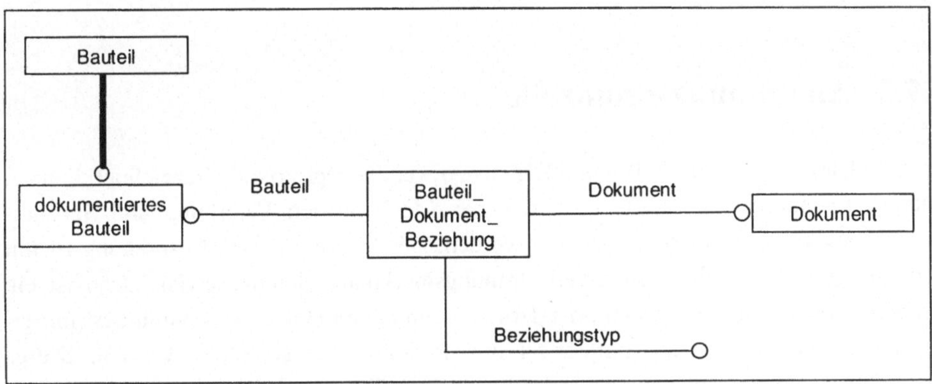

Bild 4.12
Spezialisierung des Objekts "Bauteil"

Komplexe Sachverhalte werden demzufolge in der Regel nicht nur durch einen Datentyp, sondern durch mehrere Datentypen und die zwischen ihnen bestehenden Relationen ausgedrückt. Dies ist eine Konsequenz aus dem bei der Formulierung der Integrierten Resourcen verwendeten Modellierungsprinzip der informationsgetriebenen Modellierung.

Eine weitere Technik der Spezialisierung besteht in dem Aufstellen von globalen Regeln. Mit Hilfe dieser Technik werden strukturelle Randbedingungen für Teilmengen aller Instanzen eines Entities in Kraft gesetzt. So lassen sich z. B. Beziehungen zwischen denjenigen Instanzen zweier Entities erzwingen oder verbieten, die jeweils ein

Attribut mit einem bestimmten Wert belegt haben. Dies ist offensichtlich nicht oder nur durch exzessive Subtypbildung auf der Ebene der Entities möglich. Eine große Anzahl von Subtypen erhöht im Allgemeinen den Implementierungsaufwand beträchtlich, wo hingegen die Implementierung von globalen Regeln datenbanktechnisch relativ unkompliziert ist. Insofern ist bei der Spezialisierung stets zwischen Subtypbildung und Verwendung globaler Regeln abzuwägen. Erstere widersprechen in gewisser Weise dem Ansatz von STEP, eine allgemein gültige Implementierungsplattform bereitzustellen, jedoch sind globale Regeln schwieriger zu analysieren bzw. legen die Intentionen des Modellentwicklungsteams nicht besonders gut offen.

Mit Hilfe der beiden Mechanismen Vererbung und Spezialisierung ist es möglich, aus den Basismodellen Datentypen abzuleiten, die hinsichtlich der fünf Ordnungsmerkmale so genau präzisiert sind, dass sie konkreten Anforderungen genügen: Voraussetzung ist, dass die Datentypen der Basismodelle ausreichend Attribute und Relationen zur Verfügung stellen. Die Erfahrung hat gezeigt, dass dies bei den STEP-Resourcemodellen im Allgemeinen der Fall ist.

4.7.3 Anwendungsprotokolle

Produktdatenmodelle, im Fall von STEP als Anwendungsprotokolle bezeichnet, können unter Verwendung der bereits beschriebenen Mechanismen Vererbung und Spezialisierung aus den Basismodellen erstellt werden. Der Vorgang dieser Ausprägung ist mit dem Fixieren der noch verfügbaren Ordnungsmerkmale gleichzusetzen. Dazu ist ein streng systematisches Vorgehen erforderlich, denn anderenfalls muss zumindest mit einer unangemessen hohen Komplexität und Redundanzen gerechnet werden. Dieses systematische Vorgehen setzt sich im Rahmen der STEP-Methodik aus vier Abschnitten zusammen und wird in Bild 4.13 gezeigt:

1. **Prozessanalyse**: Analyse der Prozesse und Definition einer geeigneten Prozesskette,
2. **Anforderungsmodellierung**: Aufnahme der Benutzeranforderungen an den Datenfluss und die Datenstrukturen,
3. **Interpretation:** Überführung der Anforderungen in ein Produktdatenmodell unter Anwendung der Basismodelle und der Mechanismen zu ihrer Spezialisierung, sowie
4. **Implementation**: Das Produktdatenmodell wird unter Verwendung einer konkreten Implementierungstechnik in eine rechnerverarbeitbare

Form transformiert. Dabei muss insbesondere darauf geachtet werden, dass die Semantik des Modells erhalten bleibt.

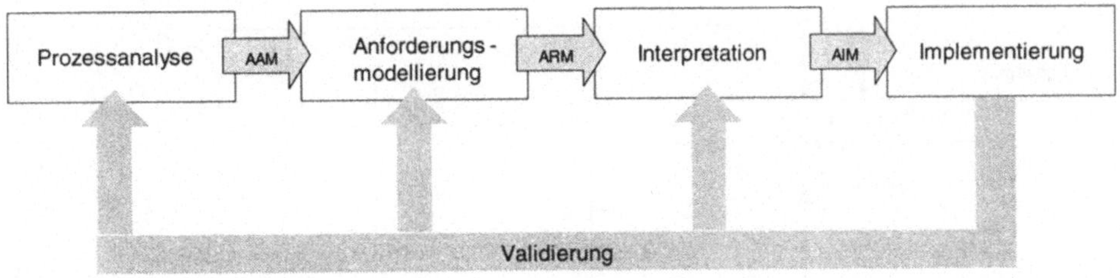

Bild 4.13
Entwicklungsstufen eines STEP-Anwendungsprotokolls

Ein solches Vorgehen wird auch außerhalb des Kontexts von STEP ähnlich durchgeführt werden müssen, wenn ein komplexes Produktdatenmodell z. B. als Basis für Datenmanagementsysteme entworfen werden soll.

4.7.3.1 Prozessanalyse

Die Prozessanalyse als Grundstein der Anwendungsprotokollentwicklung verfolgt das Ziel, die Abläufe in einem konkreten Anwendungsfall offen zu legen und auch gegenüber anderen, benachbarten Aktivitäten abzugrenzen. Dazu werden die einzelnen Verarbeitungsschritte erfasst und in ihrer Abfolge angeordnet. Zu jedem Schritt werden weiterhin die eingehenden Daten, die weitergegebenen Daten sowie die dabei verwendeten Kontrollmittel und Verarbeitungsmechanismen zugeordnet. Üblicherweise werden die Ergebnisse der Prozessanalyse in der Standardnotation IDEF 0 festgehalten. Eine sinnvolle Vorgehensweise bei der Durchführung der Prozessanalyse ist die Anwendung der SADT-Methode (Structured Analysis and Design Technique), für die IDEF 0 auch entwickelt worden ist. Ergebnis dieses Arbeitsschritts ist das sogenannte Application Activity Model (AAM) (Bild 4.14). In dem AAM werden die Tätigkeiten in der Prozesskette in verschiedenen Abstraktionsebenen dargestellt, wobei für jede Tätigkeit vier Größen erfasst werden:

- eingehende Datenflüsse, Materialien,
- ausgehende Datenflüsse, Materialien,
- zugrunde zu legende Richtlinien bzw. wirkende Kontrollmechanismen und
- verwendete Hilfsmittel.

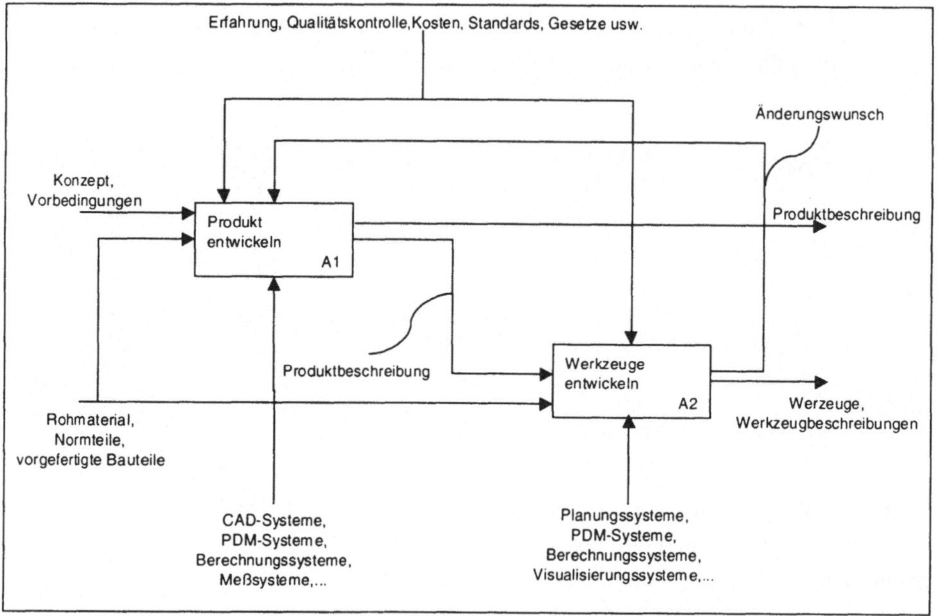

Bild 4.14
Ausschnitt aus dem AAM von AP 214

Alle Tätigkeiten sind zumindest über die Informations- oder Materialflüsse miteinander verknüpft, Kontrollmechanismen können von Aktivitäten ausgehen, aber sehr wohl auch aus externen Quellen stammen. Die Hilfsmittel, hierunter sind Arbeitsmittel wie beispielsweise Softwaresysteme oder Werkzeugmaschinen zu verstehen, werden hingegen in der Regel nicht während des Prozesses erzeugt, in dem sie eingesetzt werden. Sie werden also als externe Quellen behandelt.

Üblicherweise bietet die systematische Erfassung und Dokumentation der betrachteten Prozesse gleichzeitig die Gelegenheit zur Optimierung. Den nachfolgenden Schritten in der Anwendungsprotokollentwicklung wird entsprechend der optimale Prozess zugrunde gelegt, der demzufolge auch im Unternehmen eingeführt werden muss.

4.7.3.2 Definition der Anforderungen an Datenstrukturen und Datenflüsse

Aus der Sicht der STEP-Methodik ist es von herausragender Bedeutung, die Anforderungen derjenigen zu erfassen, die letztendlich diese Datenstrukturen verwenden. Dies bedingt und wird gleichzeitig ermöglicht durch eine Sichtweise, die Implementierungen weitestgehend außer Acht lässt. Eine gegenläufige Strategie wäre darin zu sehen, dass die eventuell bereits vorhandenen Softwarelösungen und damit verbundene Datenaustauschtechniken in den Mittelpunkt gestellt und daraus Lösungen konfiguriert werden. Obwohl dies offensichtlich kurzfristig eine leichter zu realisierende Vorgehensweise wäre, stehen dem schwerwiegende Argumente entgegen, die in der Aussage zusammengefasst werden können, dass damit der Status quo der Lösungen von Problemen der Softwarehersteller eingeführt wird, die Berücksichtigung der konkreten Anforderungen des eigenen Unternehmens jedoch nur zufällig erfolgt. Im Gegensatz dazu bietet eine Vorgehensweise, wie sie in ISO 10303 vorgenommen wird, die Möglichkeit, die unternehmensseitigen Datenflüsse so zu organisieren, wie es laut vorangegangenen Analysen optimal ist. Durch die neutrale Austauschplattform im Zentrum können beliebig viele Systeme an der Aufrechterhaltung des Datenflusses beteiligt werden und, da dieses Zentrum offen liegt, gegebenenfalls Lücken durch eigene Implementierungen oder zu einem späteren Zeitpunkt durch externe Lösungen geschlossen werden.

Die Dokumentation der Anforderungen an die Datenstrukturen erfolgt in Form einer formalen Spezifikation, bei ISO 10303 als Application Reference Model (ARM) bezeichnet. Dies geschieht üblicherweise durch eine Zusammenarbeit von Experten, die die Abläufe innerhalb der betrachteten Prozesskette aus ihrer täglichen Praxis kennen, Systemanbietern und Modellierungsexperten, die die Aussagen der Anwendungsexperten formalisieren und die Datenstrukturen redundanzfrei, konsistent und eindeutig halten. Zu der formalen Spezifikation gehören eine textuelle Definition eines als Application Object bezeichneten Datentyps, der einem EXPRESS-Entity entspricht. Die graphische Notation dient der Einordnung in den Gesamtkontext. Hier werden die Beziehungen zu anderen Datentypen und die Attribute übersichtlich dargestellt.

Bei der formalen Spezifikation der Benutzeranforderungen wird üblicherweise EXPRESS bzw. EXPRESS-G oder IDEF 1X verwendet. In vielen Anwendungsprotokollen wird hierzu der abhängigkeitsgetriebene Modellierungsansatz (Kapitel 4.6.3) verfolgt. Dadurch wird eine intuitive und damit für die an der Entwicklung beteiligten Anwendervertreter leicht nachzuvollziehende Dokumentation erreicht, die einen wesentlichen Beitrag zur Qualität leisten kann. Bei einem großen Anwendungsgebiet kann es jedoch dazu kommen, dass dieser Ansatz zu Schwierigkeiten führt, z. B.:

- Unterschiedliche Prozessketten der Anwender bedingen unterschiedliche Datenstrukturen, die nur durch eine Flexibilisierung des Modells konsensfähig gemacht werden können. Ein Argument gegen eine abhängigkeitsgetriebene Modellierung, das in solchen Fällen angeführt wird, ist, dass diese Art der Modellierung einen hohen Anteil von Platzhalterdatentypen erfordert, da alle Benutzer jeweils nur einen Teil der abgebildeten Informationen verwenden.

- Bei der Formulierung von komplexen Sachverhalten, die Beziehungen zwischen einer großen Zahl von Entities beinhalten, kann es zu Problemen bei der Integration der von den Basismodellen bereitgestellten Strukturen kommen. Dies ist beispielsweise dann der Fall, wenn bei der Modellierung des ARM ein informationsgetriebener Modellierungsstil verwendet wird. Häufig bereitet es dann Schwierigkeiten, die Abhängigkeiten der Informationen aufzulösen und Entities den Basismodellen zuzuordnen. Bei der Verwendung eines abhängigkeitsgetriebenen Modellierungsstils wird dies im Allgemeinen vermieden.

Bei der Erarbeitung des Datenmodells der Benutzeranforderungen dient die zuvor definierte Prozesskette als Leitlinie, um Vollständigkeit unter Beachtung der Systemgrenzen gewährleisten zu können. Das entstehende Datenmodell dient während des gesamten weiteren Erstellungsprozesses und bei der Anwendung der letztendlich entstehenden Schemata als Diskussionsgrundlage. Insofern ist es erforderlich, sich auch die jeweils verwendete Notation, im Falle der ISO 10303 handelt es sich um EXPRESS-G, anzueignen.

Häufig können auch innerhalb eines Anwendungsbereichs in sich geschlossene Themenblöcke gefunden werden, die in unterschiedlichen Abschnitten der Prozesskette relevant sind oder nur von Teilen der Beteiligten benötigte Informationen enthalten. Aus Übersichtlichkeitsgründen und um modulare Anwendungen zu erreichen, werden die ARMs verschiedener Anwendungsprotokolle deswegen in sogenannte Units of Functionality (UoF) unterteilt. Beispiele aus dem Anwendungsprotokoll ISO 10303-214 für solche UoFs sind

- Produktstruktur,
- Toleranzen,
- Geometrie,
- Kinematik,
- Zeichnungswesen und
- Produkteigenschaften,

die zum Teil noch weiter unterteilt sind. Ein UoF, sein Konzept entstammt der informationsgetriebenen Modellierungsweise, ist in Part 1 der ISO 10303 folgendermaßen definiert:

Ein Unit of Functionality ist eine Menge von Anwendungsobjekten und ihren Beziehungen, die ein oder mehrere Konzepte innerhalb des Anwendungskontexts so definieren, dass das Entfernen eines Bestandteils dieser Menge zu Unvollständigkeit oder Mehrdeutigkeit des Konzepts führen würde.

4.7.3.3 Überführung von Anforderungen in ein Produktdatenmodell

Wie im vorherigen Abschnitt erläutert, werden bereits die Anforderungen an den Datenaustausch bei der Anwendung der STEP-Methodik in einem formalen Datenmodell definiert. Die im ARM dokumentierten Anforderungen bieten die Vorteile einer systematischen und hochwertigen Entwicklung, die hinsichtlich der Vollständigkeit und Übertragbarkeit von einer sehr hohen Qualität und durch die Zusammenarbeit von vielen Experten mitbegründet ist. Weiterhin ist das ARM aufgrund seines direkten Bezugs auf den Anwendungskontext gut verständlich.

Dies legt die Frage nahe, warum nicht genau dieses Produktdatenmodell implementiert wird. Tatsächlich geschieht dies in vielen Fällen, wo im Rahmen von kleineren Projekten angegeben wird, eine STEP-konforme oder STEP-ähnliche Vorgehensweise zu verwenden. So wird der nachfolgend beschriebene, sehr aufwändige dritte Schritt bei der Entwicklung eines Produktdatenmodells eingespart.

Dieses Vorgehen wird häufig auch als "ARM-Implementierung" bezeichnet. Es birgt jedoch wesentliche Nachteile:

- Da wesentliche Bestandteile des standardisierten Modellentwicklungsprozesses nicht durchgeführt werden, entstehen wiederum proprietäre (systemspezifische) Lösungen.

- Die Aufwände bei der Implementierung können im Gegensatz zu vollkommen methodikkonformen bei späteren Änderungen oder Erweiterungen nicht wiederverwendet werden, da das Konzept der Basismodelle nicht berücksichtigt wird.

Ein vollständig an der Produktdatentechnologie ausgerichteter Entwicklungsprozess für ein Produktdatenmodell führt deshalb die sogenannte Interpretation durch. Ihr liegt ein Abbildungsschritt (Mapping) zugrunde, dessen Ergebnis eine formale Spezifikation ist, die auf den bereits erläuterten Basismodellen aufsetzt. Diese Spezifikation wird als Application Interpreted Model (AIM) bezeichnet. Bei dieser Interpretation werden die im vorangegangenen Arbeitsschritt formal spezifizierten benutzerseitigen Anforderungen, gegebenenfalls unter Anwendung der im Abschnitt "Interpretationsansatz" vorgestellten Mechanismen, in vordefinierte, standardisierte Datenstrukturen überführt. Die Dokumentation dieser Abbildung erfolgt in Anwendungsprotokollen der ISO 10303 in den sogenannten Mapping Tables. Dieses Verfahren beruht darauf, die textuellen Definitionen von im ARM definierten Datentypen, den Application Objects, mit denen relevanter Datentypen aus den Resourcemodellen abzugleichen. Häufig wird die Semantik eines Application Objects nur durch mehrere Resource-Objekte gemeinsam ausgedrückt, so dass die bereits beschriebenen Integrationsmechanismen Vererbung und Spezialisierung eingesetzt werden müssen. Eine semantische Einheit des benutzerdefinierten Modells wird in so einem Fall durch eine Menge von Datentypen aus den Basismodellen und ihren Relationen untereinander repräsentiert. Die nachfolgende Tabelle 4.4 zeigt die Abbildung des Konzepts `ITEM` aus dem AP 214-ARM auf die Integrierten Resourcen und sein Attribut `description`. Ein `ITEM` ist ein einzelnes Objekt (Bauteil, Material oder Werkzeug) oder ein Bestandteil eines solchen. Es vereinigt alle Informationen, die allen Versionen dieses Objekts gemeinsam sind. Das Attribut `description` steht für eine optionale, erläuternde Beschreibung des `ITEM`-Objekts.

Tabelle 4.4 Ausschnitt aus der AP 214 Mapping Table zum Application Object ITEM

Application Element	AIM Element	Source	Rules	Reference Path
ITEM	Product	41	69, 68	{[product product.frame_of_reference[i] -> product_context <= Application_context_element application_context_element.frame_of_ reference -> Application_context <- Application_protocol_definition.application Application_protocol_definition application_protocol_definition. \ applicaton_interpreted_model_schema_name = \ 'automotive_design'] [product <- product_related_product_category. Products[I] product_related_product_category]}
description	product.description	41		

Die Spalten der gezeigten Tabelle beinhalten folgende Informationen:

- Application-Element: das Element aus dem ARM,
- AIM-Element: das Objekt aus den Integrierten Resourcen, das dem Element des ARM-Konzepts entspricht. Im Fall des Attributs `description` des ARM-Elements wird in dieser Spalte angegeben, welchem Attribut des AIM-Elements es entspricht,
- Source: Die Nummer des Resource Parts, in dem das AIM-Element definiert ist,

- Rules: Die Referenznummern der Global Rules im Anwendungsprotokoll, die das AIM-Element gegenüber der Definition in dem Resource Part spezialisieren, sowie
- Reference Path: In dem Reference Path werden Nebenbedingungen der Abbildung spezifiziert, z. B. die Belegung von Attributen des AIM-Elements (hier: `frame_of_reference`) oder weitere Entities, die immer instanziiert werden müssen, wenn das AIM-Element entsprechend der ARM-Anforderungen instanziiert wird.

Eine vollständige Beschreibung der in dieser Tabelle verwendeten Syntax ist jeder Mapping Table in den Anwendungsprotokollen vorangestellt.

Als Ergebnis des Mappings erhält man das endgültige EXPRESS-Schema in einer impliziten Darstellung (engl.: shortform), die außer den anwendungsprotokollspezifischen Subtypen und Select Types die Referenzen (`USE` und `REFERENCE`) auf benötigte Entities aus den Basismodellen enthalten, oder nach Auflösung aller Referenzen als Langfassung (engl.: longform), die dann in sich abgeschlossen ist. Dieses Schema wird innerhalb der ISO 10303 als Application Interpreted Model (AIM) bezeichnet. Mapping Table und Short- bzw. Longform gemeinsam sind hauptsächlich für Softwareentwickler von Relevanz. Sie enthalten die Informationen, die die Ordnungsmerkmale der Basisstrukturen fixieren und auf den konkreten Anwendungsfall anpassen.

4.7.3.4 Conformance Classes

Die im ARM definierten Units of Functionality finden im AIM Entsprechung in den so bezeichneten Conformance Classes (CC). Die aus einem oder mehreren thematisch zusammengehörigen UoFs stammenden Application Objects, oder vielmehr ihre Abbilder aus den Resourcemodellen, werden hier in einer Einheit zusammengefasst. Beispiele für Conformance Classes sind "Component Design with 3D Shape Representation (CC 1)" oder "Product Data Management without Shape Representation (CC 6)", beide entnommen aus dem AP 214. Für Softwaresysteme wird gefordert, dass sie die Datenstrukturen einer Conformance Class vollständig beinhalten. Die Implementierung einer Conformance Class besagt dann, dass eine bestimmte Funktionalität für einen bestimmten Ausschnitt aus einer Prozesskette realisiert wird. Die Funktionalität und der Prozesskettenausschnitt sind dem jeweiligen Anwendungsprotokoll bzw. der entsprechenden Norm zu entnehmen. Eine Conformance Class ist in der ISO 10303 definiert als eine Untermenge eines Anwendungsprotokolls, für die Übereinstimmung mit der Norm gefordert werden kann. Eine detaillierte Darstellung dieser Thematik wird in Kapitel 7 gegeben.

4.7.3.5 Lesen von Anwendungsprotokollen

Für die Einführung von IT-Systemen bzw. Prozessketten ist es erforderlich, sich mit den Möglichkeiten und Grenzen der Systeme vertraut zu machen, über deren Einsatz zu entscheiden ist. Bei der Beurteilung von IT-Systemen, die den Datenimport und -export gemäß eines Anwendungsprotokolls aus der Normenreihe ISO 10303 unterstützen, sind folgende Kriterien von Bedeutung:

- Eignung des Anwendungsprotokolls für den betrachteten Prozess,
- Verfügbarkeit von geeigneten Prozessoren in anderen DV-Komponenten und
- Qualität der Prä- und Postprozessor-Implementierungen.

Information über die Qualität der Prozessoren sind von Firmen, die im Bereich Produktdatentechnologie beratend tätig sind und sich aktiv an der Normenentwicklung beteiligen, verfügbar, z. B. ProSTEP GmbH und PDES, Inc. Dort, sowie von den Softwareherstellern selbst, sind auch Informationen darüber erhältlich, welche IT-Systeme mit welchen Prozessoren zusammenarbeiten. Im Zweifelsfall muss der Anwender, wie in allen Fällen, die das Thema Beschaffung und Einführung von IT-Systemen berühren, jedoch eigene Testläufe mit Daten und Systemen aus seinen Prozessen durchführen. Das erstgenannte Kriterium, Eignung für den eigenen Prozess, kann nur von den Betroffenen selbst beurteilt werden.

In einem ersten Schritt muss geklärt werden, ob überhaupt vergleichbare Prozesse und Systemgrenzen vorliegen. Die dem Anwendungsprotokoll zugrunde gelegte Prozesskette ist in einem Normendokument in dem jeweiligen Anhang F beschrieben. Der eigene Prozess muss vollständig in diesem Prozess enthalten sein. Die Prozessgrenzen sind noch einmal explizit im Kapitel "Scope" des Anwendungsprotokolls beschrieben.

Das die Benutzeranforderungen beschreibende formale Datenmodell (ARM) ist in textueller Form in dem Abschnitt "Information Requirements" und in graphischer Form im Anhang G des Normendokuments dargestellt. Ein Abgleich zwischen Anwendungsprotokoll und eigenen Anforderungen erfordert den Ausführungen dieses Kapitels zufolge eine nicht unerhebliche Vorbereitung. Dazu müssen nämlich die Prozesskettenanalyse und die Definition der Benutzeranforderungen in einer Weise durchgeführt werden, die direkte Vergleiche mit den Informationen, die in der Norm dokumentiert sind, zulassen. Da für eine systematische und optimale IT-Organisation in einem Unternehmen diese Schritte ohnehin erforderlich sind, ist dieses Vorgehen jedoch nicht als zusätzlicher Aufwand zu verstehen.

In einem formalen Modell von Anforderungen gibt es in jedem Fall Datentypen, die von höherer Bedeutung sind als andere, und somit eine zentrale Stellung einnehmen. Vordringliche Aufgabe bei der Einarbeitung in das ARM eines APs ist es, diese aufzufinden. Die Abschnitte "AAM" (Annex F) und "Scope" geben hier Hinweise. Einen Überblick über die verschiedenen Konzepte und Anwendungsfälle geben die Darstellungen über die Units of Functionality im Kapitel 4 "Information Requirements". An dieser Stelle werden zu jedem UoF die zugehörigen Entities aufgelistet, so dass von dieser Stelle aus eine Einarbeitung in die grundlegende Struktur des betrachteten Anwendungsprotokolls erfolgen kann.

Es empfiehlt sich, die Einarbeitung in das ARM anhand von Instanzendiagrammen durchzuführen, die an konkreten Beispielen festgemacht sind. Auf diese Weise lassen sich die Datenstrukturen in der Regel besser verstehen, da die mehrfache Verwendung einer Instanz oder die Verwendung mehrerer Instanzen parallel zueinander nur so deutlich wird. In Bild 4.15 und Bild 4.16 wird die ARM-Struktur des ITEM_INSTANCE-Konzepts und seine Anwendung als Instanzendiagramm gezeigt. Das zugrunde liegende Szenario ist, dass für verschiedene Produkte eine zum Teil gemeinsame Baugruppenstruktur verwendet wird, die Autos "A" und "B" basieren auf dem gleichen Chassis, das unter anderem die Baugruppen "Frontachse" und "Hinterachse" enthält. Beide Achsen bestehen in diesem vereinfachten Fall aus den beiden Rädern. Mit dem Konzept SPECIFIED_INSTANCE ist es nun möglich, das linke Hinterrad von Auto "B" zu identifizieren. Es ist offensichtlich, dass dies aus dem Instanzendiagramm wesentlich leichter zu erkennen ist als aus der formalen Spezifikation.

Bei der Entwicklung von Anwendungsprotokollen werden von den Normungsgremien begleitende sogenannte Validation Reports gefordert; hierbei handelt es sich um genau solche Beispielinstanziierungen von an der Entwicklung des jeweiligen APs beteiligten Anwendern, die anhand von Beispielszenarien aus ihrem Arbeitsumfeld die Eignung des Modells für ihre Prozesse überprüfen und dokumentieren. Diese Validation Reports stellen ein sehr gutes Hilfsmittel bei der Einarbeitung in ein Anwendungsprotokoll dar.

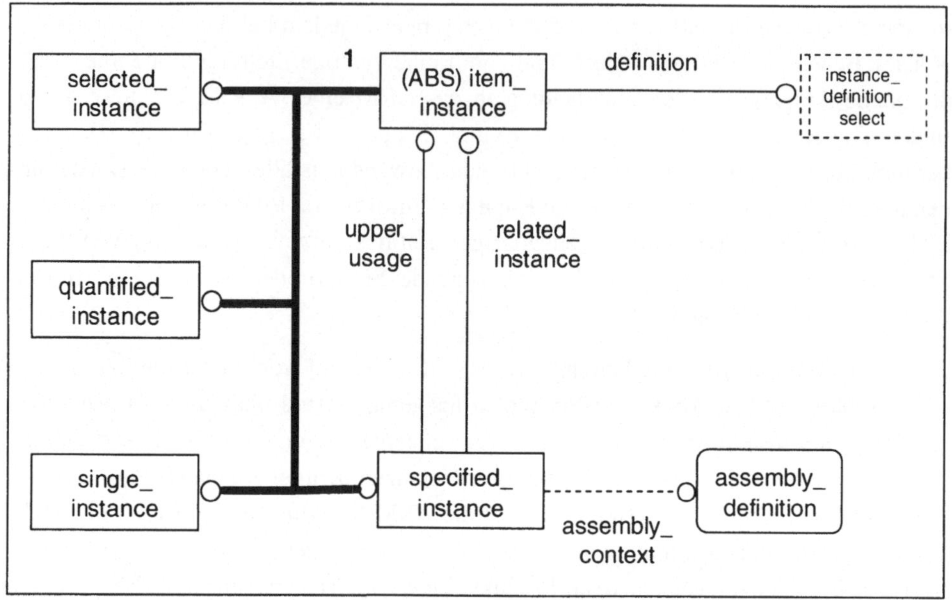

Bild 4.15
ARM-Konzept der SPECIFIED_INSTANCE

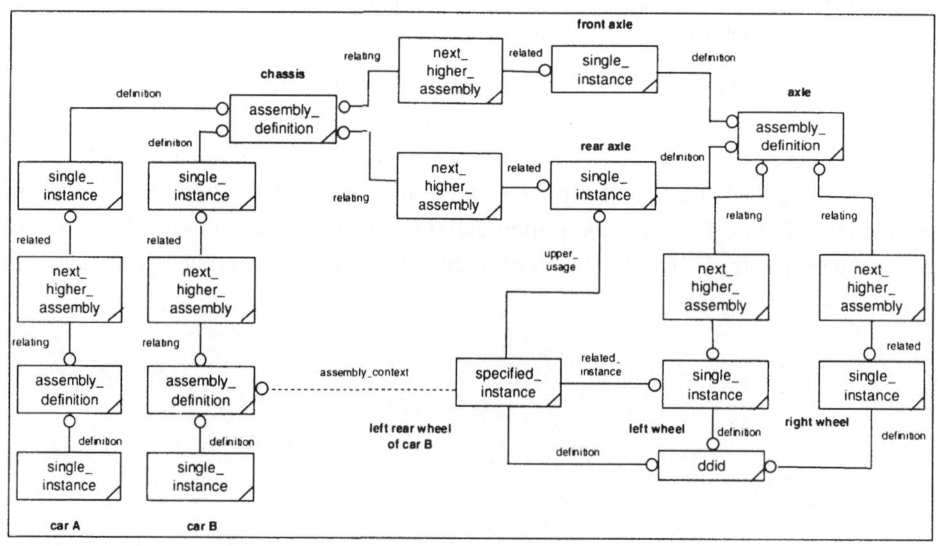

Bild 4.16
Instanziierungsdiagramm für das ARM-Konzept SPECIFIED_INSTANCE

4.7.4 Zusammenfassung

Das in der STEP-Methodik verfolgte Vorgehen und die zugrunde gelegten Strukturen können wie folgt zusammengefasst werden:

Daten können grundsätzlich hinsichtlich fünf Kriterien spezifiziert werden. Erfolgt der Aufbau von Datenstrukturen mit einem gewählten Kriterium als Entwurfsmerkmal, so erhält man Basismodelle, die hinsichtlich der anderen vier Kriterien frei verwendbar sind, und, weil sie eine abgeschlossene Menge von Datentypen beinhalten, von Softwareentwicklern gut implementiert werden können.

Mit dem Integrationsansatz und den darin enthaltenen Mechanismen der Vererbung und der Spezialisierung ist eine Methodik verfügbar, diese Basismodelle an konkrete Anwendungsbedingungen anzupassen. Dies geschieht im Standardisierungsprozess der Normreihe ISO 10303 in einem dreistufigem Verfahren, in dem zunächst das Datenaufkommen hinsichtlich Art und Verteilung analysiert und eine abgeschlossene Prozesskette definiert bzw. dokumentiert werden. Darauf aufbauend werden die Benutzeranforderungen innerhalb dieser Prozesskette in einem formalen Datenmodell spezifiziert. In dem abschließendem dritten Schritt, der Interpretation, wird dieses Anwendungsreferenzmodell in die Basismodelle überführt.

4.8 Implementierungsmethoden

4.8.1 STEP-Physical File

Ein STEP-Physical File ist eine sequentielle Textdatei im Klartextformat bestehend aus Zeichen der ISO-Norm 8859-1 (8-bit Repräsentation der Zeichen). Der Aufbau eines STEP-Physical File (Bild 4-17) gliedert sich zwei Teile:

1. Die Header Section enthält Angaben zur Datei und abgelegten Struktur der Daten - beispielsweise der Name des zugrunde liegenden EXPRESS-Schema. Die Header Section wird eingeleitet mit den Schlüsselwort „HEADER“ und schließt mit dem Schlüsselwort „ENDSEC“ ab.

2. Die Data Section enthält die eigentlichen Daten - die Instanzen von EXPRESS-Schemataelementen, wobei die zugrunde liegenden EXPRESS-Schemata als bekannt vorausgesetzt werden und nicht in der Datei gespeichert

werden. Die Data Section wird eingeleitet mit den Schlüsselwort „DATA" und schließt mit dem Schlüsselwort „ENDSEC" ab.

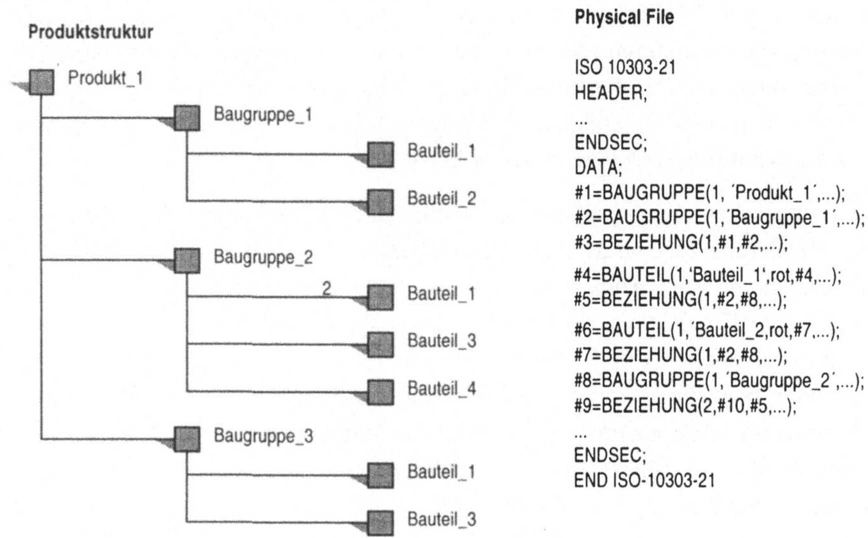

Bild 4.17
Beispiel zur Instanziierung einer Produktstruktur in einem Physical File

Die Norm ISO 10303-21 „Clear Text Encoding of the Exchange Structure" legt neben dem zu verwendenden Alphabet (Zeichen) auch die Schlüsselwörter zur Definition eines STEP-Physical File und das Mapping (dt.: Abbildung) von EXPRESS auf die auszutauschende Datenstruktur fest.

Einige wichtige Eigenschaften des Aufbau eines STEP-Physical Files seien im Folgenden aufgeführt:

1. Jeder Entity Instance Name beginnt mit einem „#" gefolgt von einer Zahl - z. B.: #12 oder #001.

2. Jedes STEP-Physical File beginnt mit der Zeichenkette „ISO-10303-21;" und endet mit der Zeichenkette „END-ISO-10303-21;".

Es existieren weiterhin Regeln für das Auftreten von Entity Instances: Ein Entity „B" kann nur von einem Entity „A" abhängen, wenn das Entity „A" bereits voher defniniert wurde. Somit besteht zwischen den Entitys in einer STEP-Datei eine strikte Rückwärtsverkettung.

4. Weiterhin werden Regeln in ISO 10303-21 für das Mapping von EXPRESS-Ausdrücken definiert.

Beispielhaft zeigt Bild 4.18 die Beschreibung eines Kreises in EXPRESS sowie die Abbildung zweier Kreise in dem dazugehörigen Physical File.

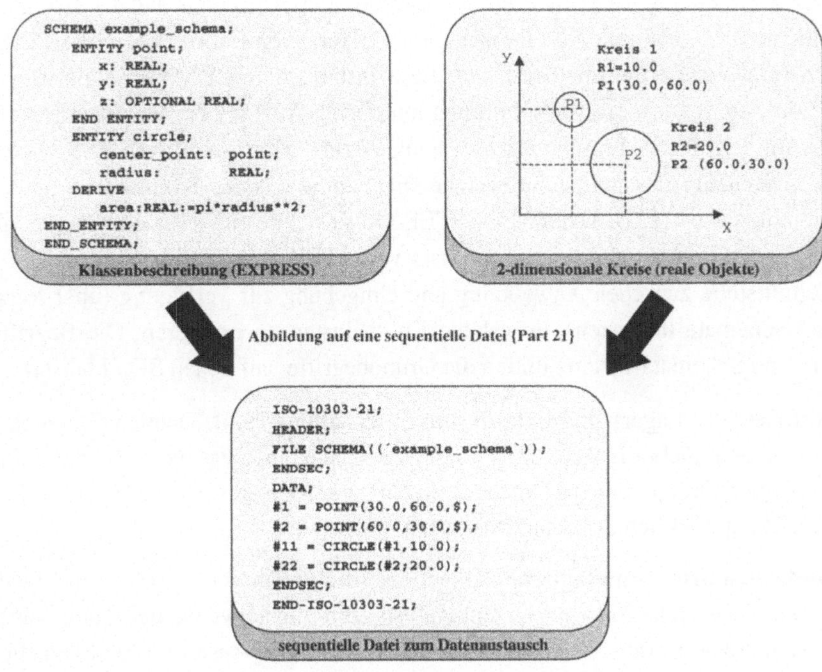

Bild 4.18
Beschreibung von Kreisen in EXPRESS und Abbildung auf eine sequentielle Datei

In Anhang D ist darüber hinaus ein STEP-Physical File, der von einem STEP-Prozessor für ein 3D-CAD-Modell erzeugt wurde, dargestellt.

STEP-Physical Files finden ihre Anwendung im sequentiellen Datenaustausch, beispielsweise beim Erstellen einer STEP-konformen Datei nach dem Anwendungsprotokoll 214 (AP 214) aus einem CAD-System über einen Postprozessor. Diese exportierte Datei kann von einem anderen CAD-System über einen Präprozessor wieder eingelesen und weiterverarbeitet werden.

4.8.2 Standard Data Access Interface (SDAI)

Während die in Abschnitt 4.8.1 beschriebene Möglichkeit Daten lediglich in eine STEP-konforme Datei speichert (wobei die zugehörigen EXPRESS-Schemata nicht mit hinterlegt werden), geht der Ansatz von SDAI deutlich weiter (siehe ISO-10303-22). SDAI stellt eine Technik bereit, persistent auf STEP-Daten von Applikationen zuzugreifen, egal mit welcher Methode sie persistent gespeichert werden (z. B. Datei, Datenbank).

EXPRESS erlaubt die Spezifikation von Entities mit Attributen und Constraints (dt.: Bedingungen), welche sich auf eine gültige Population von Entities beziehen. SDAI bietet eine Implementierungsmethode, auf diese Instanzen von EXPRESS-Entities zuzugreifen, und stellt quasi ein „programming interface" (API) für die Manipulation von Instanzen von EXPRESS-Entities zur Verfügung. Beide, SDAI und EXPRESS, spezifizieren eine Datenzugriffsschnittstelle, welche unabhängig von der darunter liegenden Speichertechnologie ist (z. B. Datenbank, STEP-Physical File) und als Ausgangspunkt für die Anwendungsentwicklung auf der Basis von STEP dient. Damit stellt SDAI quasi eine Schnittstelle zwischen Anwendung und Umgebung zur Verfügung (über Repositories und Schemata-Instanzen), in welcher Entity-Instanzen existieren. Die Begriffe Repository und Schemata-Instanz bilden die Grundbegriffe, auf denen SDAI basiert.

Repositories (dt.: Lager) sind Orte für die Datenhaltung (z. B. Dateien, Datenbanken). Sie spezifizieren nicht die Art und Weise, in der Daten abgelegt werden, sondern geben lediglich einen Ort an, an dem Daten zu finden sind. Repositories speichern im Kontext von STEP hauptsächlich Schemata-Instanzen.

Schemata-Instanzen sind logische Collections (dt.: (An)Sammlungen) von SDAI-Modellen, aus denen eine Menge von Entity-Instanzen abgeleitet werden kann. Innerhalb dieser Menge von Entity-Instanzen müssen sich alle Entity-Instanzen und Regeln eines konkreten Modells befinden. Da Schemata-Instanzen sich innerhalb eines Repository befinden, können SDAI-Modelle aus einem Repository mit einer Schemata-Instanz eines anderen Repository verknüpft werden.

Um auf STEP-Daten mittels SDAI zu zugreifen, sieht die Spezifikation sogenannte SDAI Sessions (dt.: SDAI-Sitzungen) vor. Ist eine SDAI-Sitzung initiiert, erlauben verschiedene SDAI-Operationen die Manipulation von Entity-Instanzen.

Eine SDAI-Sitzung hat verschiedene Zustände. Innerhalb jedes Sitzungszustands ist eine Menge von Operationen definiert, einige dieser Operationen verändern den Sitzungszustand sogar selbst. Aus Tabelle 4.5 kann man einen Überblick über die vorhanden SDAI-Operationen gewinnen.

Tabelle 4.5 SDAI-Session-Operatoren

Operationen	Beschreibung
1. Environment Operations:	• initialisieren der Arbeitsumgebung/Session • Erzeugung einer SDAI-Session
2. Session Operations:	• verantwortlich für den Zugriff auf Repositories • Transaktions-Management • Anfragemanagement (engl.: query)
3. Repository Operations:	• Zugriff auf Modelle innerhalb eines Repositories
4. Schemata Instance Operations:	• Management von Assoziationen von SDAI-Modellen zu Schemata-Instanzen • Auswertung von globalen EXPRESS-Regeln und Referenzen
5. SDAI Model Operations:	• Erzeugen von Entity-Instanzen • Zugriff auf SDAI-Modelle
6. Type Operations:	• Operationen, die Anwendungen das Verwalten von Abhängigkeiten zwischen Entity-Instanzen ermöglichen • Überprüfung von Type-Informationen
7. Application Instance Operations:	• Änderung von Entity Instanzen und Attributen im Anwendungsschema
8. Entity Instance Operations:	• Änderung von Entity-Instanzen-Typen, welche in SDAI-Schemata und Anwendungsschemata definiert sind
9. Aggregate Operations:	Veränderung von Aggregatinstanzen

Die SDAI-Spezifikation definiert eine Vielzahl von Begriffen, die für eine SDAI-Sitzung benötigt werden: beispielsweise das SDAI Session-Schema, welches die Struktur einer SDAI-Sitzung beschreibt; das SDAI Population-Schema, welches die Organisationsstruktur beschreibt, die für die Population (basierend auf einem EXPRESS-Schema) zur Verfügung steht und die Objekte, die eine Anwendung während einer SDAI-Sitzung anlegen darf.

Für Anwendungen, welche auf die Schemadefinitionen der zugrunde liegenden Anwendungsdaten zugreifen müssen, bietet SDAI ein Data Dictionary (dt.: Datenwörterbuch) an. In der Norm ISO 10303-22 wird die Struktur für Data Dictionaries beschrieben. In

Bild 4.19 werden die Zusammenhänge zwischen den Begriffen (repository, SDAI-Modell, Entity-Instanz etc.) graphisch verdeutlicht.

Jedes Repository besitzt einen eindeutigen Namen (hier: repository_name). In einem Repository befindet sich eine Menge von EXPRESS-Schemata (hier: schemata), welche verschiedene EXPRESS-Schemadefinitionen (hier: SchemaDefinition) beinhalten. Diese Schemadefinitionen beinhalten wiederum die einzelnen Entity-Definitionen (hier: EntityDefinition). Als zweite große Einheit besitzt ein Repository eine Menge von SDAI-Modellen (hier: models). Diese SDAI-Modelle bestehen jeweils aus einem Verweis auf eine Schema-Definition (hier: schema_definition). Jedes Modell hat einen eigenen Namen (hier: name). Ein SDAI-Modell ist im Prinzip eine Menge von Entity-Instanzen (hier: instances), welches Instanzen aus der zugrunde liegenden Schema-Definition sind. Dabei kann aber innerhalb einer Entity-Instanz wieder auf eine SDAI-Modell verwiesen werden (hier: model_reference).

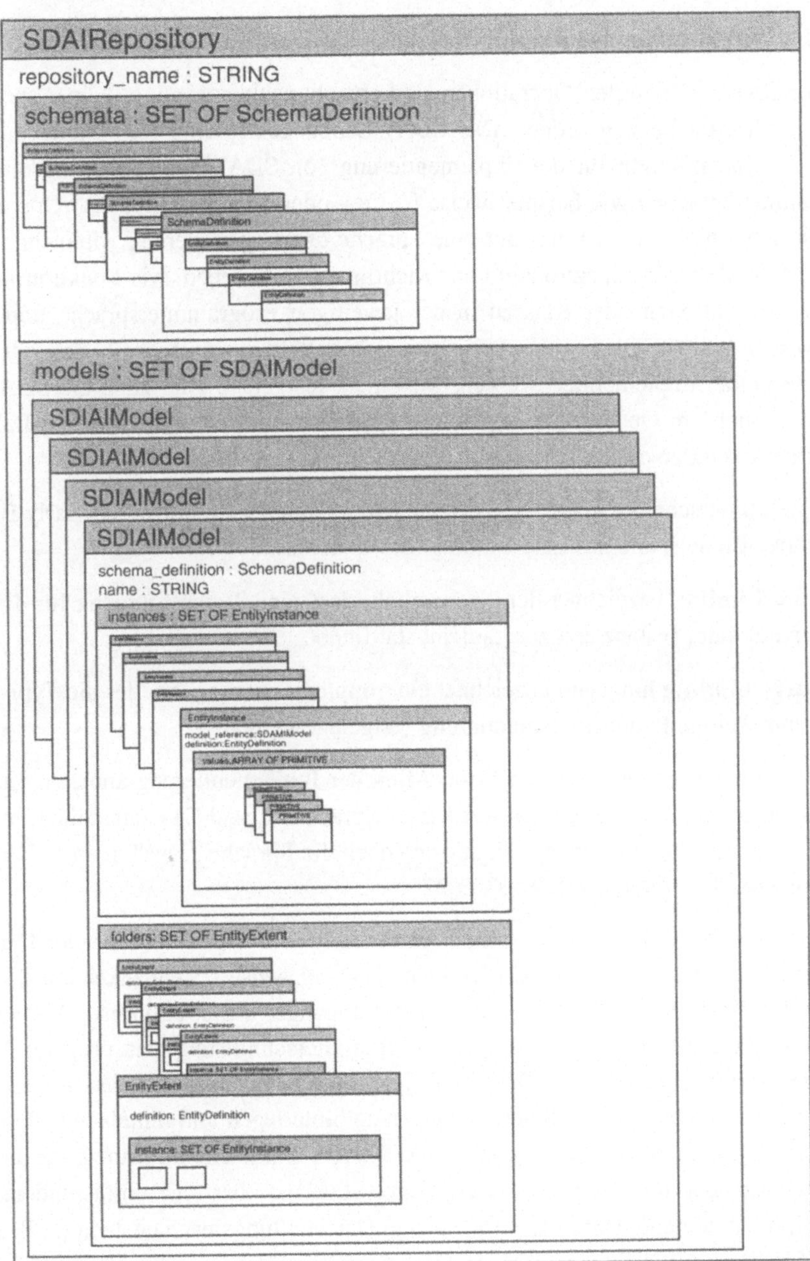

Bild 4.19
SDAI-Übersicht und Zusammenhänge der definierten Begriffe

4.8.2.1 SDAI Language Binding

Die in SDAI spezifizierten Operationen sind sprachunabhängig, d. h. keiner speziellen Programmiersprache zugeordnet. Das SDAI Language Binding (dt.: Sprachbindung) bildet die Spezifikation für die Implementierung von SDAI-Operationen in konkreten Programmiersprachen wie beispielsweise C, C++ oder Java ab. Die SDAI-Operationen müssen dabei nicht eins zu eins auf eine Sprache übertragen werden, vielmehr werden an dieser Stelle in der Spezifikation nur Richtlinien vorgegeben, wie Funktionsaufrufe, Namenskonventionen oder Klassen in der jeweiligen Programmiersprache implementiert werden sollten. Ob Entities beispielsweise mittels dynamischer Listen oder über statische Felder implementiert werden, wird nicht festgelegt. Hier kann die SDAI-Spezifikation auch um Operationen angereichert werden, mit dem Zweck eine effizientere Implementierung zu ermöglichen.

Prinzipiell unterscheidet man zwei verschiedene Language Bindings: das Early Binding (dt.: frühes Binden) und das Late Binding (dt.: spätes Binden).

Das **Late Binding** bezeichnet den Sachverhalt, dass eine Typbestimmung für die Operationen auf einer Instanz erst zur Laufzeit stattfindet.

Das **Early Binding** hingegen bezeichnet eine Implementierung, bei der die Typisierung schon zum Zeitpunkt der Implementierung festgelegt werden.

SDAI-Implementierungen können beide Arten der Implementierung anbieten, auch innerhalb einer Anwendung. Zurzeit werden als Sprachen C und C++ unterstützt. Im Zuge von Firmennetzen und Internet befindet sich auch die Sprache „Java“ in einer Language Binding-Spezifikation nach ISO 10303-22.

SDAI stellt eine Schnittstelle zwischen Anwendung und zugrunde liegender Datenhaltung dar. Für die Datenhaltung werden heute beispielsweise Datenbanken auf der Basis von SQL verwendet. SQL (Structure Query Language, dt.: strukturierte Anfragesprache) stellt dabei für die Datenbank eine Programmierschnittstelle dar, über die Anwendungen auf die Daten in der Datenbank Zugriff haben. Dies legt den Ansatz nahe, STEP-Daten in relationale SQL-Datenbanken zu hinterlegen und mittels SQL-Operationen auf die Daten zu zugreifen, so dass eine SDAI-Schnittstelle im Prinzip für diese Art von Datenspeicherung nicht notwendig wäre. SDAI ist aber eine umfassendere Technologie, die unabhängig von den verwendeten Datenhaltungsmechanismen (z. B. Datenbank, STEP-Physical File) ist. Daher erfolgt ein korrekter Zugriff auf STEP-Daten in einer SQL-Datenbank über SDAI.

4.9 Werkzeuge und Komponenten

Die im Kapitel 4.8 beschriebenen, bei der ISO in der Normung befindlichen Spezifikationen zur Implementierung der ISO 10303 finden in der Praxis in zahlreichen Programmen ihren Niederschlag. Werkzeuge, die bei der Arbeit im Umfeld der ISO 10303 ihren Einsatz finden, kann man in verschiedene Klassen einteilen. Aufgrund der Vielzahl von Werkzeugen kann an dieser Stelle lediglich ein Überblick über die verschiedenen Klassen und deren Werkzeuge gegeben werden.

Editoren: Editoren sind Programme, über die man entweder auf graphische Weise per Maus oder bzw. in Kombination auf textuelle Weise per Tastatur Dateien erstellen und speichern kann. Die daraus resultierenden Dateien bilden die Basis für andere Programme oder dienen zur Dokumentation. EXPRESS-Editoren besitzen neben den reinen Editorfunktionen wie "Copy" (dt.: kopieren), "Paste" (dt.: einfügen), "Search & Replace" (dt.: suchen und ersetzen) auch spezielle Funktionen für die syntaktische Überprüfung von EXPRESS-Sourcecode (z. B. automatische Klammerüberprüfung). Eine besondere Klasse von EXPRESS-Editoren sind graphische Editoren, die auf der Basis von Symbolen und mit Hilfe von "Drag & Drop" EXPRESS-G-Diagramme erzeugen können. Diese Art von Editoren findet man allgemein in Modellierungssprachen. Bekannte EXPRESS-Editoren sind beispielsweise EGE, EXPREME oder CoOM.

Parser: Ein Parser ist ein Programm, dass eine Datei in erster Linie auf syntaktische Korrektheit überprüft. Unter syntaktischer Korrektheit versteht man die Überprüfung der einzelnen Zeichenketten, welche einer bestimmten Spezifikation genügen müssen. Im Falle von EXPRESS wird beispielsweise überprüft, ob Klammerungen richtig abgeschlossen, Schlüsselwörter gültig sind.

In gewissem Rahmen finden bei EXPRESS-Parsern auch statisch-semantische Überprüfungen („inhaltliche Korrektheit") statt, wie beispielsweise die Überprüfung, ob der Typ eines Entity definiert ist. Die Eingabe für einen Parser wird von einem Scanner (dt.: Abtaster) generiert, der Zeichen einer Datei zu sogenannten Tokens (Zeichenketten) zusammenfasst. Oft sind Scanner und Parser nicht richtig voneinander getrennt. Beispielsweise kann im Scanner die Überprüfung auf das richtige Alphabet stattfinden, so dass im

Fehlerfall keine Zeichenkette für einen Parser generiert wird und der Parser-Vorgang abgebrochen wird.

EXPRESS-Parser treten oft im Zusammenhang mit Entwicklungsumgebungen und EXPRESS-Compilern auf. Einige Beispiele hierfür sind EGE, ECCO oder CoOM.

Browser: Browser sind Programme, die Daten in vorhandenen Dateien so aufbereiten, dass man sich selbst übersichtlich über die Struktur bzw. die Daten bewegen (engl.: browse) kann. Oft sind sie Bestandteil eines Editors und operieren mit Parsern zusammen. Im Kontext von EXPRESS findet man Browser dort, wo große EXPRESS-G-Diagramme übersichtlich angezeigt werden müssen.

Im Gegensatz zum Editor kann man in Browsern keine Inhalte ändern. Browser, in denen es keine Möglichkeit der Verknüpfung von Dokumentation oder Text gibt, nennt man Viewer (dt.: Betrachter). Hier kann ein Benutzer lediglich den Inhalt eines Dokuments betrachten.

Compiler: Compiler (dt.: Übersetzer) sind Programme, die von einer formalen Quell- in eine formale Zielsprache übersetzen. Compiler arbeiten eng mit Parsern zusammen, Parser bilden dabei die Eingabe für die Compiler. Syntaktisch korrekte Programmteile werden vom Parser an den Compiler weitergegeben und oft in eine Zwischensprache übersetzt, bevor die Übersetzung in die Zielsprache erfolgt, z. B. kann ein EXPRESS-Compiler EXPRESS-Dateien einlesen und sie in Form von C-API als Programmdateien ausgeben (welche dann mittels eines C-Compilers zu ausführbaren Objektdateien überführt werden).

Compiler bestehen oft aus einem Front- und einem Backend. Das Frontend übersetzt die eingelesenen Daten in eine compilerinterne Zwischensprache. Das Backend übersetzt von dieser Zwischensprache zur gewünschten Zielsprache. Im Zusammenhang mit der ISO 10303 ist dieses Vorgehen wichtig, da man hier Programme schreiben kann, die EXPRESS verarbeiten können, um SDAI-Implementierung über das „Language Binding" als Ergebnis vorliegen zu haben. Ein solches Programm ist beispielsweise Fedex, zu dem ein Programmierer ein beliebiges Backend programmieren und damit die Zielsprache selbst bestimmen kann - in Fedex selber werden die Daten über SDAI mit einer dynamischen Struktur verwaltet, auf die der Programmierer zugreifen kann.

Prozessoren: Prozessoren sind Programme, die Daten gemäß einer Spezifikation einlesen und auf der Basis einer Semantik in ein anderes Format überführen. Für die ISO 10303 gibt es daher eine Vielzahl von verschiedenen Prozessoren, basierend jeweils auf einem anderen Anwendungsprotokoll (z. B. AP 214-Prozessor, AP 203-Prozessor). Oftmals finden Prozessoren ihre Anwendung bei Gesamtsystemen. Im Falle von AP 214 beispielsweise findet man fast immer einen AP 214-Prozessor in einem CAD-System, der es erlaubt, Daten aus dem CAD-System in ein ISO 10303-konformes Format (z. B. über STEP-Physical File) zu überführen. Prozessoren teilt man in zwei Klassen: **Präprozessoren** sind Prozessoren, die ein STEP-Physical File einlesen und die Daten in das anwendungsinterne Format einer Anwendung überführen (z. B. AP 214 → CAD-System); **Postprozessoren** welche, die von einer gegebenen Anwendung in ein STEP-Anwendungsprotokoll übersetzen (z. B. CAD-System → AP 214).

Eigenständige Prozessoren, die auch unter dem Begriff **Konverter** fallen, werden ebenfalls angeboten. Sie erlauben das Überführen einer STEP-Datei in verschiedene andere anwendungsbezogene Formate, z. B. in die eines CAD-Systems oder in andere Austauschformate.

4.10 Softwareentwicklung

Bei der Entwicklung von Software im Kontext von STEP kann man verschiedene Phasen unterscheiden. Alle Phasen beziehen sich auf die Erstellung von EXPRESS-Schemata, welche zur Herstellung von Prozessoren benötigt werden. Bei der Erzeugung von EXPRESS-Schemata (oft auch unter der Bezeichnung „EXPRESS-Modellierung“ in der Literatur verwendet) kann man folgende Vorgehensweise festhalten:

Anwendungsprotokoll erstellen

Mit der in Kapitel 4.5 vorgestellten Methodik wird ein Anwendungsprotokoll spezifiziert und validiert. Dieses implementierungsunabhängige Anwendungsprotokoll bildet die Grundlage für die Entwicklung von Softwaresystemen.

Schemata binden

Jedes Schema kann einzeln bearbeitet werden und auf Korrektheit in sich selber überprüft werden. Oft enthalten Schemata Referenzen auf andere Schemata, die mittels dieses Link-Vorgangs aufgelöst werden. Das Resultat ist ein EXPRESS-Schema, welches die aufgelösten Referenzen enthält.

Parsen und Übersetzen des erstellten EXPRESS-Code

Während des Parser-Vorgangs werden die erstellten EXPRESS-Schemata auf syntaktische Korrektheit überprüft. Der so überprüfte EXPRESS-Code geht direkt in den Übersetzer ein, welcher den EXPRESS-Code entweder in ein internes Format oder direkt in eine Form der API einer Programmiersprache überführt (z. B. in C++-Klassen).

Die oben aufgeführten Schritte sind nicht strikt sequenziell zu betrachten. Bei der Arbeit mit EXPRESS treten neben den oben genannten noch andere Schritte auf, die alle in iterativen Zyklen abgearbeitet werden. Hierunter fällt beispielsweise die Aufbereitung von EXPRESS-G-Diagrammen in Druckformate oder als WWW-Präsentation.

Für die Integration aller benötigter Schritte verwendet man Entwicklungsumgebungen. Entwicklungsumgebungen stellen dem Benutzer einen einheitlichen Zugriff auf Dateien zur Verfügung und liefern zahlreiche Hilfsmittel für die Erstellung und Bearbeitung der Datenmodelle. Einige wichtige Eigenschaften von Entwicklungsumgebungen sind:

- Die Bearbeitung kann in Projektgruppen erfolgen. Eine Entwicklungsumgebung stellt dann Hilfsmittel zur Projektorganisation, Zugriffskontrolle und Dokumentation und Versionsverwaltung zur Verfügung.
- Die Nutzung von verschiedenen Bibliotheken und Schemata.
- Die Auflösung von Referenzen und Suche von Schemata in anderen Bibliotheken, auch über Projektgrenzen hinweg.
- Die Automatische Speicherung, Neuübersetzung bei Änderung. Der Zyklus: „editieren, scannen, parsen, compilieren, linken“ wird durchgängig unterstützt.
- Der Editor ist fester und zentraler Bestandteil der Entwicklungsumgebung.
- Entwicklungsumgebungen enthalten Debugger, welche Fehler aufzeigen und Beispielinstanziierungen vornehmen.

Typische EXPRESS-Entwicklungsumgebungen sind z. B. das ProSTEP-Toolkit oder ECCO.

Nach Fertigstellung der STEP-Norm werden von verschiedenen Herstellern Prozessoren erstellt, um beispielsweise CAD-Daten in eine STEP-Datei nach ISO 10303-21, bezogen auf ein bestimmtes Anwendungsprotokoll (z. B. AP 214), zu überführen. Die Hersteller solcher Prozessoren verwenden teilweise direkt die in den ISO 10303-2xx-Serien entwickelten Anwendungsprotokolle. Aus den dort spezifizierten EXPRESS-Schemata können beispielsweise automatisch C++-Klassen erzeugt werden. Dabei müssen die Vorschriften für das Language Binding der jeweils verwendeten Programmiersprache für den Prozessor beachtet werden. Je nach Einsatz des verwendetet EXPRESS-Compilers wird die Strategie des Early Binding oder Late Binding genutzt.

4.11 Moderne Integrationstechnologien

Die in den vorangegangen Abschnitten vorgestellten Implementierungsmethoden und Werkzeuge zur Implementierung bilden einen Baukasten, der als Voraussetzung für die Entwicklung von und mit ISO 10303 gilt. Alle Werkzeuge laufen auf einem Rechner und sind mehr oder weniger unabhängig voneinander.

Die in den letzten Jahren weit vorangeschrittene Vernetzung von Universitäten, Industriebetrieben und Privathaushalten sowohl auf nationaler als auch auf internationaler Ebene erfordert eine Einordnung dieser Werkzeuge in ein Gesamtsystem. Da die ISO Norm 10303 selbst schon für den plattformübergreifenden Datenaustausch konzipiert ist, müssen neue Technologien wie CORBA oder JAVA berücksichtigt werden. Auch wenn diese Technologien in den nächsten Jahren stets weiter entwickelt und vielleicht in ihrer ursprünglichen Form nicht mehr so in Erscheinung treten werden, so sind ihre Konzepte und Auswirkungen in Zukunft wichtiger denn je zuvor und müssen von einer Norm berücksichtigt werden. Die in diesem Abschnitt beschriebenen Technologien erheben keinesfalls den Anspruch einer ausführlichen Beschreibung - eher sollen sie dem Leser dienen, STEP in diesen Kontext einzuordnen. Hierzu kann der interessierte Leser eine Fülle von Literatur im Anhang finden.

4.11.1 Internet und Intranet

Intranets (Rechnernetze von Firmen, Universitäten) bilden eine grundlegende Infrastruktur für den Datenaustausch über ISO 10303. Die hier verwendeten Protokolle (z. B. ISO OSI, TCP/IP) befinden sich seit den 70er Jahren in einem ständigen Normungsprozess und bilden die Grundlage für die Kommunikation zwischen verschiedenen Rechnern. Sie sind für den normalen Benutzer transparent. Auf der Basis dieser Standardtechnologien setzen Anwendungen auf, die es dem Benutzer erlauben, Daten zu übertragen (z. B. per Modem auf Basis von ISDN oder innerhalb eines Firmennetzes über ein lokales Netzwerk). Aus der zunehmenden Globalisierung der Märkte erwächst auch die Notwendigkeit der Vernetzung der Firmen untereinander. Basierend auf Internets (Netzwerke, die Intranets miteinander verbinden) erfolgt der Datenaustausch auch firmenextern zwischen beliebigen Handelspartnern. Besonders für diesen Datenaustausch, beispielsweise zwischen produzierender und Zulieferindustrie, stellt eine Norm wie die ISO 10303 sicher, dass verschiedene Anwendungen zwischen verschiedenen Firmen Daten miteinander austauschen können.

Das **Internet** (Synonym für das zurzeit weltweit größte zusammenhängende Netzwerk auf der Welt) gilt heute als wichtigstes Kommunikationszentrum auf der Welt. Entwickelt wurde es Ende der sechziger Jahre im Auftrage des Departement of Defense der USA. Anschließend wurde es als Kommunikationsnetz zwischen einigen Universitäten ständig weiterentwickelt. Mitte der siebziger Jahre wurden die ersten Verbindungen zwischen Amerika und Europa auf Universitätsebene realisiert und in den folgenden Jahren ständig ausgebaut. Mit der Verfügbarkeit eines neuen Protokolls (HTTP: Hyper Text Transfer Protocol) und einer Sprache (HTML: Hyper Text Markup Language, XML: Extended Markup Language) für die Visualisierung von Information über bestehende Internetprotokolle (TCP/IP, ISO OSI) wurde das Internet auch für die Wirtschaft interessant. In einer rasanten Entwicklung, die bis dato bestehende firmeninterne Prozessketten völlig verändert, stellt sich das Internet uns heute als ein großes Netz dar, welches Firmennetze, Universitätsnetze und Telekommunikationsnetze miteinander verbindet und auch im Privatleben eines Jeden Änderungen herbeiführt (z. B. elektronische Bankgeschäfte, neue Anforderungen an den Arbeitsplatz).

Verbunden mit der Einführung des Internet in die Wirtschaft erwuchsen schnell industrielle Anforderungen an das einst rein universitäre Netzwerk. Neben zunehmenden Geschwindigkeitsanforderungen aufgrund des gestiegenen Datenaustauschs müssen auch die vorhanden Anwendungen an die neuen Gegebenheiten angepasst werden. Neue Programmiersprachen wie beispielsweise „Java" werden speziell für das Internet entwickelt, um Programme rechnerunabhängig überall sicher aufrufen zu können. In den nachfolgenden Abschnitten werden einige weitere Basistechnologien vorgestellt, denen sich auch die Norm ISO 10303 stellen muss und welche bereits Einzug in Teile der ISO 10303 gehalten haben.

4.11.2 CORBA/DCOM

Eine der wichtigsten Anforderungen an das Internet war die anwendungsübergreifende Kommunikation. Bis dato bestehende Verfahren basieren oft auf proprietären Lösungen einzelner Softwareunternehmen und unterliegen keinem Standard. Als Konsequenz benötigen die Anwender, welche Dienste oder Daten untereinander austauschen möchten, dieselbe Anwendung wie der Hersteller. In einem Unternehmen, das viele verschiedene Kontakte und Produkte hat, ist dieser Zustand nicht tragbar, da dann ebenso viele Anwendungen bedient und gewartet werden müssen wie Verbindungen zu anderen Firmen bezüglich dieser Anwendungen bestehen. Zwei Ansätze, die dieses Problem lösen möchten, sind unter den Begriffen CORBA (Common Object Request Broker Architecture) und DCOM (Distributed Compound Object Model) bekannt.

CORBA selbst ist nur ein Teil eines viel umfassenderen Versuchs, Rechner, Dienste und Anforderungen der Industrie in einer gemeisamen Architektur, die OMA (Object Management Architecture), zu integrieren. CORBA stellt innerhalb dieser Architektur eine für den Anwender transparente Komponente dar, welche die Kommunikation zwischen verschiedenen Anwendungen erlaubt und steuert. Die OMA selbst bietet verschiedene Dienste und Facilities an, die auf der unteren Ebene das Ziel haben, jeden beliebigen Rechner mit anderen zu vernetzen. Auf der obersten Ebene stehen dem Anwender in drei Gruppen eingeteilte Dienste und Facilities über die CORBA-Architektur zur Verfügung. Diese Dienste können je nach Branche unterschiedlich sein (z. B. eine CAD-Anwendung) oder allgemeinen Charakter haben (z. B. ein Namensdienst, der E-Mailadressen von anderen Handelspartnern zur Verfügung stellt, andere Rechner automatisch im Netz auffindet etc.). Die OMA wird von der OMG (Object Management Group) spezifiziert, welcher zurzeit über 800 Mitglieder aus Industrie und Forschung angehören. Die OMA stellt lediglich eine Spezifikation dar. CORBA benutzt objektorientierte Techniken für die Kommunikation und unterstützt diese moderne Entwicklungsmethodik und Technik konsequent für Entwickler (durch objektorientierte Programmiersprachen) und Anwender.

DCOM basiert auf dem COM-Modell der Firma Microsoft (COM: Compound Object Model) und ist im Gegensatz zu CORBA eine proprietäre Spezifikation und Implementierung der Firma Microsoft. Die Ziele, welche mit diesem Modell verfolgt werden, sind die gleichen wie von CORBA, jedoch basiert die Kommunikation nicht auf objektorientierter Technologie, sondern auf der Basis eines Standards der OSF (Open Software Foundation). Das Modell COM ist fester Bestandteil von Windows 95/98 und Windows NT und wird dort zur Integration von Dokumenten in andere Dokumente benutzt. Jedoch ist diese Integration nur auf Anwendungen beschränkt, die auf einem Rechner laufen. DCOM besitzt zusätzlich Kommunikationseinrichtungen, um Dokumente auch über Rechnergrenzen hinweg austauschen zu können. Aufgrund der Implementierung und Spezifikation von einem Hersteller erlangen industrielle Anforderungen nur schwer Einfluss. Die Weiterentwicklung von DCOM zu COM+ hat demnach auch vorwiegend das Ziel, eine Architektur für die Dokumentenintegration zur Verfügung zu stellen, und weniger das, eine plattformübergreifende Kommunikationsarchitektur mit aufgesetzten Diensten darzustellen. DCOM ist auch für UNIX-Derivate portiert worden.

4.11.3 JAVA

Mit dem Einzug des Internets in die Wirtschaft auf der Basis von HTTP, XML und HTML wurden sehr schnell die softwaretechnischen Grenzen dieser Technologien sichtbar. Zwar bildet heute HTML die Basistechnologie für die Informationspräsentation, die Notwendigkeit einer neuen Programmiersprache, die Anforderungen des Internets wie Sicherheit und Portabilität einer Anwendung gerecht wird, ist aber weiterhin gegeben. JAVA (entwickelt von der Firma SUN Microsystems) versucht hier, Abhilfe zu schaffen.

JAVA ist eine objektorientierte Programmiersprache, welche Mechanismen besitzt, Pro für das Internet zugänglich zu machen. Mittels JAVA lassen sich Programme erzeugen, die anderen Nutzern über das Internet auf der Basis von HTTP angeboten werden können. JAVA berücksichtigt Sicherheitsanforderungen, moderne Programmierkonzepte wie Objektorientierung und Plattformunabhängigkeit. Letzteres wird durch den Einsatz einer virtuellen Maschine erreicht, die Programme quasi auf einem „virtuellen Rechner" innerhalb eines Rechners ausführt und mit dem Zugriffe auf den lokalen Rechner nur unter Sicherheitsrichtlinien erfolgen können. Der Nachteil einer solchen Architektur liegt in der Geschwindigkeit der Applikation, da hier ständig ein Vermitteln zwischen lokaler Resource und virtueller Maschine erfolgen muss. Dies wird heute durch die immer schneller werdenden Rechner zum großen Teil kompensiert; aber auch neue Ergebnisse auf dem Gebiet der Forschung zu „virtuellen Maschinen" haben JAVA innerhalb von zwei Jahren **die** Programmiersprache für das Internet werden lassen.

Durch die Nutzung von JAVA-Programmen über das Internet ergibt sich eine völlig neue Marktstruktur in der Industrie: Unternehmen benötigen keine kostensteigernden Vertriebsmechanismen für Ihre Produkte, sondern können die Software direkt dem Kunden freigeben und nutzbar machen. Logistische Strukturen für das Verteilen von Updates entfallen, da Programmupdates auf einem firmeneigenen Internet-Server zur Verfügung gestellt werden können. Schließlich stellt JAVA streng objektorientierte Programmiermechanismen zur Verfügung, die eine Integration in CORBA (und damit die Verteilung von Programmen und die Vermittlung zwischen Programmen) ermöglichen. JAVA befindet sich seit 1998 in der ISO-Normung und etabliert sich damit zu einem Defacto-Standard für die Industrie.

4.11.4 Einordnung der ISO 10303 in diese Technologien

Die oben genannten Technologien sind teilweise in STEP enthalten oder werden als Basistechnologien für den Datenaustausch auf Basis von STEP verwendet. Für JAVA wird bereits eine Norm für das SDAI Language Binding erstellt. Erste SDAI-JAVA-Implementierungen sind bereits vorhanden.

Technologien wie CORBA oder DCOM bilden die systemtechnische Grundlage für den netzweiten Datenaustausch über STEP. STEP bildet dabei die datentechnische Grundlage. Mit der Verfügbarkeit von Kommunikationsinfrastrukturen wie CORBA und einem Internet gibt es erste Ansätze, bestimmte PDM-Funktionalitäten auf das Internet auszugliedern. Ein Beispiel hierfür sind Normteildatenbanken, auf die mittels JAVA und CORBA im Netz zugegriffen werden kann. Weiterhin kann mittels der 3D-API von JAVA ein Frontend für den Endbenutzer geschaffen werden, mit dem sich STEP-Daten aus internetweit verteilten STEP-Datenbanken visualisieren und ändern lassen.

Auch die Problematik des Data Sharing (gleichzeitiges Benutzen von Daten) auf STEP-Basis kann mittels CORBA gelöst werden. Weltweite STEP-Datenbanken und unternehmensweiter und -übergreifender Datenaustausch sind die Folgen des Einsatzes dieser modernen Softwaretechnologien. Eine Beispielarchitektur für eine komponentenbasierte Architektur auf der Basis von STEP gibt Bild 4.20. Hier wird gezeigt, wie man mittels JAVA, SDAI, CORBA und dem Internet Zugriff auf eine STEP-Datenbank erreichen kann, wobei verschiedene Anwendungen immer die gleiche Sicht auf die STEP-basierten Daten haben. Eine solche komponentenbasierte Architektur erlaubt völlig neue Arbeitstechniken - Teilebibliotheken müssen nicht ständig mehrfach kopiert werden, Zugriffe abgesprochen werden etc. Die Beschleunigung des Produktentwicklungsprozesses ist die Folge.

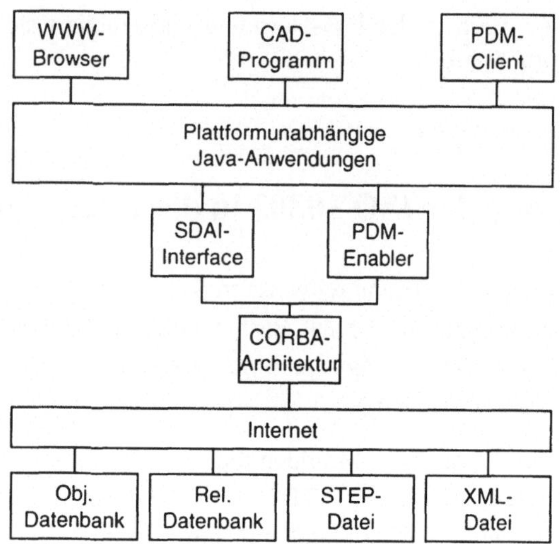

Bild 4.20
Komponentenbasierte Architektur für verteilte STEP-Anwendungen

5 Implementierung von STEP

Für die Implementierung von STEP, dies umfasst die Umsetzung der in STEP spezifizierten Modelle in Softwareprodukte, sind insbesondere folgende Fragen zu klären:

- Welche Teile von STEP werden implementiert?
- Mit welchen Methoden wird STEP implementiert?
- Nach welcher Vorgehensweise wird implementiert?
- Wie werden Implementierungen getestet?

Diese Fragestellungen werden im Folgenden für STEP im Allgemeinen behandelt und am Beispiel von AP 214 näher erläutert. Der Schwerpunkt liegt hierbei weniger auf technischen Details als vielmehr auf organisatorischen Gesichtspunkten.

5.1 Grundlagen der STEP-Implementierung

Aufgrund der Vielzahl von Schemata in der STEP-Serie (Generische Resourcen, Anwendungsresourcen sowie Anwendungsprotokolle mit jeweils einem Referenzmodell (ARM) und einem Interpretierten Modell (AIM)) existieren häufig Missverständnisse über die Möglichkeiten zur Implementierung von STEP.

Nach dem in ISO 10303 definierten, grundlegenden Konzept werden ausschließlich die "Application Interpreted Models" (AIMs) von Anwendungsprotokollen (APs) bzw. Teilmengen davon implementiert.

Nicht direkt implementiert werden dagegen

- die STEP-Resourcen (40er und 100er Serie) und
- die Application Reference Models (ARMs) der APs.

Eine unmittelbare Implementierung der STEP-Resourcen würde insofern keinen Sinn machen, als es sich hierbei um relativ generische Modellkonstrukte handelt, die keine ausreichend anwendungsspezifische Semantik haben. Erst durch den Prozess der Interpretation (vgl. Kapitel 4.7.3.3) werden die generischen Objekte und Strukturen der STEP-Resourcen spezialisiert, mit Semantik versehen und durch Regeln so eingeschränkt, dass mit ihnen genau diejenigen Sachverhalte abgebildet werden können, die in den APs als Anforderungen für spezielle Anwendungsgebiete dokumentiert sind.

Eine Implementierung von ARMs bestimmter APs ist zwar denkbar, sofern diese einen ausreichenden Detaillierungsgrad aufweisen (was derzeit bei den wenigsten APs der Fall ist), ist jedoch nicht mit dem Integrationsgedanken von STEP vereinbar. Die ARMs von APs werden dazu auf die STEP-Resourcen abgebildet (vgl. Kapitel 4.7.3.3), um so Modelle zu erhalten (AIMs), die gleiche Strukturen und Objekte aufweisen; auf diese Weise werden die zu implementierenden Modelle (zumindest ansatzweise) kompatibel, und die Möglichkeit des Datenaustauschs über AP-Grenzen hinweg bleibt erhalten.

Das Interpretierte Modell (AIM) eines APs stellt somit die Grundlage für eine Implementierung von STEP dar. Abhängig davon, wie viele Themengebiete von einem AP in welchem Detaillierungsgrad abgedeckt werden, können entweder das gesamte AIM implementiert werden oder, sofern spezifiziert, Ausschnitte davon. Solche implementierbaren Teilmengen werden durch die sogenannten Konformitätsklassen (engl.: conformance classes, kurz CCs) definiert.

Konformitätsklassen stellen diejenigen Ausschnitte eines APs dar, zu denen eine Implementierung konform sein kann (vgl. Kapitel 4.7.3.4). Während kleinere APs, die nur ein sehr begrenztes Anwendungsgebiet unterstützen, keine oder nur sehr wenige Konformitätsklassen definieren (d. h. eine zu diesem AP konforme Implementierung muss das gesamte AIM abdecken), werden in größeren APs in der Regel mehrere CCs definiert, die dann als abgeschlossene funktionale Einheiten implementiert werden können. Konformitätsklassen können auch hierarchisch gegliedert sein. Dies führt dazu, dass spezielle Anwendungen mit beschränktem Funktionsumfang ebenso Implementierungen anbieten können, die konform zu einer CC eines APs sind, wie auch universellere Anwendungen, die themenübergreifende Funktionalitäten anbieten und die entsprechende Daten zusammenhängend austauschen möchten.

Konformitätsklassen werden heute in den verschiedenen APs auf unterschiedliche Weise definiert: Die Minimalanforderung sieht vor, Entities aus dem AIM-Schema zu identifizieren, die einer CC zugeordnet werden. Das Fehlen eines direkten Bezugs zum Referenzmodell, welches die Anforderungen definiert, führt jedoch dazu, dass der anwendungsspezifische Kontext dieser Entities verloren geht. Dies ist beispielsweise dann der Fall, wenn ein Konstrukt der Integrierten Resourcen mit mehr oder weniger offensichtlichen Modifikationen für unterschiedliche ARM-Konzepte verwendet wird.

In einer weiteren Ausbaustufe können für jede CC vollständige EXPRESS-Schemata zur Verfügung gestellt werden. Dies erleichtert eine Implementierung dahingehend, dass alle zur Implementierung vorgesehenen Entitäten, Typen, Regeln und Funktionen bereits zusammengefasst sind. Ein unmittelbarer Bezug zur Anwendung fehlt jedoch auch hier.

Mehrdeutigkeit kann jedoch erst dann vermieden werden, wenn Konformitätsklassen nicht nur auf der Basis des AIM definiert werden, sondern bereits auf der Ebene des Referenzmodells (ARM). Dies kann z. B. durch Zuordnung von ARM-Funktionseinheiten (Units of Functionality, UoF) zu CCs erfolgen, was unter anderem im AP 214 vorgenommen wurde (Bild 5.1). Anhand der Mapping-Tabellen können dann die entsprechenden Teilmengen des AIM eindeutig mit Anwendungskonzepten, wie im ARM definiert, in Bezug gesetzt werden.

Die Einteilung des AIM in Konformitätsklassen bei größeren APs ist schon aus rein praktischen Gesichtspunkten notwendig, da es in der Regel keine Softwaresysteme gibt, die alle durch das AP abgedeckte Themengebiete unterstützen. So erhebt beispielsweise AP 214 den Anspruch, für die übergeordnete Anwendung "Datenstrukturen im Automobilbau" alle betroffenen Themengebiete (wie z. B. Geometrie, Toleranzen, Produktstruktur, Kinematik, Prozessplanung etc.) im Datenmodell zu unterstützen, wofür - zumindest heute noch - mehrere unterschiedliche Anwendungssysteme (z. B. CAD-, PDM- oder Simulationssysteme) erforderlich sind.

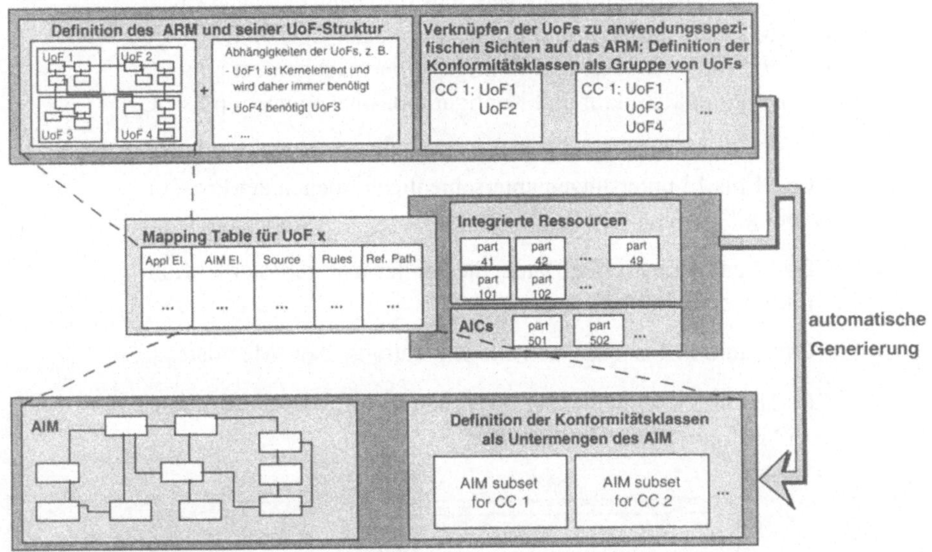

Bild 5.1
Generierung von Konformitätsklassen auf der Basis von ARM-Strukturen

AP 214 definiert heute zwanzig Konformitätsklassen, wobei CC 20 dem gesamten AIM entspricht. Die verbleibenden neunzehn CCs decken den Leistungsumfang von AP 214 in folgender Einteilung ab:

- CCs 1 bis 5 stellen implementierbare Teilmengen für den CAD-Bereich dar (Bild 5.2). Sie unterscheiden sich unter anderem dadurch, welche Arten geometrischer Modelle unterstützt werden und ob Baugruppenstrukturen berücksichtigt sind oder nicht. Im Detail umfasst
  CC 1: 3D-Draht-, Flächen- und Volumenmodelle, ohne Baustruktur;
  CC 2: 3D-Draht-, Flächen- und Volumenmodelle, mit Baustruktur;
  CC 3: 2D- und 3D-Drahtmodelle, Flächenmodelle, ohne Baustruktur;
  CC 4: 2D- und 3D-Draht-, Flächen- und Volumenmodelle, mit Bau struktur;
  CC 5: Styling (schattierte Darstellung), mit Baustruktur.

- CCs 6 bis 10 definieren Ausschnitte des Gesamtmodells, welche insbesondere für den Bereich des Produktdatenmanagements von Interesse sind. Hier wird z. B. danach unterschieden, welche Formen des Variantenmanagements berücksichtigt werden und ob Geometriedaten mitberücksichtigt werden oder nicht. Im Einzelnen wird der Austausch der folgenden Daten unterstützt:
  CC 6: Produktdatenmanagement;

CC 7: Produktdatenmanagement plus CAD entsprechend CC 2;
CC 8: Produktstruktur und Konfigurationsmanagement;
CC 9: Produktstruktur und Konfigurationsmanagement plus CC 2;
CC 10: Produktstruktur und Konfigurationsmanagement plus CC 4 bzw. 5.

- CCs 11 bis 13 unterstützen unterschiedliche Ebenen der Prozessplanung.
- CCs 14 und 15 betreffen Daten, die bei der featurebasierten Konstruktion relevant sind.
- CCs 16 und 17 beziehen sich auf Simulations- bzw. Messdaten.
- CCs 18 und 19 schließlich ermöglichen den Austausch von Daten über konfigurierbare Prozesspläne.

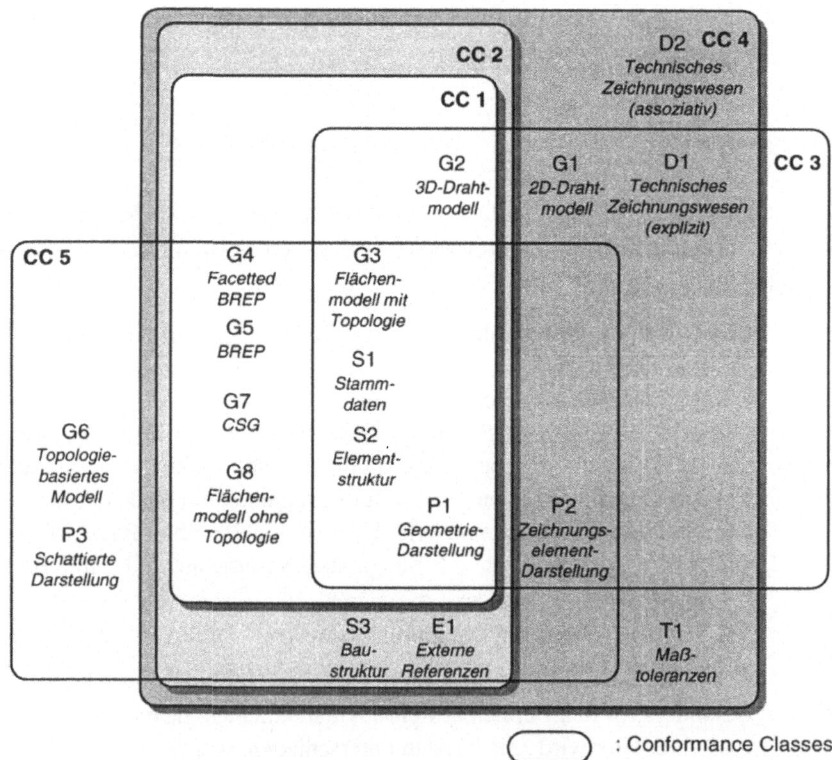

Bild 5.2
Definition von Konformitätsklassen auf der Basis von ARM-Funktionseinheiten

5.2 Methoden der Implementierung

Zur Implementierung von STEP existieren prinzipiell zwei verschiedene Möglichkeiten:

- Als Datenbank (für Product Data Sharing) und
- als Prä- bzw. Postprozessor (für den Produktdatenaustausch).

Beide Methoden wurden ausführlich in Kapitel 4.8 erläutert.

Implementiert werden primär Prä- und Postprozessoren für den Datenaustausch, die die auszutauschenden Daten entsprechend der Spezifikation eines Anwendungsprotokolls in Dateien speichern bzw. die Inhalte solcher Dateien wieder in das proprietäre Datenformat überführen.

5.3 Vorgehensweise bei der Implementierung

STEP ist durch eine relativ hohe Komplexität des Produktdatenmodells gekennzeichnet. Aufgrund dieser Komplexität spielen organisatorische Aspekte bei der Implementierung eine besondere Rolle. Zu ihnen zählen die Auswahl einer geeigneten Implementierungsstrategie und die Koordination der Implementierung.

5.3.1 Implementierungsstrategie

Bei der Implementierung einer Norm sind prinzipiell zwei Vorgehensweisen denkbar:

- Implementierung nach abgeschlossener Normung und
- normungsbegleitende Implementierung.

Beide Vorgehensweisen haben sowohl Vor- als auch Nachteile, die im Folgenden erläutert werden.

Eine Implementierung nach Abschluss der Normung ist für den Implementierer insofern von Vorteil, dass auch mittelfristig mit keiner Änderung der Spezifikation zu rechnen ist. Da die Spezifikation einen bestimmten Status im Normungsprozess erreicht hat, befindet sie sich in einem stabilen Zustand. Im Fall von STEP kann als Anhaltspunkt das Erreichen des DIS-Status (Draft International Standard) als ein entsprechender

Zeitpunkt angesehen werden. Hierbei handelt es sich zwar noch nicht um den Status der Internationalen Norm (IS), jedoch sind nach den ISO-Regularien ab diesem Zeitpunkt nur noch editorische, aber keine technischen Änderungen mehr zulässig.

Der Vorteil der normungsbegleitenden Implementierung, d. h. die Implementierung einer Spezifikation, die noch keinen stabilen Zustand erreicht hat, liegt darin, dass seitens der Implementierungsexperten frühzeitig Einfluss auf die Spezifikation genommen werden kann. Auf diese Weise kann wesentlich zur Qualität der Spezifikation bezüglich Implementierbarkeit beigetragen werden. Außerdem verkürzt sich die Entwicklungszeit von der Spezifikation bis zur fertigen Software. Solch eine Implementierung unterliegt aber immer dem Risiko, dass sie an mehr oder weniger gravierende technische Änderungen angepasst werden muss.

Das Konzept der normungsbegleitenden Implementierung wird derzeit unter anderem im Fall von AP 214 angewandt. Bereits seit einigen Jahren werden von führenden CAD-Anbietern Prozessoren für den Geometriedatenaustausch nach AP 214 (CC 1 bzw. CC 2) angeboten, obwohl sich AP 214 zum Zeitpunkt des Beginns dieser Aktivitäten noch im Status eines Working Draft (WD) befand.

Der derzeitige Stand der Entwicklung resultiert aus der Umsetzung der Leitgedanken der weitgehenden Parallelisierung der Spezifikation von AP 214 und der Implementierung von AP 214-basierter Software sowie der abgestimmten Entwicklung der Prozessoren unter Zusammenfassung der Systemanbieter, Anwender und STEP-Experten.

Mit der gewählten Form der Parallelisierung ist es gelungen, schon vor der endgültigen Verabschiedung der Norm die ersten AP 214-Softwareprodukte auf dem Markt verfügbar zu haben. Damit wird die Akzeptanz der Produkte, aber auch die der Norm durch die Anwender gefördert, die teilweise erheblich in die Normung investiert haben. Weiterhin kann durch den Erfahrungsaustausch zwischen Spezifikation und Implementierung die Qualität der Ergebnisse stark beeinflusst werden.

5.3.2 Koordination der Implementierung

Aufgrund der vielfältigen Möglichkeiten, ein oder mehrere APs oder Teilmengen (Konformitätsklassen) davon zu implementieren, ist eine Koordination entsprechender Implementierungsaktivitäten notwendig.

Die Implementierung von AP 214 durch die verschiedenen Systemanbieter erfolgt aus diesem Grund nicht unabhängig voneinander, sondern in Form einer Kooperation. Das

Diskussionsforum dieser Kooperation stellt in Deutschland der sogenannte „Runde Tisch“ (Round Table) des ProSTEP-Vereins dar.

Am Runden Tisch nehmen im Wesentlichen drei Gruppen von Personen teil, die hier ihre Interessen abstimmen:

- Anwender,
- Systemanbieter und
- STEP-Experten.

Die Anwender definieren ihre Anforderungen in Bezug auf Implementierungsumfänge, kommunizieren die dazugehörigen Terminvorstellungen und koordinieren die Testaktivitäten zur Qualitätssicherung durch Selektion von Testmodellen, Definition von Testzielen und –kriterien sowie Bewertung der Ergebnisse.

Die Systemanbieter stimmen ihre Zeitpläne und Implementierungsschritte mit den Anwendern, z. B. ihren Kunden bzw. potentiellen Kunden sowie mit anderen Systemanbietern ab, finden gemeinsam Lösungsvorschläge für Probleme bei der Implementierung oder auch für Probleme in der Spezifikation, testen die Prozessoren bevor sie auf den Markt kommen in realistischen, mit den Anwendern abgestimmten Datenaustauschszenarien.

Die STEP-Experten unterstützen die Systemanbieter bei der Interpretation der Spezifikation, erarbeiten Implementierungsrichtlinien und stimmen diese mit den Systemanbietern und gegebenenfalls mit den Anwendern ab, sofern Anwenderinteressen betroffen sind, leisten technische Unterstützung bei der Problemlösung für die Implementierung und für die Spezifikation, organisieren und führen die Tests als neutrale Instanz durch und stellen Softwarewerkzeuge (Toolkits, Checker, Viewer, Browser etc.) zur Verfügung.

Das wesentliche Ziel, das am Runden Tisch verfolgt wird, ist die Einigung auf Implementierungsumfang, -reihenfolge und -weg. Dies umfasst auch die Handhabung von Fehlern und Genauigkeiten sowie die gemeinsame Festlegung zu Unschärfen im Standard.

Im Rahmen der Absprache von Implementierungsumfängen wird z. B. ein CC-bezogenes Fortschreiten von bekannten Anwendungsfeldern hin zu Bereichen praktiziert, in denen weniger Erfahrungen vorliegen.

Von besonderer Bedeutung sind Absprachen bezüglich der Implementierungswege. Hierunter ist unter anderem zu verstehen, wie Konzepte in einem AP implementiert werden, für die Alternativen zur Implementierung bestehen. Ein weiteres Beispiel ist der Umgang mit Anforderungen, die zwar in einem AP definiert sind, aufgrund ihrer Komplexität oder der verwendeten Softwaresysteme aber Schwierigkeiten bereiten.

Wichtige Anwendungsbereiche stellen die Implementierung geometrischer und administrativer Produktdaten dar. Deshalb finden die Diskussionen am Runden Tisch in zwei Arbeitskreisen statt: Zum einen im Rahmen von CAD-Implementierungen (CAD Round Table, CAD-RT) und zum anderen im Rahmen von PDM-Implementierungen (PDM Round Table, PDM-RT).

Der CAD-RT ist eine feste Institution des ProSTEP-Vereins seit 1994 und wird von allen namhaften CAD-Herstellern (Tabelle 5.1) als Diskussionsforum für die Entwicklung von STEP-Prozessoren genutzt.

Tabelle 5.1 CAD-RT-Teilnehmer

Unternehmen	System
AliasWavefront	AUTOSTUDIO
Autodesk	AutoCAD
Autodesk	Mechanical Desktop
Bentley	Microstation
CoCreate	SolidDesigner
PTC	CADDS
PTC/CV	Medusa
DaimlerChrysler	Syrko
Dassault Systemes	CATIA
Debis	CATIA
EDS	Unigraphics
PTC/ICEM	ICEM
Matra	Euclid
Matra	STRIM
PTC	Pro/ENGINEER
SDRC	I-DEAS
Tecnomatix	ROBCAD
Theorem	AutoCAD
Theorem	CADDS
Theorem	CATIA
Theorem	ICEM
Theorem	IDEAS
Theorem	Unigraphics

Der PDM-RT des PDM I 2-Projekts existiert seit 1997 und arbeitet seither an der Validierung des AP 214-Datenschemas für PDM-Daten, an PDM-Datenaustauschszenarien sowie an der Entwicklung von Prozessoren und Tools für den Austausch von PDM-Daten. Aus Tabelle 5.2 wird ersichtlich, dass auch in diesem Gremium nahezu alle PDM-Anbieter von internationaler Bedeutung teilnehmen.

Tabelle 5.2 PDM-RT-Teilnehmer

Unternehmen	System	Bemerkung
Audi	PDVS	Eigenentwicklung
Bosch		Anwender
BMW	PRISMA	Eigenentwicklung
CONTACT Software	CIM Database	Anbieter
Continental Teves		Anwender
Daimler Chrysler/ debis Systemhaus Eng.	GIS (Host)/ Smaragd (Metaphase)	Eigenentwicklung
Dassault Systemes	Enovia VPM	Anbieter
Delphi	IMAN	Anwender
Eigner + Partner	CADIM/EDB	Anbieter
ISD	Helios	Anbieter
Matra Datavision	Design Manager	Anbieter
ProSTEP	PDM Editor	Anbieter und Anwender
PTC	Optegra	Anbieter
PTC	Pro/INTRALINK, Windchill	Anbieter
SAP	SAP R/3	Anbieter
Scania	Spectra	Eigenentwicklung
SDRC	Metaphase	Anbieter
TECOPLAN	Virtuelle Werkstatt	Anbieter
Unigraphics Solutions	IMAN	Anbieter
Volvo		Anwender
VW	KVS	Eigenentwicklung

Ziel ist es, Probleme, die am Runden Tisch identifiziert werden, und Erfahrungen, die bei den dort koordinierten Implementierungen gemacht werden, in die Verbesserung der Spezifikation von Anwendungsprotokollen einfließen zu lassen. In Fällen, bei denen Vereinbarungen bzw. Diskussionspunkte des CAD- oder PDM-RT nicht in einem AP normativ festzuschreiben sind, werden an den Runden Tischen die Recommended Practices entwickelt und gepflegt. Diese Recommended Practices ergänzen die Spezifikationen der STEP-Anwendungsprotokolle um implementierungsrelevante Hinweise.

Neben der Abstimmung der Aktivitäten des Runden Tischs mit den Anwendern im ProSTEP e.V. wird eine enge Kooperation mit den Implementierungsbestrebungen des US-amerikanischen STEP-Zentrums PDES, Inc. praktiziert. Die technische Diskussion zu Implementierungsfragen verläuft organisationsübergreifend, da seitens der Systemanbieter die gleichen Partner involviert sind. Die Abstimmung mit dem von PDES, Inc. organisierten Testprogramm STEPnet erfolgt über gemeinsame Zeitpläne und Ziele mit zum Teil identischen Testmodellen. Eine weitere Konvergenz der Implementierungsbestrebungen wird angestrebt, da sich in den letzten Jahren herausgestellt hat, dass die Anwenderinteressen im ProSTEP-Verein vergleichbar sind mit denen der in PDES, Inc. vereinigten amerikanischen Automobil-, Luft- und Raumfahrtindustrie.

5.3.3 Recommended Practices

Die Recommended Practices stellen einen wesentlichen Bestandteil der STEP-Entwicklung in Hinblick auf die Implementierung dar. Die im Wesentlichen informelle Ansammlung von Empfehlungen und Absprachen für die Implementierung eines STEP-Anwendungsprotokolls dient der Sicherstellung von Qualität und Kompatibilität der Implementierungen.

Die Notwendigkeit für derartige Empfehlungen resultiert insbesondere daraus, dass die Spezifikation eines Anwendungsprotokolls in einigen Fällen Raum für unterschiedliche Interpretationen einzelner Konzepte lässt, die bei fehlenden Leitlinien und Absprachen der Implementierer zu Inkompatibilitäten führen könnten. Die Gründe für solche Interpretationsspielräume in AP-Spezifikationen sind vielfältig. So kann es z. B. unerwünscht sein, in der Norm Dinge festzuschreiben, die einer Anpassung oder Optimierung von implementierungsspezifischen Details zu einem späteren Zeitpunkt im Wege stehen. Ein weiterer Grund besteht darin, dass viele implementierungsspezifische Festlegungen zum Zeitpunkt der Normung zwar wünschenswert sind, jedoch nicht als normungsrelevant, -fähig oder -notwendig erachtet werden. Schließlich ist es aufgrund der Komplexität von STEP nahezu unmöglich bzw. nicht praktikabel, alle Freiheitsgrade einer AP-Spezifkation in der Norm so einzuschränken, dass keinerlei Interpretationsspielräume mehr offen bleiben.

Aus diesen Gründen werden derartige Empfehlungen zur Implementierung von STEP in den Recommended Practices dokumentiert, da sie dort auch nach Abschluss der Normung gepflegt und auf dem Stand der Technik gehalten werden können. Typische Festlegungen, die in den Recommended Practices festgelegt werden, sind die zu unterstützende Genauigkeit von Zahlen, die Eindeutigkeit von Identifikationsnummern oder die Behandlung von AIM-Konzepten, die keine Korrespondenz im ARM besitzen.

Im Falle von AP 214 existieren Recommended Practices heute (1998) für Implementierungen der Konformitätsklassen CC 1/2 (CAD-Implementierungen) und CC 6 (PDM-Implementierungen).

5.4 Test von Implementierungen

Als ISO 10303 initiiert wurde, existierten bereits, anders als bei früheren Standards zum Datenaustausch, Erfahrungen mit der Qualität von CAD-Daten und den Problemen, die beim Austausch solcher Daten zwischen unterschiedlichen Systemen üblicherweise auftreten. Deshalb konnten diese Erfahrungen in die zu entwickelnde STEP-Normreihe eingebracht werden.

Eine grundlegende Methode, die im Fall von ISO 10303 angewandt wird, ist die Entwicklung einer formalen Sprache (EXPRESS, vgl. Kapitel 4.6), die zur Spezifikation der STEP-Datenmodelle benutzt wird. Hierdurch werden Mehrdeutigkeiten weitgehend vermieden. Darüber hinaus werden existierende Erfahrungen bei der Spezifikation der Normreihe selbst berücksichtigt, d. h. sie werden, soweit dies möglich ist, in den Datenmodellen verankert. Darüber hinaus werden jedoch weitere, qualitätssichernde Maßnahmen für STEP-Implementierungen eingesetzt. Dies sind Methoden zur Konformitätsprüfung und zur Qualitätssicherung im ProSTEP-Verein.

5.4.1 Konformitätsprüfung von STEP-Implementierungen

Neben den Serien für Basismodelle (40er, 100er) und Anwendungsprotokolle (200er) existieren in ISO 10303 zwei weitere Serien, welche die Grundlagen für eine Konformitätsprüfung schaffen. Hierbei handelt es sich zum einen um die 30er Serie mit dem Titel "Methodik und Rahmenwerk für Konformitätstests", zum anderen um die 300er Serie, die sogenannten Abstract Test Suites (ATS). Eine solche ATS ist für jedes Anwendungsprotokoll zu entwickeln und enthält eine formale Beschreibung von Testfällen, die auf ein AP anwendbar sind. Prinzipiell sind diese Testfälle unabhängig von der Art der Implementierungsmethode.

Eine STEP-Implementierung durch ein Datenverarbeitungssystem entspricht im Prinzip der Vereinigung der Modellspezifikation eines Anwendungsprotokolls mit einer der beiden Implementierungsmethoden entsprechend den Teilen 21 oder 22 (vgl. Kapitel 4.8). Neben den eher allgemeinen Teilen 31 (General Concepts) und 32 (Requirements on Testing Laboratories and Clients) der 30er Serie sind daher für einen Konformitätstest insbesondere die Teile 34 und 35 von Interesse. Diese beiden Teile beschreiben die Testmethoden, die anzuwenden sind, um eine Implementierung nach Teil 21 bzw. nach Teil 22 zu testen. Bild 5.3 verdeutlicht diese Zusammenhänge.

Die Tests selbst sollen entsprechend der STEP-Methodik von unabhängigen Testlabors durchgeführt werden. Diese fordern vom Implementierer mittels eines Fragebogens, der in jedem Anwendungsprotokoll enthalten ist (PICS proforma), die für eine spezielle Implementierung zutreffenden Parameter an (z. B. Angaben über realisierte Optionen). Diese Angaben stellen das sogenannte PICS (Protocol Implementation Conformance

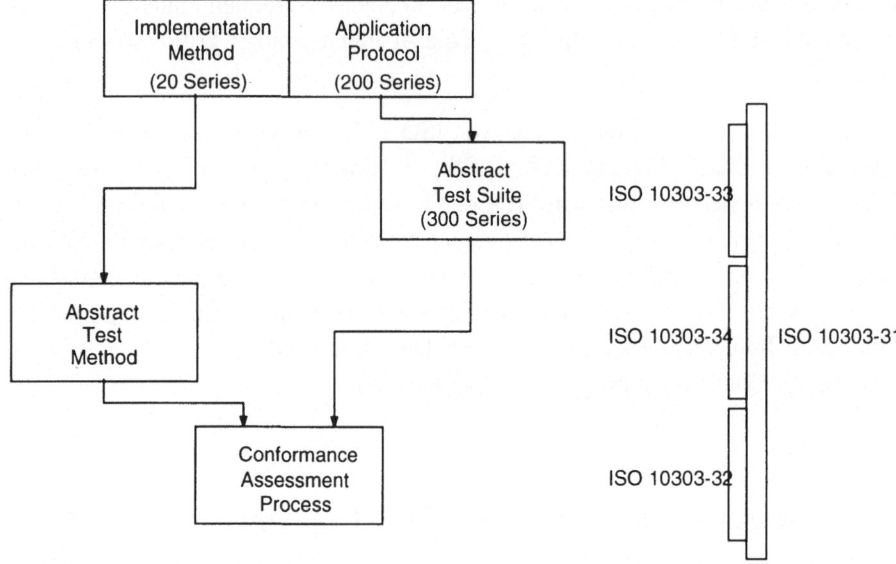

Bild 5.3
Zusammenhänge der STEP-Testmethodik

Statement) dar und werden vom Testlabor dazu genutzt, um aus der Abstract Test Suite eine sogenannte Executable Test Suite zu generieren, die dann eingesetzt wird, um die Implementierung zu testen.

Eine Implementierung gilt dann als konform, wenn sie die Konformitätsanforderungen, die im AP und in der ATS dokumentiert sind, entsprechend den Angaben im PICS erfüllt. Es ist zu beachten, dass dem Begriff "Konformität" eine Bedeutung nur im Kontext

- eines bestimmten Anwendungsprotokolls,
- einer bestimmten Konformitätsklasse (CC) des APs sowie
- einer bestimmten Implementierungsmethode

zugemessen werden kann.

Nach dieser Methodik soll ein Testlabor in der Lage sein, ohne anwendungsspezifisches Wissen Implementierungen zu testen. Darüber hinaus soll durch die beschriebene Formalisierung einer solchen Konformitätsprüfung gewährleistet werden, dass unterschiedliche Testlabors bei der Prüfung derselben Implementierung zu gleichen Ergebnissen gelangen.

In der Praxis werden derartige Konformitätstests bislang jedoch noch nicht durchgeführt und es scheint derzeit fraglich, ob solche Tests entsprechend der STEP-Methodik für Konformität jemals flächendeckend angeboten werden. Dies liegt im Wesentlichen daran, dass sich der Test von Implementierungen für den Datenaustausch als äußerst komplex und kostenintensiv erweist.

Erfahrungen zeigen darüber hinaus, dass die Qualität von Implementierungen auf effizientere Weise gesteigert werden kann, indem potentiellen Anwendern und Systemanbietern die Gelegenheit gegeben wird, in frühen Stadien der Implementierung zusammen zu kommen und vorhandene bzw. absehbare Probleme des Datenaustauschs zu diskutieren. Dies geschieht unter anderem im ProSTEP-Verein.

5.4.2 Qualitätssicherung für STEP-Implementierungen im ProSTEP-Verein

Eines der wesentlichen Ziele des ProSTEP-Vereins ist es, Implementierungen auf der Basis von STEP zu fördern und die Qualität dieser Implementierungen dadurch zu sichern, dass die Anforderungen an die Implementierungen zu einem möglichst frühen Zeitpunkt von einer großen Anzahl von Betroffenen abgestimmt werden. Dies geschieht im Wesentlichen auf drei Ebenen:

- am sogenannten Runden Tisch (vgl. Kapitel 5.3.2),
- im ProSTEP-Testzentrum sowie
- in koordinierten Feldtests durch unterschiedliche Anwender.

Diesen Aktivitäten ist gemeinsam, dass sie, anders als die oben beschriebenen Konformitätstests, in einem sehr frühen Stadium der Implementierung ansetzen, d. h. noch bevor die implementierten APs den Status eines Internationalen Standards (IS) erreicht haben oder bevor die implementierten Prozessoren offiziell freigegeben sind.

Zentrale Aktivitäten am Runden Tisch sind neben der gemeinsamen Planung der Implementierungsschritte und der technischen Diskussion das Testen. Unter der Maßgabe, qualitativ hochwertige Prozessoren in kurzer Zeit auf dem Markt bereitzustellen, ergibt sich hierbei der zeitliche Ablauf wie in Bild 5.4 dargestellt.

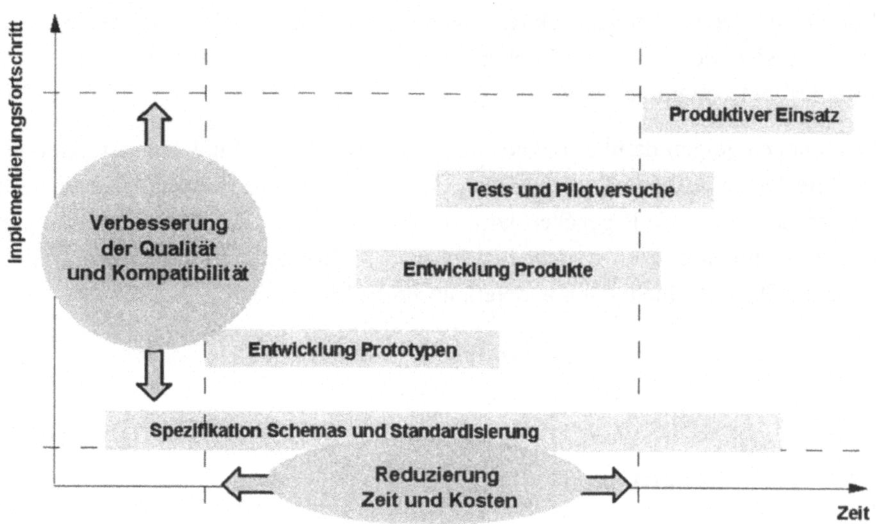

Bild 5.4
Umsetzung der Implementierungsschritte am Runden Tisch

Dieser Ablauf ist geprägt durch die Testaktivitäten, die sozusagen die Meilensteine bis zur industriellen Einführung definieren. Auf der Ebene der Prototypentwicklung werden Test Rallyes durchgeführt. Hier werden zum ersten Mal neue Implementierungsumfänge bzw. identifizierte, problembehaftete Themen mit synthetischen Testmodellen sowie mit Praxismodellen zwischen den beteiligten Systemen getestet. Die synthetischen Testmodelle dienen insbesondere zur einfachen Fehlerverfolgung, da sie in der Regel vom Umfang her deutlich kleiner sind als die Praxismodelle und speziell ausgerichtet auf Problemstellen entwickelt wurden.

Sobald für ausgewählte Testziele in den Test Rallyes ein zufriedenstellender Reifegrad festgestellt werden kann, werden diese Testziele in Benchmarks mitaufgenommen. Dort wird die Leistungsfähigkeit marktgängiger Prozessoren anhand von ausgewählten Testmodellen getestet und bewertet. Die Darstellung der Ergebnisse erfolgt in Bezug auf die Testziele und –modelle als Martrix der Systemkombinationen und wird der Öffentlichkeit zugänglich gemacht. Hier steht der Gedanke im Vordergrund, den Anwendern die notwendigen Informationen zur Hand zu geben, für sie interessante Systempaarungen unter dem Gesichtspunkt des STEP-Datenaustauschs bewerten zu können. Im Rahmen der Benchmarkreports haben zudem die Systemanbieter die Gelegenheit, die Testergebnisse aus ihrer Sicht zu kommentieren. Diese Kommentare tragen zur

Objektivierung der Ergebnisse bei und enthalten vielfach Aussagen über erfolgte bzw. geplante Problembehebung.

Bild 5.5 zeigt beispielhaft die Testmodelle und die beteiligten Systeme des 5. Benchmarks des ProSTEP-Vereins vom November 1999. Die jeweils aktuellen Benchmarkergebnisse sind unter http://www.prostep.com verfügbar.

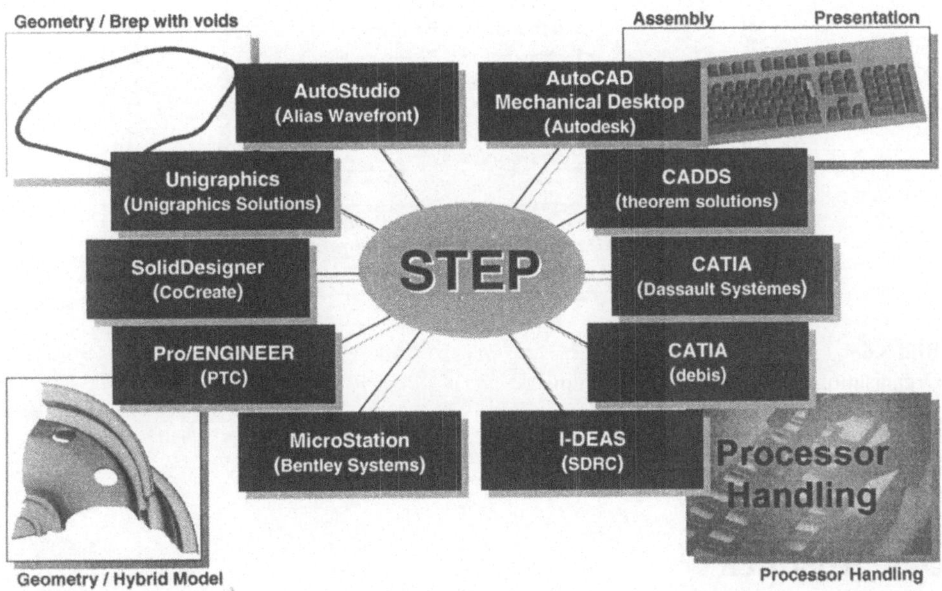

Bild 5.5
5. Benchmark vom November 1999: Testmodelle und beteiligte Systeme

Im Rahmen von Feldtests werden Partnerschaften für den produktiven Austausch von STEP-Daten zwischen unterschiedlichen Anwendern initiiert und koordiniert, wobei die betroffenen Systemanbieter ebenfalls einbezogen werden. Ziel dieser Feldtests ist es, Erfahrungen mit den eingesetzten Prozessoren zu sammeln, Lösungen für identifizierte Probleme zu erarbeiten, Abhilfemaßnahmen zu dokumentieren und schließlich in einer zentralen Wissensbasis zu speichern, um sie anderen potentiellen Nutzern zugänglich zu machen. Auf diese Weise sollen Mehraufwände bei der breiten Einführung von STEP vermieden werden.

Das Zusammenwirken der drei beschriebenen Validierungsaktivitäten ist in Bild 5.6 noch einmal zusammengefasst und graphisch dargestellt.

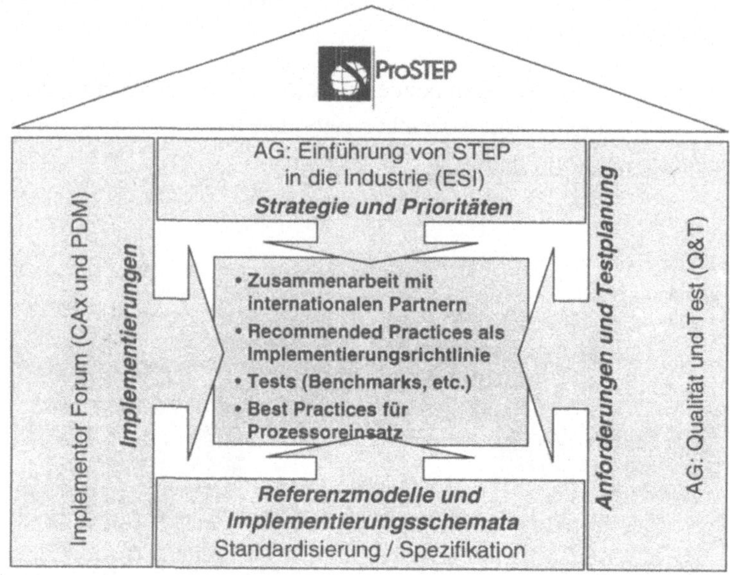

Bild 5.6
Organisation des ProSTEP-Testzentrums

5.5 Ausblick

Mit der Organisation der Implementierungsaktivitäten am Runden Tisch ist es gelungen, in einem überschaubaren Zeitrahmen qualitativ hochwertige marktfähige AP 214-Prozessoren für alle relevanten CAD-Systeme zur produktiven Anwendung zu bringen. Dennoch sind die Arbeiten nicht abgeschlossen, solange STEP-Prozessoren neu entwickelt oder weiterentwickelt werden. Probleme wie unterschiedliche Systemtoleranzen der am Datenaustausch beteiligten CAD-Systeme stellen nach wie vor die Hauptursache für fehlerhafte Datenaustauschvorgänge dar. Hintergrund ist die unterschiedliche Modellierungsgenauigkeit z. B. für die Geometrie in den verschiedenen CAD-Systemen. So liegt beispielsweise eine im sendenden System definierte Randkurve einer Fläche in einem empfangenden System mit höherer Genauigkeit bzw. Auflösung nicht mehr auf der Fläche. Dies ist prinzipiell kein Problem der Schnittstelle und kann daher nicht mit STEP gelöst werden. Um diese Ungenauigkeiten beherrschen zu können, müssen alle am Datenaustauschprozess beteiligten Partner gemeinsame Lösungsansätze erarbeiten.

Die Anwender müssen für ihre Konstrukteure Richtlinien für die CAD-Systeme zur Erzeugung qualitativ hochwertiger Geometriemodelle definieren. Die Systemanbieter müssen Werkzeuge zur Qualitätssicherung der internen Geometriemodelle sowie zur Rekonstruktion von zu ungenauen bzw. zu genauen Geometriemodellen in bestimmten Toleranzrahmen beim Empfang aus einem anderen System bereitstellen. Die Rolle von STEP beschränkt sich auf die Übertragung der Genauigkeitswerte bzw. Toleranzen, mit denen das exportierte Modell erzeugt wurde. Hier müssen zwischen Systemanbietern und Anwendern noch die zu übertragenden Toleranzwerte definiert werden, auf die Rekonstruktionsmethoden aufsetzen können. Für grundlegende Werte ist dies bereits realisiert, wie z. B. der „kleinste Abstand zwischen zwei unabhängig voneinander identifizierbaren Punkten" oder die „kleinste zulässige Länge einer Kurve".

Ein weiteres Ziel für die existierenden Prozessoren zum Produktdatenaustausch ist die Realisierung der Anforderung der Anwender nach Benutzerfreundlichkeit der Datenaustauschsoftware. Hier sind Gesichtspunkte Robustheit der Implementierung, interpretierbare Systemmeldungen, Dokumentation der Austauschvorgänge bzw. Prozessorläufe, Konfigurierbarkeit der Prozessoren in Bezug auf Optionen wie Empfangs- bzw. Sendesystems oder Auswahl der prozessierenden Geometriemodelle (z. B. Flächen- oder Solidgeometrie) zu berücksichtigen. Die Abstimmung zu diesen Gesichtspunkten erfolgt direkt mit den Anwendervertretern im ProSTEP-Verein.

Neben dieser Pflege der existierenden Implementierungen werden am Runden Tisch neue Themen angegangen. Seit Mitte 1998 wird dabei an der Implementierung von Form Features aus AP 214 gearbeitet. Diese Implementierung sollen den Datenaustausch von Form Feature-Informationen einerseits zwischen CAD-Systemen und andererseits zwischen CAD- und CAM-Systemen zur Realisierung der CAD-NC-Verfahrenskette ermöglichen. Dazu müssen die Geometrien, die Form Features im Sinne von Konstruktionsfeatures sowie deren Parameter und die dazugehörigen Toleranzen, hier Form- und Lage- sowie Maßtoleranzen, übertragen werden können. Im empfangenden CAM-System soll dann die Umsetzung in Fertigungsfeatures, die Festlegung der Fertigungsverfahren sowie eine Simulation des Fertigungsablaufs erfolgen. Ein Überblick über das bei der Form Feature-Implementierung angenommene Szenario ist in Bild 5.7 dargestellt.

Außerdem ist noch der Austausch Technischer Zeichnungen ein wichtiges Thema des Runden Tischs. Hier wurde der Ansatz gewählt, die existierenden Geometrieprozessoren um den Funktionsumfang der Zeichnungselemente von 3D-Elementen (z. B. Viewing-Mechanismen, Assoziativität, 3D-Texte) bis zu 2D- Elementen (z. B. Zeichnungssymbole, Zeichnungslayout) zu erweitern. Für einige Systeme existieren bereits

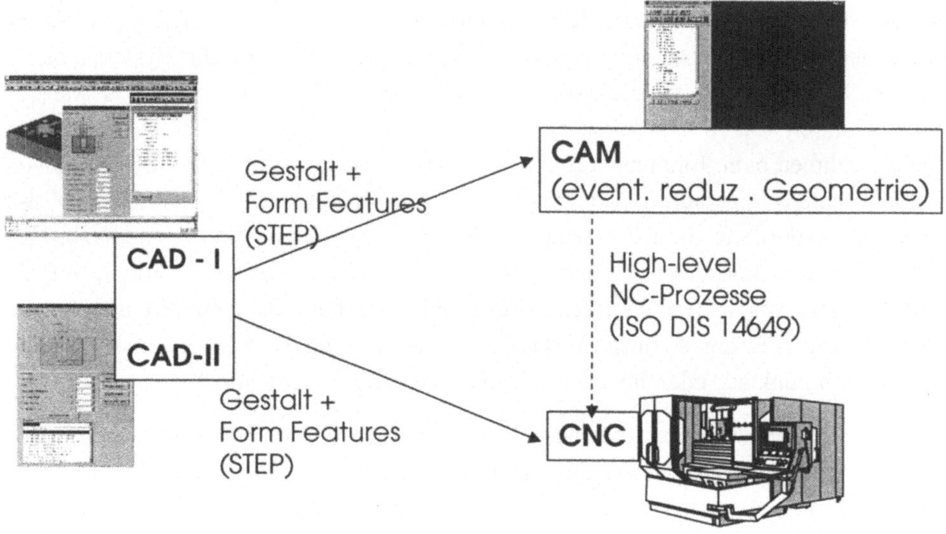

Bild 5.7
Szenario zur Implementierung der AP 214 Form Feature-Prozessoren

Prototypen oder Produkte, dennoch muss hier die Anzahl der Systeme noch erhöht werden.

Aus der Weiterentwicklung der Informationstechnologie in den industriellen Produktentstehungsprozessen werden sich weitergehende Anforderungen an die Funktionalität der CAD-Systeme und damit auch an die entsprechenden Kommunikationsfähigkeit ergeben. Dies ist zum einen eine Herausforderung für die Standardisierung, zum anderen aber auch an die Umsetzung und damit an die weitere Vorgehensweise am Runden Tisch. Mit einem lebenden Standard werden sich parallel immer wieder neue Anforderungen an die Implementierung ergeben. Absehbare eher langfristige Themen sind z. B.

- parametrisierte Gestaltbeschreibungen,
- technische Eigenschaften wie Material, Beschichtungen und
- die Integration der CAD-Welt mit neuen Anwendungen wie Berechnung, Simulation, Versuch.

Weitere Themen werden im Laufe der Zeit adressiert werden müssen. Daraus ist ersichtlich, dass die Institution Runder Tisch auch weiterhin von gleichbleibender Bedeutung ist. Die Konstellation der Systemanbieter bzw. Anwender mag sich je nach Interessenlage im Laufe der Zeit verändern, die Aufgaben aber bleiben.

Literatur zum Teil II

[FM-94] Felser, W.; Mueller W.: Extending EXPRESS for Process Modelling and Monitoring. In: Proceedings of the 1994 ASME Computers in Engineering Conference, Minneapolis, MI, September 11-14, 1994

[HS-96] Hardwick, M.; Spooner, D.: EXPRESS-V Reference Manual. Technical Report of the Rensselear Laboratory for Industrial Information Infrastructure, 1996

[ISO-41] ISO 10303–41: Industrial Automation Systems and Integration – Product Data Representation and Exchange: – Part 41: Integrated Generic Resources: Fundamentals of Product Description and Support.

[ISO-94a] ISO 10303-11: EXPRESS Language Reference Manual, ISO 1994

[ISO-94b] ISO: EXPRESS-C Reference Manual, ISO 1994

[ISO-95] ISO: EXPRESS-M Reference Manual, ISO 1995

[ISO-96] ISO: EXPRESS-X Reference Manual, ISO 1996

[ISO-214] ISO 10303–214: Industrial Automation Systems and Integration –Product Data Representation and Exchange: – Part 214: Application Protocol: Core Data for Automotive Mechanical Design.

Weitergehende Literaturhinweise

[AnJoPü-98] Anderl, R.; John, H.; Pütter, C.: EXPRESS. In: Handbook on Architectures of Information Systems. Springer Verlag, Berlin, Heidelberg, 1998

[AnMeDa-96] Anderl, R. Mendgen, R., Daum, B.: Produktdatentechnologie I – Grundlagen und DV-Systeme. Vorlesungsskript WS 1996/1997, DiK, TU-Darmstadt, Darmstadt, 1996

[AnSpWa-96] Anderl, R.; Speck, H.-J.; Wasmer A.: Entwurf und Validierung komplexer Produktmodelle. Dokumentation zum internationalen Heinz-Nixdorf Symposium, Paderborn, 1996

[BeLoMa-98] Behrens, H.; Lotter, N.; Machner, B.: PDM Integration using the CORBA and STEP Standards. Proceedings ProSTEP Science Days ´98, ProSTEP-Verein, Darmstadt, 1998

[EdEd] Eddon, G., Eddon, H.: Inside Distributed COM; Microsoft Press; München

[EnCl-93] Engesser, H. [Hrsg.], Claus V.: Duden "Informatik". Verlag, Bibliographisches Institut & F.A. Brockhaus AG; 2. vollst. Ausgabe, Zürich, 1993

[GrAnErPo-93] Grabowski, H.; Anderl, R.; Erb J.; Polly, A.: Integriertes Produktmodell. Hrsg.: DIN Deutsches Institut für Normung e.V., Beuth Verlag, Berlin, 1993

[ISO-94] ISO/DIS 10303-21: Industrial Automation Systems and Integration - Product Data Representation and Exchange – Part 21: Clear Text Encoding of the Exchange Structure. Internationaler Standard, ISO TC 184/SC 4, 1994

[ISO-96/1] ISO/DIS 10303-22: Industrial Automation Systems and Integration -Product data representation and exchange - Part 22:

Standard Data Access Interface Specification. Draft Internationaler Standard, ISO TC 184/SC 4, 1996

[ISO-96/2] ISO/DIS 10303-23: Industrial Automation Systems and Integration - Product Data Representation and Exchange – Part 23: Implementation Method: C++ Language Binding to the Standard Data Access Interface. Committee Draft, ISO TC 184/SC 4, 1996

[ISO-98] ISO/IEC 8859-1 Information Technology - 8-bit Single-byte Coded Graphic Character Sets - Part 1: Latin Alphabet No. 1. Internationaler Standard, ISO JTC 1/SC 2, 1998

[Lü-96] Lührsen, H.: Die Entwicklung von Datenbanken für das Produktmodell der ISO-Norm STEP, Dissertation, in: Arbeitsberichte des Instituts für mathematische Maschinen und Datenverarbeitung der Universität Erlangen-Nürnberg, Erlangen, 1996

[MaUn-98] Machner, B.; Ungerer, M.: Abbildung der Anwenderanforderungen aus der VDA ORG mit dem STEP PDM-Schema. Produktdatenjournal 1/98, ProSTEP-Verein zur Förderung internationaler Produktdatennormen e.V., Darmstadt, 1998

[OMG-95] Object Management Group: The Common Object Request Broker, Architecture and Specification, Revision 2.0. Object Management Group, Framingham, 1995

[OMG-98] Object Managament Group: PDM-Enablers. Joint Proposal to the OMG in Response to OMG Manufacturing Domain Task Force RFP 1, mfg/98-02-02; 1998

[Ow-93] Own, J.: STEP - An indroduction. Winchester: Information Geometers; 1993

[Pol-97] Polly, A.: Methodische Entwicklung und Integration von Produktmodellen, Shaker Verlag, Aachen, 1997

[Pop-97] Pope, A.: The Corba Reference Guide; Addison-Wesley; New York; 1997

[ProSTEP-97] ProSTEP Produktdatentechnologie GmbH: PS-STEP_Caselib, ProSTEP SoftwareTool Kit, Reference Manual of the Part 24 SDAI. ProSTEP; Darmstadt; 1997

[Ru-91] Rumbaugh, J. et. al.: Object Oriented Modelling and Design. Prentice Hall, Englewood Cliffs, NJ, 1991

[Sche-97] Scheder, H.: Requirements of car manufacturers for Product Data Management in an Extended Enterprise. STEP Forum ´97, Proceedings 4/97

[Sp-98] Speck, H.-J: Methode zur entwicklungsbegleitenden Ergebnisdokumentation bei der Produktdatenmodellentwicklung. Shaker Verlag, Aachen 1998

[StMa-95] Staub, G.; Maier, M.: ECCO Tool Kit – An Environment for the Evaluation of EXPRESS Models and the Development for STEP-based IT Applications. Institut für Rechneranwendung in Planung und Konstruktion (RPK) der Universität Karlsruhe, 1995

[Un-95] Ungerer, M.: Konzeption und Realisierung eines Informationsmodells für elektrotechnische und elektronische Produkte. Shaker Verlag, Aachen, 1995

[Wa-98] Wasmer, A.: Methodische Vorgehensweise beim Entwurf von Mappings zwischen Produktmodellen. Shaker Verlag, Aachen 1998

Teil III

STEP in der Praxis

6 Einführung von STEP in die industrielle Anwendung

STEP wird seit der Veröffentlichung seiner ersten Teile als International Standard (IS) 1994 in die industrielle Praxis eingeführt. Die Anwendung von STEP betrifft dabei zwei Teilbereiche:

- Die Entwicklung von Software nach der STEP-Implementierungsmethode auf der Basis der STEP-Datenmodelle für den Datenaustausch (Prozessoren) oder für die Datenhaltung (PDM) sowie
- die industrielle Nutzung von STEP zum Datenaustausch und zur Datenhaltung.

Ein Schwerpunkt bei der Entwicklung von Software zum STEP-basierten Datenaustausch stellt derzeit die Entwicklung von Prozessoren zum Austausch von Produktdaten zwischen CAD-Systemen und PDM-System dar. Grundlagen hier sind die innerhalb der STEP-Normenreihe für bestimmte Anwendungsbereiche spezifizierten Anwendungsprotokolle. Im folgenden Abschnitt wird ein Überblick über den derzeitigen Stand der Implementierungen von STEP sowie dessen industrielle Nutzung gegeben.

Praxisnahe Beispiele für die Anwendung von STEP werden im Kapitel 7 vorgestellt. Schwerpunkte dieser Betrachtung stellen der Geometriedatenaustausch zwischen CAD-Systemen, die Optimierung des Datenaustauschprozesses sowie der Datenaustausch zwischen PDM-Systemen dar.

6.1 Stand der Implementierungen

Vor dem Hintergrund der Anforderungen aus der Industrie wurde schon frühzeitig mit der Implementierung von STEP-Prozessoren für den Datenaustausch zwischen CAD-Systemen begonnen. Ziele der frühzeitigen Implementierungen waren:

- qualitative und funktionale Verbesserungen gegenüber den Schnittstellen VDAFS und IGES,

- Austausch von 3D-Volumenmodellen (Solids) und Produktstrukturen,
- Schaffung der Basis für die Erschließung neuer Funktionalitäten wie den Austausch von PDM-Daten, Form Features und Toleranzen,
- Verfügbarkeit von marktfähigen Prozessoren zu einem frühestmöglichen Zeitpunkt, d. h. noch vor dem Abschluss der Normungsarbeiten und
- Rückmeldung von Problemen bzw. Fehlern in der Spezifikation aus der Implementierungsarbeit in die Normungsarbeit.

Mit diesen Zielsetzungen wurde bereits 1993 seitens namhafter CAD-Systemanbieter mit der Entwicklung von STEP-Prozessoren begonnen. Ab 1996 waren erste Produkte auf dem Markt verfügbar. Diese werden zunehmend in der Industrie eingesetzt.

Entsprechend der Aufteilung eines Anwendungsprotokolls in Strukturkomplexe (UoF, Kapitel 4.7.3.2) und der Zusammenfassung von jeweils mehreren dieser Strukturkomplexe zu den Konformitätsklassen (CC, Kapitel 4.7.3.4) stehen mehrere im Rahmen von Implementierungen abgrenzbare Leistungsumfänge zur Verfügung. Im Folgenden wird die Priorisierung der zu implementierenden Leistungsumfänge erläutert und gezeigt, welche Implementierungen auf dieser Basis 1998 zur Verfügung stehen.

6.1.1 Priorisierung des Leistungsumfangs

Die Leistungsumfänge der verfügbaren STEP-Prozessoren werden von den Konformitätsklassen (Conformance Classes) der relevanten STEP-Anwendungsprotokolle (Application Protocols) vorgegeben. Folgende Anwendungsprotokolle decken zunächst die Anforderungen der CAD-Anwendungen in der mechanischen Konstruktion ab:

- AP 201: Explicit Draughting,
- AP 202: Associative Draughting,
- AP 203: Configuration Controlled Design,
- AP 204, AP 205: Mechanical Design Using Boundary Representations, Surface Representations
- AP 214: Core Data for Automotive Mechanical Design Processes.

Wegen des stark eingeschränkten Anwendungsbereichs haben die Anwendungsprotokolle AP 204 und AP 205 keine praktische Bedeutung. Sie sind auf Teilbereiche der geometrischen bzw. topologischen Gestaltbeschreibung beschränkt. Die grundlegende Anwenderanforderung nach einem universellen Geometriedatenaustausch, d. h. Unabhängigkeit von der zugrunde liegenden mathematischen Beschreibungsform, kann hier nicht erfüllt werden. Diese Anwendungsprotokolle gehen auf die Anfänge der STEP-Entwicklung zurück und lieferten die Basis für die umfangreicheren Anwendungsprotokolle wie z. B. AP 203 und AP 214.

AP 201 ist ebenfalls als Grundlage für spätere Anwendungsprotokolle zu verstehen. Der Anwendungsbereich ist auf explizite 2D-Technische Zeichnungen beschränkt und in AP 203 enthalten. Industrieanforderungen setzen jedoch häufig 3D-Modelle voraus. Aber auch die Erweiterung von AP 201 zu AP 202 wurde zunächst bei der Implementierung mit einer niedrigeren Priorität versehen, obwohl die Forderung nach assoziativen Zeichnungselementen bzw. assoziativen 3D- und 2D-Geometrien in der Technischen Zeichnung erfüllt werden. Hintergrund hierfür war die Konzentration der Implementierungsbestrebungen auf den Austausch der 3D-Gestalt, z. B. Geometrie und Topologie.

Damit haben insbesondere die Protokolle AP 203 sowie AP 214 an Bedeutung gewonnen. Weiterführende Anforderungen wie die Integration der CAD-Daten mit PDM-Systemen können damit ebenfalls berücksichtigt werden. Darüber hinaus berücksichtigt insbesondere AP 214 neben den kompletten CAD-Anwendungen mit Technischer Zeichnung und Form Features auch weitere relevante Anwendungen im Produktentwicklungsprozess wie die Produktkonfiguration, Stücklisten sowie Variantenmanagement und Prozessplanung.

Entsprechend den Anforderungen aus der Industrie wurde bereits frühzeitig mit Prototypimplementierungen des AP 214 begonnen. Schwerpunkte wurden dabei zunächst vor allem in Bereichen gelegt, die durch vorhandene Austauschformate wie IGES und VDAFS nicht abgedeckt wurden. Dies betraf vor allem die Übertragung von Volumenmodellen und Baugruppen. Sukzessive werden nun weitere Teilbereiche implementiert. Tabelle 6.1 gibt eine Übersicht über die einzelnen Datenklassen bzw. Funktionalitäten des AP 214 sowie den Stand der Implementierung bzw. Nutzung.

Tabelle 6.1 Funktionalität von STEP und Stand der Implementierung Anfang '98

Funktionalität	Stand
Übertragung von Geometrie und Topologie	seit 1996 für Volumen- und Flächenmodelle produktiv genutzt
Zeichnungen mit Bemaßung (Layout, Verweis auf 3D-Geometrie)	voraussichtlich 1999
Visualisierung	seit 1998 für Farben, Layer produktiv genutzt
Stammdaten mit Eigenschaften (z. B. Material, Gewicht), Produktversion, Baugruppen	CAD-Baugruppen seit 1997 produktiv genutzt organisatorische Daten seit 1997 Pilotanwendung, produktive Nutzung seit 1998
Produktstruktur und –konfiguration (Stückliste)	geplant

Oberflächeneigenschaften (Beschichtung, Rauheit, Härte)	geplant
Toleranzen (Form, Lage, Maß, Passung)	geplant
Externe Referenzen (Native-Format, Pflichtenheft, Hardwaremodelle)	seit 1998
Finite-Elemente-Daten (Beanspruchung, FE-Netz, Ergebnisse)	zurückgestellt
Kinematik (Gelenkinformationen, Verfahrstrecken)	geplant
Formelemente (Bohrung, Gewinde)	Implementierung in 1999
Arbeitsplan (Werkzeuge, Prüfhinweise)	geplant

Für den Bereich Geometriedatenaustausch konzentrieren sich die derzeitigen Aktivitäten vor allem auf die schrittweise Erweiterung des Leistungsumfangs hin zur Übertragung Technischer Zeichnungen, so dass nicht länger verschiedene Schnittstellen für den Geometriedatenaustausch benutzt werden müssen.

Die Leistungsfähigkeit von STEP ist aber nicht nur auf den Geometriedatenaustausch begrenzt. Anstrengungen zur Nutzung von STEP werden vor allem für den Austausch organisatorischer Daten zwischen unterschiedlichen PDM-Systemen unternommen.

6.1.2 Verfügbarkeit von Prozessoren

Wie bereits in Kapitel 5.3.2 beschrieben, ist es ein Ziel des Runden Tischs, die STEP-Entwicklung zu harmonisieren und die Entwicklung bzw. Verfügbarkeit anwendungsgerechter, normkonformer und kompatibler STEP-Prozessoren zu sichern.

In der Tabelle 6.2 sind die derzeit für CAD-Systeme verfügbaren STEP-Prozessoren gemäß AP 214 für die Conformance Classes 1 und 2 für die am Runden Tisch vertretenen Systemanbieter dargestellt.

Tabelle 6.2 Verfügbare STEP AP 214-Prozessoren (Stand: Anfang 1999)[1]

Hersteller	System	Prozessorverfügbarkeit
Autodesk	AutoCAD	Produkt
Bentley	Micro Station	Prototyp
CoCreate Software	SolidDesigner	Produkt
Control Data	ICEM DDN	Prototyp
DASSAULT	CATIA	Produkt

[1] Eine aktuelle Liste der verfügbaren Prozessoren ist bei den STEP-Testzentren erhältlich, in Deutschland direkt über ProSTEP oder über deren Homepage http://www.prostep.de.

DAVEG	CADDA	in Entwicklung
debis Systemhaus	CATIA	Produkt
EDS	Unigraphics	Produkt
Intergraph	EMS	Produkt
ISD	HiCAD/Pcdraft	Prototyp
Matra Datavision	EUCLID QUANTUM	Produkt
DaimlerChrysler	Syrko	Produkt
MSC	PATRAN	Prototyp
PTC	Pro/ENGINEER	Produkt
PTC	CADDS	Produkt
SDRC	I-DEAS Master Series	Produkt

Aufgabe der STEP-Zentren, wie z. B. ProSTEP für Deutschland, ist es, die Erfüllung der Anwenderanforderungen durch STEP-Software sowie ihre Kompatibilität und Normkonformität sicherzustellen. Für STEP-Prozessoren von CAD-Systemen werden daher regelmäßig Benchmarks durchgeführt und veröffentlicht.

6.2 Stand der Einführung von STEP-Prozessoren in der Industrie

Mit der zunehmenden Verfügbarkeit von Prozessoren nach AP 203 und AP 214 sowie der in Benchmarks nachgewiesenen Leistungsfähigkeit der Prozessoren sind die Grundlagen für die Einführung von STEP in die industrielle Nutzung geschaffen. Ein Schwerpunkt liegt hierbei auf dem Einsatz von sequentiellen STEP-Dateien zum Datenaustausch zwischen geometrieverarbeitenden Systemen.

Ein wichtiger Anwendungsbereich von STEP stellt die Übertragung von Volumenmodellen und Baugruppen (Bild 6.1) dar. Die Entwicklung und Einführung dieser Funktionalitäten wurde seit Beginn der industriellen STEP-Nutzung mit höchster Priorität verfolgt, da Volumenmodelle und Baugruppen Voraussetzung für ein Digital Mockup sind und mit den bislang verfügbaren Austauschformaten IGES und VDAFS nicht übertragen werden konnten.

Ein weiterer Anwendungsbereich von STEP stellt die Übertragung von Flächenmodellen dar, während die Übertragung von Drahtmodellen technisch zwar möglich, aber im praktischen Einsatz von eher untergeordneter Bedeutung ist. Die Leistungsfähigkeit von STEP und den STEP-Prozessoren bei der Übertragung von Flächenmodellen kann mit der von VDAFS und IGES verglichen werden. Ausgehend von den Volumen-,

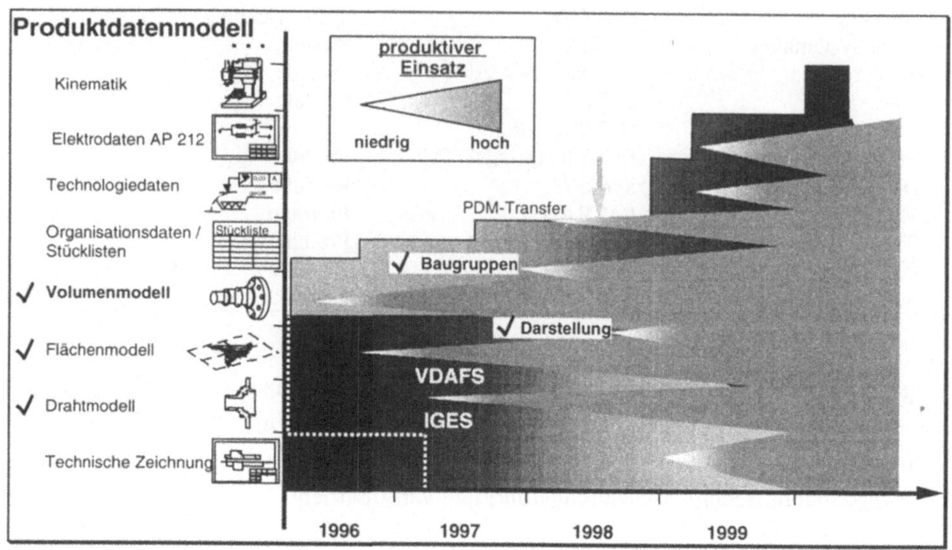

Bild 6.1
Einführung von STEP in die industrielle Anwendung im Bereich Mechanik (Quelle: ProSTEP)

Flächen- und Drahtmodellen wurde die Funktionalität der STEP-Prozessoren schrittweise erweitert. Inzwischen ist die Übertragung von Gruppen, Farben und Layern möglich. Zukünftige Schwerpunkte stellen die Übertragung organisatorischer Daten und Technischer Zeichnungen dar.

In dem Maße, in dem die Funktionalität der STEP-Prozessoren auch die Funktionalität der IGES- (nach der Übertragbarkeit der Zeichnungen mit STEP möglich) und VDAFS-Prozessoren (heute schon möglich) abdeckt, wird erwartet, dass STEP die beiden „traditionellen" Austauschformate IGES und VDAFS ersetzen wird.

Die meisten Unternehmen, die heute STEP produktiv einsetzen, gehören der Automobilbranche sowie der Luft- und Raumfahrtindustrie an. Insbesondere im Automobilbereich besteht ein erheblicher Bedarf für den Produktdatenaustausch zwischen unterschiedlichen CA-Systemen. International genormte Schnittstellen besitzen in diesem Bereich außerdem eine hohe Bedeutung und mit AP 214 ist bereits eine branchenspezifische Lösung nutzbar. Zu den Unternehmen, die im Automobilbereich STEP produktiv nutzen, gehören nahezu alle namhaften Automobilhersteller und –zulieferer.

Die Unternehmen, die STEP produktiv nutzen, setzen dies sowohl für den internen als auch für den externen Produktdatenaustausch ein. Dabei werden interne Anwendungen häufig als Pilottest vor einer externen Nutzung durchgeführt.

Das Interesse an einer raschen Entwicklung und Einführung von STEP in die industrielle Nutzung drückt sich in der Unterstützung von STEP-Zentren durch Industrie und öffentliche Förderung aus. Die beiden weltweit größten STEP-Zentren sind die PDES, Inc. in USA und die ProSTEP in Deutschland. Demzufolge finden sich die meisten industriellen Anwendungen von STEP in Deutschland und USA. Aber auch in den übrigen europäischen Ländern wie z. B. Schweden, Frankreich, Österreich und England wird STEP bereits für den Produktdatenaustausch produktiv eingesetzt.

6.2.1 Hemmnisse bei der Einführung

Obwohl die Leistungsfähigkeit des Datenaustauschs auf Basis von ISO 10303 (STEP)-Prozessoren nachgewiesen worden ist, beginnt sich die Nutzung gegenüber den etablierten Austauschformaten IGES und VDAFS erst durchzusetzen. Die im Folgenden aufgezählten Meinungsbilder stellen einen Teil der Hemmnisse dar, die bei einer Einführung aktiv überwunden werden müssen.

- Meinungsbild 1: „Nur ein weiteres Austauschformat"
  Insbesondere bei den Verantwortlichen für den CAD-Datenaustausch wird STEP ausschließlich als ein "weiteres Format" gesehen, das bezogen auf den jetzigen Stand der Implementierungen keine wesentlich erweiterte Funktionalität bietet. Kenntnisse bezüglich der Sichtweisen und Gestaltungsmöglichkeiten der Produktdatentechnologie (Kapitel 2) sind nicht verbreitet.

- Meinungsbild 2: „Neue Prozessoren und Arbeitsweisen"
  Bei der Verwendung von IGES und VDAFS sind Arbeitsroutinen etabliert und die Formate bekannt. Die zuständigen Bearbeiter kennen die relevanten Einstellungen der Prozessoren und wissen, wie sie auf Übertragungsfehler reagieren können. Dieses Wissen muss zur Nutzung von STEP-Prozessoren zum Datenaustausch erst aufgebaut werden.

- Meinungsbild 3: „Unkenntnis der sinnvollen Anwendung"
  Die Aufteilung in Anwendungsprotokolle und Bildung von Implementierungsschemata (CCs) innerhalb dieser Anwendungsprotokolle führt aus Sicht der Anwender zu einer Vielzahl von „STEP-Formaten". Es besteht ein Aufklärungsbedarf über die Zweckmäßigkeit des Einsatzes der einzelnen Anwendungsprotokolle und Implementierungsschemata für die konkrete Anforderung.

7 Praxisbeispiele

Der Einsatz von STEP-Prozessoren in der Industrie nimmt mit der Verfügbarkeit und der Qualität von Prozessoren nach AP 203 und AP 214 zu (Kapitel 6.2). Ein Schwerpunkt der Anwendung liegt dabei auf dem Geometriedatenaustausch zwischen unterschiedlichen CAD-Systemen, wobei die Übertragung von Volumenmodellen, die auch für den Aufbau digitaler Prototypen (Digital Mockup) Voraussetzung sind, im Vordergrund steht.

Im nachfolgenden Abschnitt wird der Austausch von Geometriedaten mittels STEP beschrieben und den vorhanden Schnittstellen (IGES, VDAFS) gegenübergestellt. Im zweiten Fallbeispiel wird gezeigt, wie die Kommunikation beim Datenaustausch optimiert werden kann, um die Qualität beim Datenaustausch zu erhöhen und den Aufwand zu reduzieren. Die Nutzung von STEP beschränkt sich jedoch nicht nur auf den Austausch von Geometriedaten zwischen CAD-Systemen. Ein weiteres Beispiel zeigt eine Anwendung aus dem Bereich der Produktdatenmanagementsysteme. Dabei werden organisatorische Daten zwischen unterschiedlichen PDM-Systemen ausgetauscht. Abschließend wird anhand eines Beispiels aus der Automobilindustrie die Anwendung von STEP in unterschiedlichen Bereichen aufgezeigt.

7.1 Einsatz von STEP zum Geometriedatenaustausch

STEP findet inzwischen weltweit Anwendung für den Austausch von Geometriedaten. Schwerpunkte der produktiven Nutzung stellen vor allem die Automobil- sowie die Luft- und Raumfahrtindustrie dar.

Die vergleichbar starke Nutzung von STEP in der Automobilindustrie ist zurückzuführen auf den Trend hin zum digitalen Zusammenbau neuer Fahrzeuge am Bildschirm (Digital Mockup), den Zwang zur Verkürzung der Entwicklungszeiten, den Einsatz von Simultaneous Engineering und die zunehmende Globalisierung. Dies führte zu einer starken Unterstützung der STEP-Entwicklung (z. B. des STEP AP 214) und zu einer raschen Einführung dieser Technologie in die produktive Nutzung. Während anfangs vor allem die Automobilhersteller und Systemlieferanten zu den Anwendern zählten, nutzen zunehmend auch kleine und mittlere Unternehmen diese Technologie [BöKrDaKr-99].

In der Luft- und Raumfahrtindustrie waren insbesondere die komplexen Baugruppenstrukturen, die hohen Anforderungen an die Entwicklungsqualität und der Zwang zu internationalen Kooperationen in Entwicklungskonsortien Anlass für den Einsatz der STEP-Technologie.

Etwa drei Viertel aller Anwendungen im beschriebenen Umfeld beschäftigen sich mit dem Austausch von Volumenmodellen (Solids). Der Grund liegt darin, dass der Austausch von Volumenmodellen in einem neutralen Format derzeit praktisch nur mit STEP möglich ist. Die Übertragung von ganzen Baugruppen sowie der enthaltenen Informationen über die Struktur der Baugruppe verzeichnet ebenfalls einen starken Zuwachs. Auch für den Austausch von Flächenmodellen, die in Deutschland bislang über die VDAFS–Schnittstelle durchgeführt wurden, kann STEP eingesetzt werden. Jedoch geht der Trend in der Anwendung der CAD-Systeme eher vom Flächenmodell zu Volumenmodellen.

7.1.1 Organisation des Datenaustauschs

In der Zusammenarbeit zwischen Zulieferern und Automobilherstellern finden sich unterschiedliche Formen der unternehmensübergreifenden Kooperation (Kapitel 3.1). Diese wirken sich auch auf die Durchführung des Datenaustauschs aus, wobei sich die folgenden Typen herausgebildet haben:

- Datenaustausch über externe Dienstleister,
- interne Durchführung des Datenaustauschs bei der Satellitenlösung,
- interne Durchführung bei der Segmentlösung,
- interne Durchführung bei der Schnittstellenlösung.

Erfahrungen zu diesen Lösungsansätzen sind im Folgenden dargestellt.

7.1.1.1 Datenaustausch über externe Dienstleistung

Die Nutzung der STEP-Datenübertragung als externe Dienstleistung ist ohne Vorbereitung durchführbar. So bieten externe Dienstleister wie z. B. STEP-Zentren häufig einen Konvertierungsservice an. Die CAD-Modelle werden hierbei im Ausgangsformat (nativ) an die externe Datenaustauschstelle geschickt (meist per DFÜ). Diese konvertiert die Daten mit Hilfe des neutralen Austauschformats STEP in das Format des Zielsystems und schickt die Daten wieder zurück. Dieser Service wird dem Auftragsumfang entsprechend abgerechnet. Die Inanspruchnahme einer externen Datenaustauschstelle bietet weiterhin die Möglichkeit, die Ergebnisse der STEP-Datenübertragung zunächst mit einigen charakteristischen Modellen zu testen, um dann auf Grundlage dieser Ergebnisse die Entscheidungen für die weitere Nutzung abzuleiten.

7.1.1.2 Datenaustausch bei Satellitenlösung

Bei der Satellitenlösung ist neben einem Haupt-CAD-System im Unternehmen eine Installation des Zielsystems vorhanden. Die Entwicklungsarbeit wird weitgehend auf dem Haupt-CAD-System durchgeführt. Zur Übergabe an den Kunden wird das Modell auf das Satellitensystem übertragen und dann im nativen Format ausgeliefert. Alle Modelle liegen zur Nutzung von Synergien auf dem Hauptsystem im native Format vor.

Der Nachteil dieser Lösung liegt in der erforderlichen Investition in das Satellitensystem, die Prozessoren und die Qualifikation der Experten. Je größer die übertragenen Datenmengen sind, umso geringer fällt dies jedoch ins Gewicht. Vorteil ist, dass die Modelle im Unternehmen vor dem Versenden an den Kunden überprüft und korrigiert werden können. Bei dem derzeitigen Stand der STEP-Normung muss der Empfänger jedoch akzeptieren, dass die Historie und parametrische Informationen des Originalmodells nicht übertragen werden. Für viele Komponenten werden diese Informationen in der Praxis beim Automobilhersteller kaum genutzt. Die Vorgehensweise, dass der Automobilhersteller den Zulieferer über notwendige Änderungen mit einer Skizze informiert und von diesem ein neues Modell erhält, ist heute für viele Bauteile gängig. Für manche sicherheitsrelevante Bauteile ist es auch nicht das Bestreben des Automobilherstellers, die Verantwortlichkeit durch Änderungen am Modell vom Zulieferer in seinen Bereich zu verlagern. Der Vorteil für den Automobilhersteller liegt darin, dass der Zulieferer zur Bearbeitung des Entwicklungsauftrags alle freien CAD-Systeme verwenden kann und dadurch kürzere Entwicklungszeiten erreicht.

Satellitenlösungen sind heute insbesondere bei großen Zulieferern anzutreffen, bei denen ein hohes Datenaustauschvolumen vorliegt. Bei Unternehmen, die in verschiedenen Bereichen oder Unternehmensteilen verschiedene Systeme einsetzen, ist der interne Datenfluss ein weiteres Argument für den STEP-Einsatz.

7.1.1.3 Datenaustausch bei Segmentlösung

Bei der Segmentlösung wird jeweils im System des Kunden modelliert und native Daten ausgeliefert. Häufig ist jedoch trotzdem eine Datenübertragung erforderlich, z. B. um bei einem Entwicklungsauftrag zur Reduzierung der Entwicklungszeit andere Systeme und Kapazitäten zuzuschalten oder um Modelle aus anderen Systemen zur Nutzung von

Synergien zu übertragen. Da Sende- und Zielsystem im Unternehmen vorliegen, sind die Randbedingungen zur Datenübertragung ähnlich wie bei der Satellitenlösung.

7.1.1.4 Datenaustausch als Schnittstellenlösung

Bei der Schnittstellenlösung ist das Zielsystem beim Sender nicht vorhanden, es werden STEP-Files übertragen. Der Nachteil bei dieser Lösung liegt darin, dass das Datenübertragungsergebnis im Zielsystem erst beim Empfänger sichtbar wird. Der Vorteil liegt in der nicht erforderlichen Investition in Fremdsysteme und der ausschließlichen Nutzung des Haupt-CAD-Systems.

Für einen reibungslosen Datenaustausch mit einer Schnittstellenlösung ist die Qualitätssicherung von entscheidender Bedeutung. Es müssen entsprechende Abläufe aufgebaut werden, die sicherstellen, dass die STEP-Files beim Empfänger problemlos eingelesen werden können. Wenn dies nicht gewährleistet wird, entsteht das Risiko, dass beim Empfänger Datenübertragungsprobleme sichtbar werden und diese (fälschlicherweise) der Leistungsfähigkeit der STEP-Datenübertragung zugeordnet werden. Im schlimmsten Fall wird daraus die Konsequenz abgeleitet, dass keine STEP-Files mehr akzeptiert werden.

7.1.2 Vergleich von STEP mit anderen neutralen Schnittstellen

In 1998 zeigten die Ergebnisse der VDA-Studie „Vergleich der neutralen Schnittstellen STEP, IGES und VDAFS“ auf, dass STEP-Prozessoren in allen Bereichen zu den herkömmlichen Schnittstellen IGES und VDAFS aufgeschlossen bzw. bereits partiell diese überholt haben.

Während alle marktrelevanten CAD-Systeme schon über Jahre hinweg IGES- und VDAFS-Prozessoren im Einsatz haben, sind STEP-Prozessoren erst seit vier Jahren verfügbar. Die Entwicklung von STEP-Prozessoren basiert auf der Forderung der Automobil- und Luftfahrtindustrie, ein Schnittstellenformat zu schaffen, das eine effiziente, wirtschaftliche Zusammenarbeit auf der Basis einer vollständigen Durchgängigkeit ermöglicht.

Eine gemeinsame Arbeitsgruppe des Verbands der deutschen Automobilindustrie (VDA) und des ProSTEP-Vereins wählte für die Studie praxisnahe CAD-Modelle und Systemkopplungen aus. Die Auswahl der CAD-Systemkopplungen erfolgte aufgrund des Verbreitungsgrads der Kopplungen (Bild 7.1).

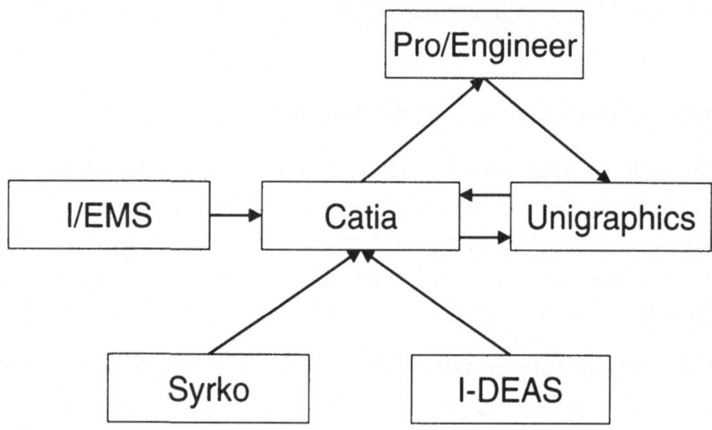

Bild 7.1
Exemplarisch ausgewählte CAD-Systemkopplungen

Entscheidend für die Qualität, Dateigröße und die Geschwindigkeit waren zum einen die Modelle selbst und zum anderen die Schnittstellen-Prozessoren sowie die eingesetzte Hardware. Getestet wurden sowohl Flächen- als auch Solidmodelle. Deshalb wurde als Qualitätsmerkmal die übertragene Oberfläche herangezogen. Eine gewisse Fehlertoleranz in der Oberflächenberechnung musste jedoch berücksichtigt werden. Zur Bestimmung der Qualität wurden auch die Prozessorprotokolle mit einbezogen. Ein direkter Vergleich der Flächenanzahl war aber nicht möglich, da die Prozessoren teilweise Flächen in mehrere Teilflächen aufteilen.

Für den Vergleich der neutralen Schnittstellen STEP, IGES und VDAFS wurden sieben Modelle von verschiedenen Firmen verwendet: ein Deckel, ein Kunststoffeinsatz, ein Kotflügel, ein Sockel, ein Federteller, ein Getriebegehäuse und eine Stirnwand (Bild 7.2).

Jedoch sind die Zeiten für die Übertragung der Modelle mit VDAFS länger und die Dateien erheblich größer. Die STEP-Prozessoren sind auch unproblematischer zu bedienen. Eine Adaptierung der neutralen Formate und eine Nachbearbeitung der Dateien mit Spezialwerkzeugen war im Gegensatz zu IGES nicht notwendig.

Die primäre Frage, ob STEP die Schnittstellen IGES und VDAFS beim Flächendatenaustausch ersetzen kann, ist nach den Ergebnissen der Studie klar mit „ja" zu beantworten. Bei Gesprächen mit Vertretern der Industrie wurden die Ergebnisse des Vergleichs mit ähnlichen Erfahrungen aus dem CAD-Datenaustauschalltag bestätigt.

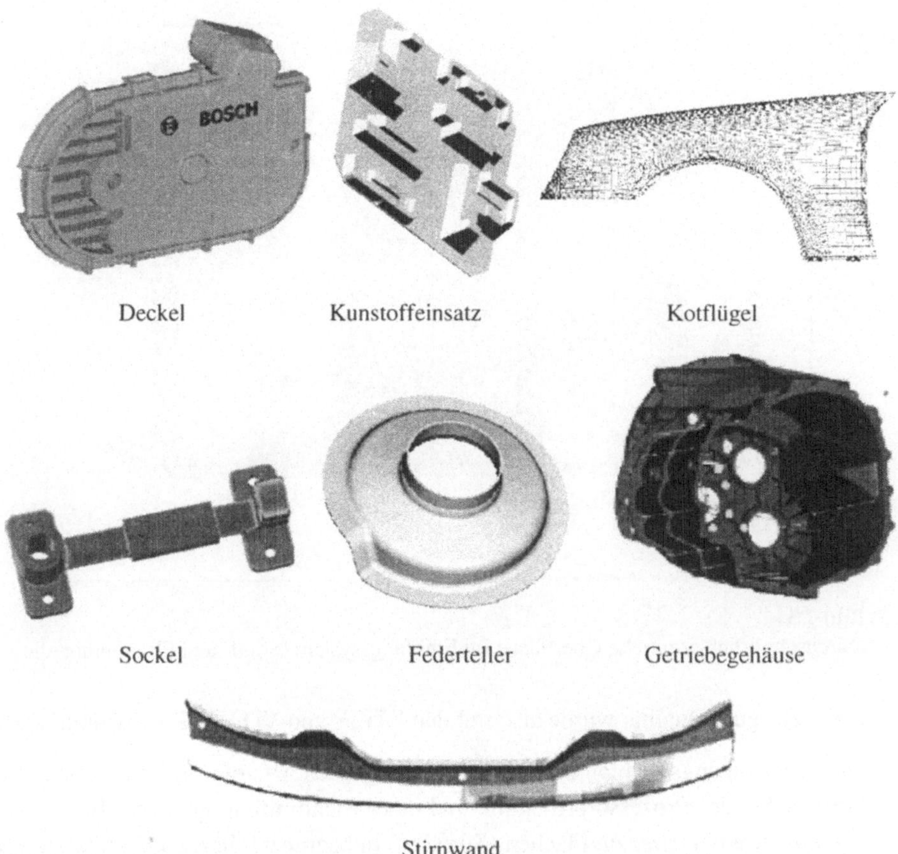

Bild 7.2
Übersicht der verwendeten CAD-Modelle

Wie eingangs schon erwähnt, wurden bei diesem Vergleich Strukturierungsmerkmale außer in der Gegenüberstellung der Elementtypen nicht untersucht. Der Vergleich brachte im Detail folgende Ergebnisse.

Vergleich der Übertragungsqualität

Die Studie zeigte, dass STEP bei den verwendeten Modellen als die beste Schnittstelle für die Übertragung von Flächendaten abschnitt, dicht gefolgt von VDAFS (Bild 7.3). Lagen fehlerfreie Solids als Ursprungsmodell vor, gelang mit STEP meist auch eine Übertragung der Solids in das Zielsystem. Falls eine einzelne Fläche nicht korrekt übertragen wurde, kann im Zielsystem unter Umständen kein Solid, sondern nur noch das Flächenmodell erzeugt werden. Jedoch darf behauptet werden, dass das Übertragen eines Solids an sich schon ein Zeichen für eine gute Übertragungsqualität ist.

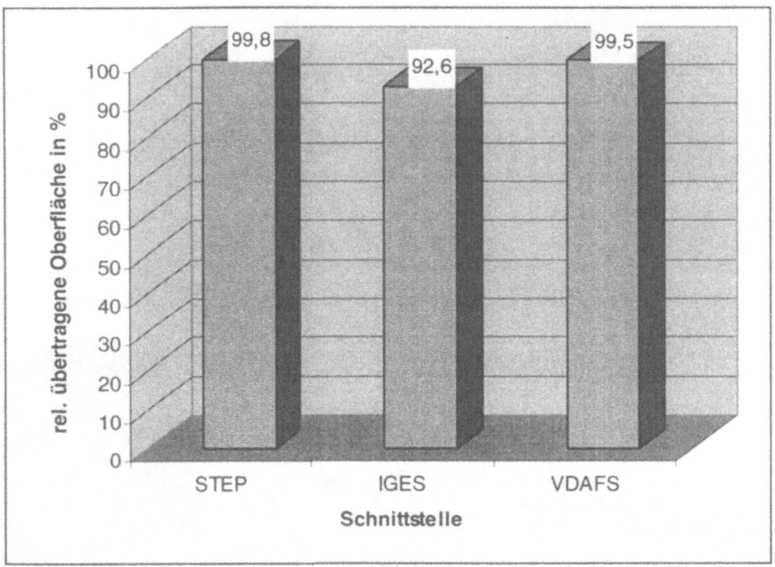

Bild 7.3
Durchschnittlich ermittelte Oberfläche im Empfangssystem (Solid- und Flächenmodelle)

Eine sehr gute Qualität wurde also mit den STEP- und VDAFS-Prozessoren erzielt.

Die Übertragungsqualität der konvertierten Modelle wurde anhand der übertragenen Oberfläche, der Prozessorprotokolle und einer Sichtprüfung gemacht. In CATIA mussten teilweise unbegrenzte Flächen (Surfaces) in begrenzte Flächen (Faces) umgewandelt werden, da eine Flächenberechnung über mehrere Flächen nur mit den sogenannten Faces funktioniert. Dieses Problem trat nur bei der IGES- und VDAFS-Schnittstelle auf. Möchte man ein solches in einen Solid umwandeln, ist derselbe Aufwand notwendig.

Teilweise wurden vom Original abweichende Oberflächenwerte festgestellt, obwohl das Protokoll und eine Sichtprüfung der Modelle keine Fehler aufwies. Es ist davon auszugehen, dass Ungenauigkeiten bei der Oberflächenberechnung des CAD-Systems der Grund für die Abweichungen sind.

Vier der sieben CAD-Modelle enthielten Solids und drei Modelle nur Flächendaten. Drei dieser vier Solid-Modelle konnten über STEP auch als Solid übertragen werden. In diesen Fällen entsprach das Volumen zu 100 % dem Original. Eine Ausnahme bei den Solid-Modellen bildete das Getriebegehäuse mit 1858 Flächen, wovon sechs nicht übertragen werden konnten. Das mit IDEAS konstruierte Gehäuse konnte auch von dem IDEAS-STEP-Prozessor nicht mehr fehlerfrei eingelesen werden.

Vergleich der Dateigröße

Die Dateigröße der einzelnen Modelle wurde jeweils mit dem Original verglichen. Beim Vergleich der Dateigröße sollte man beachten, dass die Daten unterschiedliche Informationen enthalten.

Die neutralen Daten sind nur eine Teilmenge der originalen Native-Daten. Diese Daten können zusätzliche Informationen enthalten, die nicht auf STEP abgebildet werden (z. B. eine Historie). Obwohl die neutralen Dateien weniger Informationen enthalten, sind die Dateien größer als die original Native-Datei. Neutrale Formate sind nicht auf die Dateigröße optimiert. Eine nachträgliche Komprimierung der neutralen Formate ist jedoch mit großem Erfolg (im Durchschnitt ca. ein Fünftel der Originalgröße) möglich. Die Native-Daten sind durch Kompression im Durchschnitt auf ca. die halbe Größe zu komprimieren, da diese meist schon in einem auf Speicherbedarf optimierten Format vorliegen.

Vergleich der Prozessorzeiten

Die Zeiten von Schnittstellenprozessoren zu vergleichen, ist bei vernetzten UNIX-Rechnern schwierig. Es ist prinzipiell möglich, dass ein anderer Benutzer während des Prozessorlaufs den Rechner gleichzeitig für ein aufwändiges Programm verwendet und damit die Konvertierungszeiten verlängert.

7.1.3 Zusammenfassung und Ausblick

Derzeit liegt ein Schwerpunkt in der Anwendung von STEP im Bereich Geometriedatenaustausch, vor allem bei der Übertragung von Volumenmodellen. Dies war mit den Schnittstellen IGES und VDAFS bislang nicht möglich und wurde daher bei der industriellen Einführung von STEP mit der höchsten Priorität verfolgt. Zusätzlich können mittels STEP-Prozessoren auch weitere Informationen übertragen werden, wie z. B. Farben, Layer und Baugruppenstrukturen. Im Zuge einer Vereinheitlichung der Schnittstellenformate kann STEP darüber hinaus auch für die Übertragung von Flächenmodellen eingesetzt werden. Die nächsten Schritte bei der Weiterentwicklung konzentrieren sich vor allem auf die Übertragung Technischer Zeichnungen. Im Gegensatz zu IGES werden hierbei jedoch die Informationen zur Verknüpfung von Volumenmodellen mit der Technischen Zeichnung (bidirektionale Assoziativität) übertragen.

7.2 Optimierung des Datenaustauschprozesses

7.2.1 Ausgangssituation

Will ein Anwender STEP für seine tägliche Arbeit beim Datenaustausch einsetzen, steht er im Allgemeinen vor dem Problem, dass der Datenaustauschvorgang nicht auf die reine Konvertierung der auszutauschenden Daten beschränkt ist. Vielmehr muss er eine Abfolge von unterschiedlichen DV-technischen Abläufen und Anwendungen beherrschen, bei denen der reine Konvertierungsvorgang nur einen Teil der Arbeit ausmacht.

So ist neben der reinen Konvertierung der Daten ein Transportvorgang, der sowohl über ein Offline-Medium wie Band oder Diskette als auch über Leitung wie z. B. ISDN/ OFTP erfolgen kann, Bestandteil eines Datenaustauschvorgangs.

Aber neben der Konvertierung und dem Transport der Daten kommen oft noch weitere DV-technische Abläufe und Entscheidungsvorgänge hinzu, die vom Anwender durchgeführt werden müssen. Beispiele dafür sind:

- Aufbereitung der auszutauschenden Daten mit systemspezifischen Makros,
- Kontrolle der konvertierten Daten z. B. nach VDA 4955 (Umfang und Qualität von CAD/CAM-Daten),
- Generierung bzw. Interpretation von ENGDAT-Nachrichten (VDA 4951, Datenfernübertragung von CAD/CAM-Daten) sowie
- Aufbereitung von administrativen Daten z. B. aus einem PDM-System.

Die oben erwähnte Spezifikation VDA 4955 definiert einen Katalog von Kriterien, nach denen geometrische Daten vor einer Übertragung oder Archivierung zur Qualitätssicherung geprüft werden sollten. Auf dem Markt sind heute für mehrere Systeme Prüfprogramme erhältlich. Beispiele für Prüfkriterien nach VDA 4955 sind die C0-, C1- und C2-Stetigkeit von Kurven bzw. Flächen, die Geschlossenheit von Trimmkurven und viele andere mehr. Automobilhersteller fordern bereits heute, dass Daten, die sie von ihren Zulieferern bekommen, nach VDA 4955 geprüft sind.

Die zweite genannte Spezifikation VDA 4951 "Datenfernübertragung von CAD/CAM-Daten", besser unter dem Namen ENGDAT/ENGPART bekannt, definiert einen Paketierungsmechanismus für auszutauschende Daten. Dabei werden in einer zusätzlichen Datei, dem ENGDAT-Abstract, die zu übertragenden Daten genauer spezifiziert. Neben

Referenzen zwischen den Daten werden im ENGDAT-Abstract auch Informationen über deren erzeugendes System, Format, Komprimierung und mehr beschrieben. Zusätzlich werden im ENGDAT-Abstract auch Adressinformationen über den Sender und den Empfänger abgelegt. Durch die Adress- und Formatinformation kann beim Empfänger eine automatische Weiterverarbeitung der Daten erfolgen. Von vielen Firmen wird heute der Einsatz von ENGDAT von den Austauschpartnern gefordert. Der Aufbau einer ENGDAT-Abstract-Datei ist anhand eines Beispiels im Anhang E dargestellt.

Für den Anwender, der Datenaustausch betreiben will, bedeutet dies, dass er neben der Handhabung seines STEP-Prozessors zusätzlich noch andere Werkzeuge und Abläufe beherrschen muss, um einen Datenaustausch erfolgreich durchführen zu können.

Als weiterer Faktor muss dabei berücksichtigt werden, dass, auch wenn der Prozess vom Anwender voll beherrscht wird, diese Vorgänge für jedes Modell, das ausgetauscht werden soll, immer wiederholt werden müssen. Dadurch erhöhen sich neben dem Zeit- und Kostenaufwand zusätzlich die Anzahl möglicher Fehlerquellen.

Bezieht man alle bisher genannten Problem- und Aufgabenstellungen bei der praktischen Durchführung von Datenaustauschvorgängen in die Betrachtung mit ein, lassen sich folgende Problempunkte herauskristallisieren:

- Der Datenaustausch ist eine Kette von vielen einzelnen DV-technischen Abläufen,
- die Abläufe beim Datenaustausch müssen beherrscht werden,
- die Anwender der beteiligten Systeme haben unterschiedliches Know-how,
- die beteiligten Anwendungen sind oft im Netzwerk verteilt und
- heterogene Strukturen müssen zusammengeführt werden.

7.2.2 Automatisierung des Datenaustauschs

Zur Überwindung dieser Problemstellungen ist es daher sinnvoll, den Anwender bei diesen Aufgaben zu unterstützen. Diese Unterstützung kann beispielsweise durch den Einsatz von Spezialisten erfolgen, die den Datenaustausch für ihre Kollegen durchführen. Der Nachteil einer solchen Lösung ist aber, dass zum einen eine weitere Schnittstelle zwischen Spezialist und Anwender dazukommt, zum andern aber auch ein ansteigendes Datenvolumen nur durch die Erhöhung der Anzahl von Spezialisten abgefangen werden kann. Die Reproduzierbarkeit der Abläufe bleibt dabei meistens auf der Strecke.

Da aber die Anzahl der möglichen Variationen bei den Abläufen endlich ist und normalerweise ein Datenaustauschvorgang zwischen zwei Partnern immer auf die gleiche Art und Weise durchgeführt wird, ist es nahe liegend, die Steuerung aller Datenaustauschvorgänge komplett auf ein CA-System zu übertragen, das aus den Parametern auszutauschender Datensätze, Sender, Empfänger sowie beteiligter CAD-Systeme alle für den speziellen Fall notwendigen Prozesse ermitteln und diese auch steuern kann.

Der Anwender bzw. der Konstrukteur braucht sich durch den Einsatz eines solchen Systems nicht mehr mit der Anwendung des Datenaustauschs zu befassen. Er kann sich auf seine primären Aufgaben konzentrieren. Folgende Vorteile lassen sich im praktischen Einsatz erreichen:

- ein einziges Frontend für alle Aufgaben des Datenaustauschs und des Datentransports,
- zentrale Definition aller Datenaustauschabläufe,
- alle Vorgänge beim Datenaustausch sind nachvollziehbar,
- der Aufwand beim Datenaustausch wird gesenkt und steigende Integrationsanforderungen werden abgefangen.

Diese erreichbaren Vorteile machen deutlich, dass man sich bei der Systemauswahl nicht nur auf die Festlegung einer Oberfläche für den Datenaustausch beschränken darf. Vielmehr müssen die funktionalen Anforderungen an das Gesamtsystem festgelegt werden. Um mit einem solchen Werkzeug arbeiten zu können, ist es notwendig, dem Anwender mindestens folgende Funktionen bereitzustellen:

- Export von Daten,
- Import bzw. Empfang von Daten,
- eine Monitoringfunktion, in der sich der Anwender über den Erfolg oder Status informieren kann und
- Lesen und Schreiben von Bändern oder Disketten.

Der Administrator braucht zusätzlich Funktionen zur Betriebsüberwachung, Ablaufdefinition und Steuerungsmöglichkeiten.

Andere wichtige Forderungen an ein solches System sind, dass alle Programme und Prozesse, die an einem Datenaustauschvorgang beteiligt sind, angesteuert und auch beliebig miteinander kombiniert werden können. Zusätzlich muss ein Client/Server-Betrieb möglich sein. Dadurch wird sichergestellt, dass die Administration nur einmal auf dem Server vorgenommen werden muss. Einmal eingestelltes Know-how wird damit überall verfügbar.

Betrachtet man die auf dem Markt erhältlichen Systeme, die für solche Aufgaben angeboten werden, kann hier zwischen zwei Typen von Softwaresystemen unterschieden werden.

Zum einen existieren Werkzeuge, die alle Aufgabenstellungen des Datenaustauschs unter einer einfach zu bedienenden Oberfläche anbieten. Dabei steuert der Anwender den Vorgang des Datenaustauschs, indem er die verschiedenen notwendigen Einzelprozesse auslöst, ohne sich aber mit den tiefergehenden technischen Inhalten der Schritte befassen zu müssen. In der Praxis stellt er mit einem solchen Werkzeug zuerst ein Paket von Daten, die ausgetauscht werden sollen, zusammen. Danach legt er das Format, in das die Daten konvertiert werden sollen, fest und löst den Vorgang der Konvertierung aus. Im letzten Schritt werden die versandfertigen Daten dann verschickt.

Werkzeuge dieser Art sind sehr flexibel einsetzbar, da alle Variationsmöglichkeiten von Formaten und Versandwegen beliebig miteinander kombiniert werden können. Die Anforderung der zentralen (und damit einmalig notwendigen) Definition des Datenaustauschablaufs kann damit jedoch nicht erfüllt werden. Weiterhin muss der Anwender dabei immer noch wissen, welches Datenformat an welchen Austauschpartner geschickt werden soll.

Ein anderer Ansatz ist es, dass der ganze Vorgang des Datenaustauschs als ein Auftrag beschrieben wird. Der Anwender wählt dabei idealerweise nur die auszutauschenden Daten sowie den Empfänger aus. Aus dieser Kombination werden dann alle weiteren Parameter wie Versandart, Datenformat etc., die für den Datenaustauschvorgang notwendig sind, ermittelt bzw. wenn eine eindeutige Festlegung nicht möglich ist, an der Oberfläche abgefragt. Der Prozess des Datenaustauschs selbst kann dann automatisch im Hintergrund erfolgen. Ein weiterer Eingriff des Anwenders ist nicht mehr notwendig. Ein entscheidender Vorteil dieses Konzepts ist es, dass sich, unter der Voraussetzung, dass sich eindeutige Datenaustauschprozesse beschreiben lassen, ein Austauschvorgang vollautomatisieren lässt. Ein Beispiel für eine derartige Realisierung ist der Data Exchange Manager (DXM) der ProSTEP Produktdatentechnologie GmbH in Darmstadt, der auf Initiative des ProSTEP-Vereins entwickelt wurde. Bei diesem Werkzeug werden die Daten, die zur Beschreibung eines Datenaustauschvorgangs notwendig sind, individuell vom Benutzer abgefragt. In Bild 7.4 ist das Dialogfenster für die Erstellung eines Exportauftrags dargestellt.

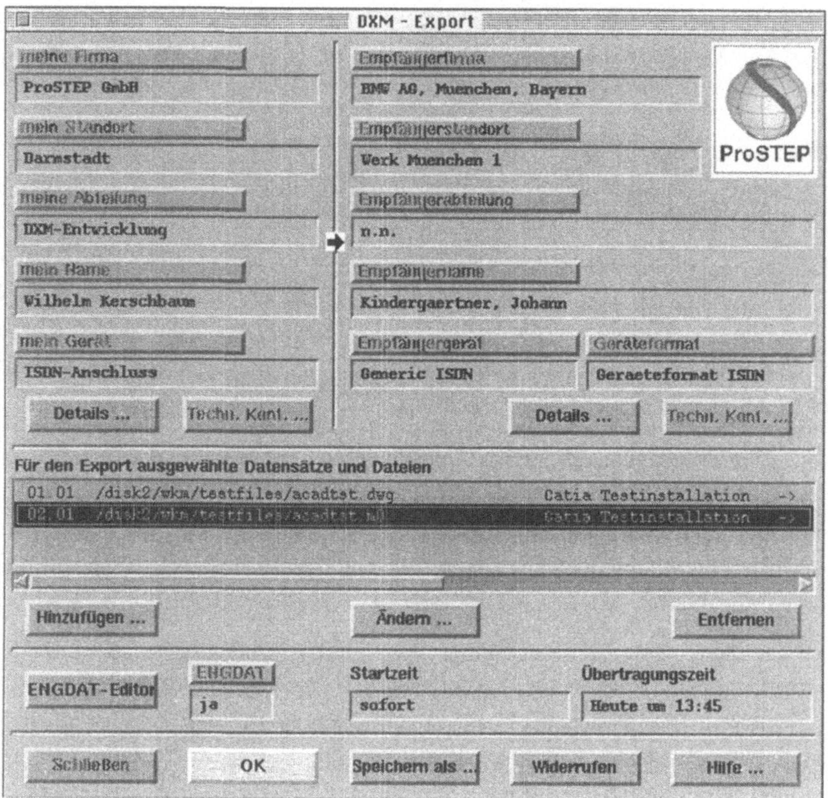

Bild 7.4
Benutzungsoberfläche des DXM-Systems zur Automatisierung des Datenaustauschs

Auswahldialoge werden nur dort angeboten, wo eine Auswahlmöglichkeit besteht. Erhält beispielsweise ein Austauschpartner die Daten immer im STEP-AP 214-Format, wird der Anwender nicht nach dem Datenformat, das der Partner bekommen soll, gefragt. Eine optimale Administration des Werkzeugs vorausgesetzt, wählt er nur Austauschpartner und Datensatz bzw. Datensätze. Alle anderen Parameter stellen sich selbsttätig ein und der Datenaustauschauftrag kann automatisch im Hintergrund abgearbeitet werden. Die Architektur des Systems ist in Bild 7.5 dargestellt.

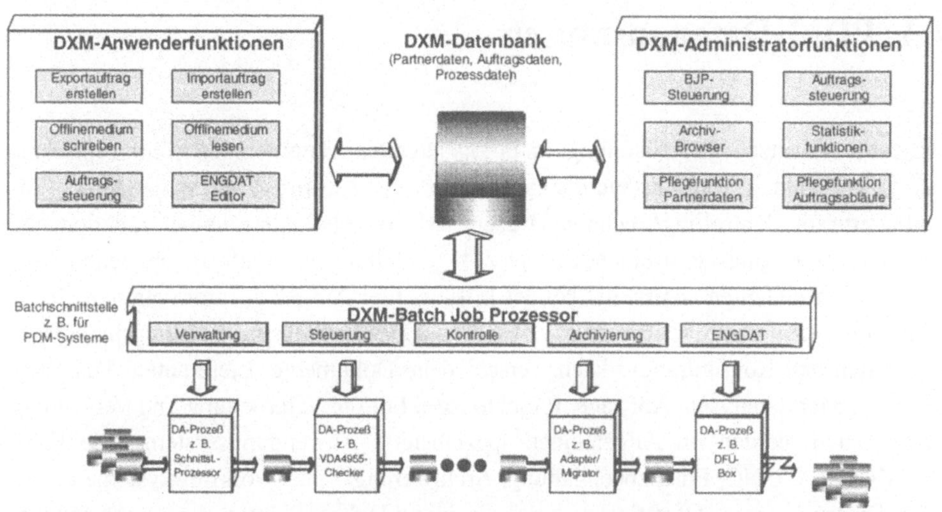

Bild 7.5
Architektur des DXM-Systems

Der zentrale Kern des DXM ist die DXM-Datenbank. Diese enthält neben den Partnerdaten wie Adressen, Telefonnummern etc. auch alle Informationen darüber, welche Prozesse ablaufen müssen, wenn Daten aus einem bestimmten System ausgetauscht werden sollen. Die Anwenderfunktionen wie Export oder Import kommunizieren bei der Auftragserstellung mit dieser Datenbank, die dabei alle Informationen oder Auswahlmöglichkeiten, die zur Festlegung eines Austauschauftrags notwendig sind, bereitstellt. Alle Aufträge, die von Benutzern eingegeben werden, werden dann in der Datenbank abgelegt und danach vom Batch Job Prozessor (BJP), der ständig prüft, ob Austauschaufträge in der Datenbank warten, abgearbeitet. Der BJP übernimmt die Kontrolle über alle Prozesse und führt den Auftrag aus. Über die Auftragssteuerung kann der Anwender sich jederzeit über den Status der von ihm definierten Aufträge informieren. Der Administrator, der über die Datenbankpflegefunktionen die Rechte und Austauschmöglichkeiten für den Endanwender vorgibt, hat zusätzlich noch Steuerungsfunktionen für das Gesamtsystem.

In der Praxis hat sich gezeigt, dass sich durch den Einsatz solcher Werkzeuge die Kosten für den Datenaustausch erheblich senken lassen (VDI-Nachrichten Nr. 9/ 01.03.1996).

7.3 PDM-Datenaustausch

Die fortgeschrittene Arbeitsteilung in produzierenden Unternehmen führt typischerweise zur Bildung von Zuständigkeitsbereichen wie Konstruktion/Entwicklung, Einkauf, Vertrieb, Controlling/Rechnungswesen, Arbeitsvorbereitung und Produktion, die sich meist in Organisationseinheiten wie z. B. Abteilungen manifestieren. Jede dieser Organisationseinheiten verarbeitet bei der Lösung ihrer Aufgaben Informationen, die in Form von Daten repräsentiert sind (z. B. Produktbezeichnungen, Leistungsparameter, Stücklisten und Konfigurationsdaten, verschiedene Dokumente, Lieferanten- und Kundendaten, Marktanalysen, Aufträge, Projekte etc.). Für die Verarbeitung und Verwaltung dieser Daten werden im Allgemeinen spezialisierte Anwendungssysteme wie ERP/PPS/MRP, CAD, NC, Finanzbuchhaltung, Archivierungs- und Workflowsysteme eingesetzt. Diese Systeme unterstützen dabei die individuellen Sichten der Organisationseinheiten auf die unternehmensweit vorhandenen und relevanten Daten (Unternehmensdaten).

Eine Untermenge der Unternehmensdaten bilden die produktdefinierenden Daten, also die Repräsentation der Informationen, die sich auf die Funktion, die Gestalt, den Aufbau und die technologischen Eigenschaften des Produkts beziehen. Für das Management dieser Daten während des gesamten Lebenszyklus eines Produkts kommen unter anderem sogenannte Product Data Management (PDM)- und Team Data Management (TDM)-Systeme zum Einsatz. Synonym werden auch die Begriffe Engineering Data Management (EDM) für PDM- bzw. Workgroup-EDM für TDM-Systeme benutzt.

Diese Systeme werden vor allem durch die Anwender in den Konstruktions- und Entwicklungsabteilungen für Produkte, Werkzeuge und Betriebsmittel genutzt, aber auch in der Arbeitsvorbereitung, der Fertigungssteuerung sowie durch externe Entwicklungspartner und Zulieferer im Sinne eines „Extended Enterprise“ [Sc-97].

Die Funktionen zur Anzeige, Steuerung und Bearbeitung der produktdefinierenden Daten in PDM/TDM-Systemen unterstützen vor allem die Geschäftsprozesse Prototypentwicklung, Entwicklung zur Serienreife, Änderungsmanagement, Wartung und Archivierung der Produktdaten sowie der Dokumente, die die Produkte beschreiben. Beispiele für die Informationen, die in PDM/TDM-Systemen verwaltet werden, sind komplette Produktstrukturen, Artikelstämme, Stücklisten, Geometriedaten sowie Dokumente verschiedenster Formate. In Kapitel 7.3.1 sind die entsprechenden STEP-Datenklassen im Anwendungsbereich von PDM-Systemen näher beschrieben.

PDM-Systeme haben den Anspruch, folgende Funktionen unternehmensweit zu unterstützen [MiMaMe-97]:

- Organisation und Kontrolle des Zugriffs auf produktdefinierende Daten,
- Management des Produktlebenszyklus einschließlich Archivierung,
- Durchsetzung von Regeln in Bezug auf den Datenfluss und die Prozesse,
- Benachrichtigungsmechanismen für das Änderungsmanagement.

In einer idealisierten Arbeitsumgebung dient dem gesamten Entwicklungsbereich ein zentrales PDM-System als „Backbone"-System für das Management der Produkt-(stamm)daten und der entsprechenden Links auf die beschreibenden Dokumente. Die Dokumente können dabei in digitaler oder Papierform vorliegen (z. B. 3D-CAD-Modelle, 2D-CAD-Zeichnungen, TIFF-Dateien, Arbeitspläne, Stücklisten, technische Spezifikationen, Berechnungen, NC-Programme). Unter Dokumenten werden im weitesten Sinne aber auch physische Modelle wie Stereolithographie-Modelle, Modelle aus Ton, Holz oder anderen Materialien verstanden. Eine Eigenschaft, die von PDM-Systemen zu fordern ist, ist ihre Unabhängigkeit von den im Unternehmen eingesetzten CAD-Systemen, wenngleich ein oder mehrere CAD-Systeme in das PDM-System integriert sein können. Beispiele für PDM-Systeme sind Produkte der am Runden Tisch für PDM-Systeme beteiligten Systementwickler [MaTr-98].

TDM-Systeme stellen eine Variante von PDM-Systemen dar, die für das lokale, teamorientierte Management von Produktdaten entwickelt wurde. Ein TDM-System verwaltet daher nur einen Teil der im Unternehmen definierten Produktdaten. Es ist als Verwaltungswerkzeug auf ein spezifisches CAD-System aufgesetzt und mit diesem fest integriert. Deshalb ist ein TDM-System (im Gegensatz zu einem PDM-System) auf die Verwaltung von Geometriemodellen, deren (Struktur-)Beziehungen untereinander und den Metadaten im CAD-System, wie sie vom Konstrukteur erstellt wurden, focusiert. Unter Metadaten werden alle organisatorischen und administrativen Produktdaten verstanden, die beispielsweise in Zeichnungsschriftfeldern, Teile- und Dokumentstämmen zu finden sind. Beispiele für TDM-Systeme sind Pro/Intralink für Pro/ENGINEER von PTC und VPM für Catia von Dassault Systemes [MaTr-98].

Mögliche Ausnahmefälle bei der Anwendung von PDM/TDM-Systemen, auf die an dieser Stelle jedoch nicht näher eingegangen werden soll, zeigen die folgenden Beispiele:

- Ein TDM-System kann auch mit mehreren, verschiedenen CAD-Systemen eines Systemanbieters integriert sein.
- In einem kleinen Unternehmen oder bei einer Single-CAD-System-Strategie kann ein TDM-System auch als (eingeschränktes) PDM-System dienen.

- Ein PDM-System fungiert auch als TDM-System, wenn es mit einem spezifischen CAD-System kombiniert ist.

Um die Komplexität bei der Produktspezifikation und Konfiguration sowie die Vielzahl möglicher Sichten auf eine Produktstruktur z. B. für Entwicklung, Fertigung oder Marketing zu beherrschen, sind besonders in Firmen mit hoher Produktvarianz separate Configuration Management (CM)-Systeme implementiert. Diese Systeme werden oft auch als BoM (Bill of Material)-Systeme bezeichnet.

7.3.1 Datenklassen im Scope von PDM-Systemen

Die Datenklassen im Scope von PDM-Systemen sind im AP 214 in den folgenden Units of Functionality (UoF) nach funktionalen Gesichtspunkten gruppiert (Bild 7.6). Diese Datenklassen beinhalten:

- Stammdaten für alle Produkte (Teile, Baugruppen, Werkzeuge, Betriebsmittel) einschließlich deren Versionierung, verschiedener (geschäftsbereich- oder aufgabenspezifischer) Sichten auf die Produkte, Verantwortlichkeiten und Freigaben (S1).
- Produktstrukturen zur Abbildung der Beziehungen der Produkte untereinander wie z. B. zwischen Komponente und Baugruppe oder Verwendet-in-, Hergestellt-aus-, Ersetzt-durch-Beziehungen (S3).
- Elementestruktur für die Abbildung der geometrischen Beziehungen der Komponenten einschließlich der Transformation der CAD-Modelle (S2).
- Teileeigenschaften wie Material, Abmessungen, gestaltabhängige Eigenschaften, Qualität, Recyclingfähigkeit oder Kosten (PR1).
- Referenzen auf Dokumente wie technische Spezifikationen, Berechnungen, NC-Programme, physische Modelle, die Metadaten der CAD-Modelle und vieles mehr (E1). Die Dokumente können selbst strukturiert sein.
- Allgemeine oder anwenderspezifische Klassifizierungen (S6).
- Möglichkeiten zur Unterstützung von Workflow durch Beziehungen zu Aufträgen, Projekten sowie einzelnen Aktivitäten (S5).
- Ereignis- oder zeitgesteuerte Gültigkeiten (S4).

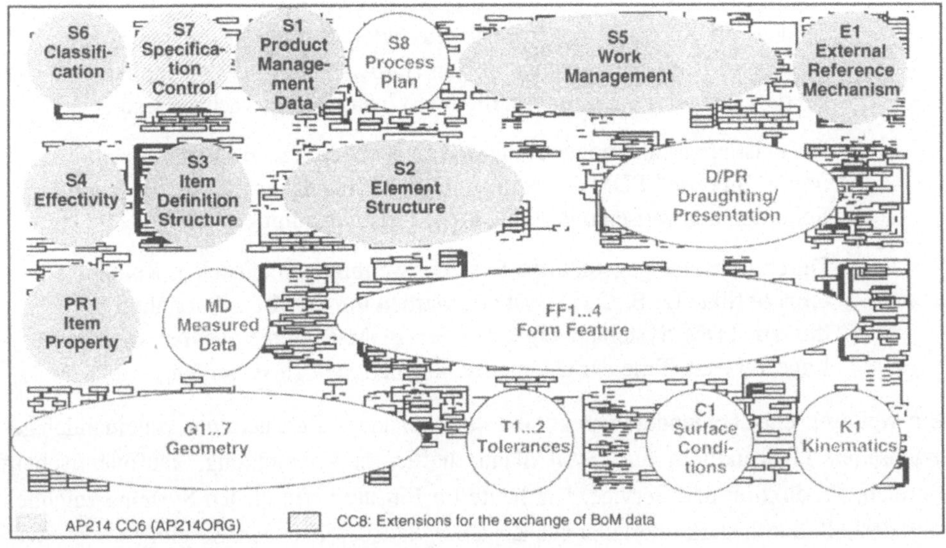

Bild 7.6
Ausschnitt für Beschreibung und Austausch von PDM-Daten

- Produktspezifikation durch Produktklassen, -komponenten und –funktionen einschließlich deren Strukturierung, den Produktmerkmalen (Kategorien) und deren Ausprägungen sowie deren Beziehungen zu den Lösungsvarianten (Bauteile) unter Einbeziehung von Regeln und Abhängigkeiten (S7).

Damit konzentrieren sich die PDM-Systeme auf die administrativen und organisatorischen Produktdaten. Die eigentlichen Inhalte einzelner Dokumente einschließlich der geometrischen Produktbeschreibung werden dagegen von einem PDM-System als „Blackbox" verwaltet.

7.3.2 PDM-Datenaustausch

Die gegenwärtige Situation im Produktdatenmanagement ist durch folgende Erscheinungen charakterisiert [MaTr-98]:

- Es entstehen neue Arbeitsmethoden wie „Simultaneous and Concurrent Engineering", „Design in Context" oder „Digital Mock Up".

- Es herrscht ständig steigender Bedarf an Integration externer Partner und Zulieferer.
- In den am Konstruktionsprozess beteiligten Firmen liegen sehr verschiedene Randbedingungen in der Hardware-, Netzwerk- und Betriebssystem-Infrastruktur vor, die meist historisch gewachsen sind.
- Es existieren inhomogene PDM-Umgebungen (z. B. kommerzielle und „Inhouse"-PDM-Systeme). Die vorhandenen Systeme und Schnittstellen weisen unterschiedliche Leistungsfähigkeit auf.
- Durch teilweise gegenläufige Systemerweiterungen entstehen Kompetenzkonflikte (z. B. CAD-Systeme werden um PDM-Funktionalität bis hin zu TDM-Systemen ergänzt oder PDM-Systeme werden in die Lage versetzt, Teile der Geometrieinformationen zu verwalten.).

Ein weiterer, entscheidender Aspekt sind die über lange Zeit getrennt voneinander gewachsenen IT-Strukturen und Systemlandschaften in Entwicklung, kaufmännischem Bereich, Produktion und Service. Die heute im Einsatz befindlichen Systeme zeichnen sich deshalb durch stark überlappende Zuständigkeitsbereiche aus. So gibt es z. B. Artikel(stamm)informationen mit identifizierender Nummer, Klassifikatoren, Bezeichnung, Freigabestatus und verschiedensten Steuerungskennzeichen in den klassischen PPS-Systemen genauso wie in einem PDM-System oder auch als Attribute für einen Zeichnungskopf in einem CAD-System. Produktstrukturen werden in PPS/MRP-Systemen als Fertigungsstückliste verwaltet, in einem CM-System unter Marketinggesichtpunkten, im Service als Ersatzteilliste und in einem PDM-System gegebenenfalls als Konstruktionsstückliste. Dabei geht es bei diesen verschiedenen Sichten immer wieder um die gleichen Produkte.

Die Redundanz der Produktdaten in den verschiedenen Systemen ist eines der großen Probleme im gegenwärtigen IT-Management. Die Folge davon sind Defizite in Bezug auf Datenqualität, Verfügbarkeit und Aktualität. Die Sicherung der Datenkonsistenz wird durch die Replikation in anderen Fachbereichen oder gar bei externen Partnern drastisch erschwert. Der scheinbare Ausweg, nur ein einziges großes System einzusetzen, erscheint aufgrund der weitgefächerten Anforderungen und der Trägheit großer IT-Systeme nicht attraktiv.

Aus der geschilderten Situation ergibt sich ein schnell steigender Kommunikationsbedarf für die im Verantwortungsbereich von PDM-Systemen befindlichen Daten (Bild 7.7). Unter PDM-Datenaustausch wird in diesem Zusammenhang der Austausch der in Kapitel 7.3.1 skizzierten Informationen bzw. beliebiger Untermengen davon verstanden.

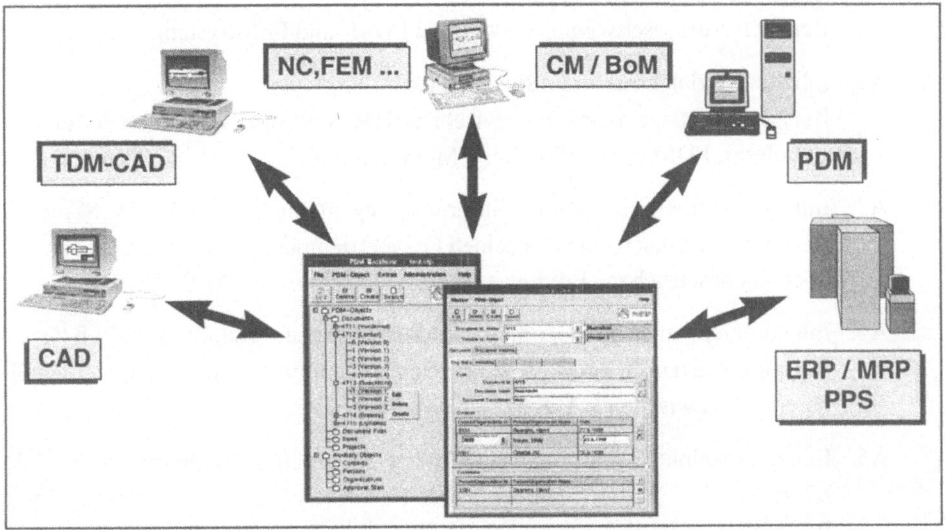

Bild 7.7
Kommunikationsbedarf am Beispiel eines PDM-Backbone-Systems

7.3.3 Typische Kommunikationsszenarien

Generell existiert eine Vielzahl von Möglichkeiten zur Verteilung von Daten, Funktionen und Verantwortlichkeiten. Diese sind unter anderem abhängig von den Zielen und Anforderungen, den Geschäftsprozessen sowie den Fähigkeiten der beteiligten Systeme. Die Frage, welche Integrations- und Kommunikationsszenarien zur Unterstützung des Konstruktionsprozesses eines Unternehmens notwendig sind und wie diese gestaltet sein müssen, kann daher nicht allgemein gültig entschieden werden. Hier besteht noch ein erheblicher Bedarf an Standardisierung, denn nur durch die Identifikation und Normung typischer Arbeitsabläufe ist es möglich, zuverlässige, industrieweit einsetzbare Software zur Kommunikation produktbeschreibender Daten in unterschiedlichen Prozessstadien zu entwickeln. Das Kernproblem ist dabei weniger technischer Natur als vielmehr eine Frage der Begriffsnormierung und allgemein anerkannter Organisationsgrundsätze.

Trotz dieses Mangels an formal definierten Abläufen ist es möglich, die nachfolgend aufgelisteten Anwendungsfälle als Stereotypen zu identifizieren und nach den Austauschinhalten zu differenzieren [MaTr-98]:

A1. Inhalte: Produkt(stamm)daten mit Versionen, Alternativen, Verantwortlichkeiten, Freigabestati, etc. (S1);
Beispiel: Austauschvorgänge zwischen PDM- und PPS-System.

A2. Inhalte: Produktstrukturen/Stücklisten (S1, S3);
Beispiel: Austauschvorgänge zwischen PDM-Systemen von Hersteller und Zulieferer, PDM- und PPS- oder CM-System.

A3. Inhalte: Geometriedaten ohne Strukturierung zu einem Produkt (S1, S2, E1);
Beispiel: Austausch eines einzelnen Geometriemodells mit Informationen über das beschriebene Produkt zwischen CAD- bzw. TDM-Systemen.

A4. Inhalte: Geometrie und Geometriestruktur zu einem Produkt (S1, S2, E1);
Beispiel: Austausch eines geometrischen Assembly, das ein einzelnes Bauteil beschreibt, zwischen CAD- bzw. TDM-Systemen.

A5. Inhalte: Produktstruktur mit dazugehöriger Geometriemodellstruktur (S1, S3, S2, E1);
Beispiel: Austausch einer kompletten Baugruppe mit allen Geometriemodellen in einem DMU-Szenario.

A6. Inhalte: ein (gegebenenfalls strukturiertes) Dokument ohne direkten Produktbezug (E1);
Beispiel: Austausch eines Pflichtenhefts/Anforderungskatalogs für ein künftiges Entwicklungsprojekt, wobei das Dokument lediglich einer Projektnummer zugeordnet ist, zwischen PDM- und/oder Workflow-Systemen.

A7. Inhalte: ein (gegebenenfalls strukturiertes) Dokument mit direktem Produktbezug (S1, E1);
Beispiel: Austausch einer Serviceanleitung, einer technischen Beschreibung oder eines NC-Programms zu einem Produkt zwischen PDM-Systemen.

A8. Inhalte: Geometrie (gegebenenfalls strukturiert) ohne konkrete Zuordnung zu einem Produkt (S2, E1);
Beispiel: Austausch von Entwürfen/Ideen in einer frühen Entwicklungsphase zwischen CAD-Systemen mit Bezug zu einen Entwicklungsprojekt.

In Bild 7.8 sind die Entities des AP 214-ARM-Schemas zusammengefasst, die in den genannten Austauschbeispielen die Kerninformation tragen.

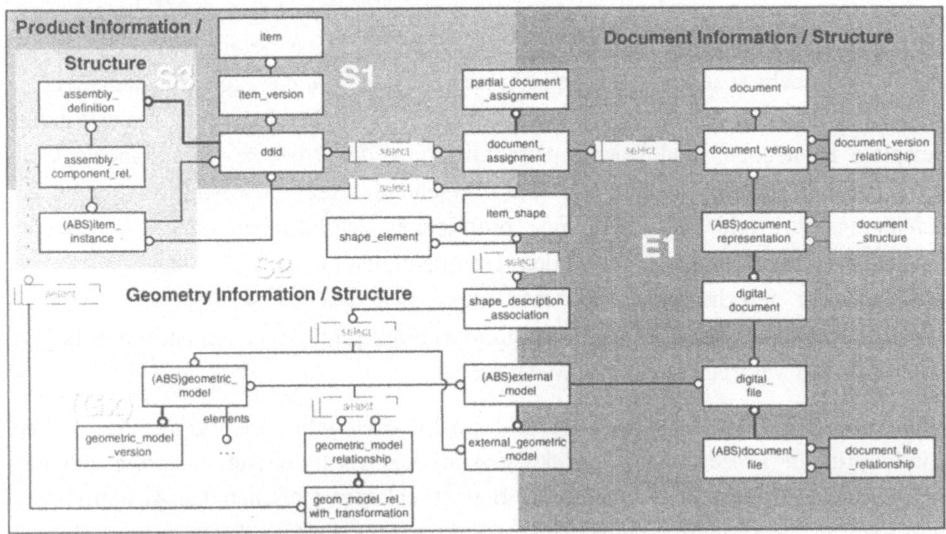

Bild 7.8
Ausschnitt aus dem AP 214-ARM-Backbone Entities im PDM-Umfeld

Neben den inhaltlichen Aspekten spielen die Kommunikationsebenen und Austauschpartner eine ganz entscheidende Rolle in einem PDM-Kommunikationsszenario. So konzentriert sich z. B. die Automobilindustrie derzeit auf:

- Parallelisierung der Produktentwicklungs- und Prozessketten entlang spezifischer Produktfunktionsbereiche (Chassis, Antrieb, Außenhaut, Interior, Elektrik, etc.),
- Produktintegration im Sinne eines „Digital Car" auf Komponenten- oder Gesamtfahrzeugebene (z. B. Motor-DMU, Fahrzeug-DMU),
- Integration externer Partner auf Produkt- und Prozessebene (reine Entwicklungspartner, Fertigungsunternehmen, Systemlieferanten).

In den folgenden beiden Abschnitten sollen typische Szenarien für eine interne und eine externe PDM-Kommunikation skizziert werden.

7.3.3.1 Zulieferindustrie

Der elektronische Austausch von produktdefinierenden Daten mit der Zulieferindustrie bzw. mit Entwicklungspartnern wurde bisher durch Geometriedaten geprägt. Dieser erfolgt im CAD-System-spezifischen (nativen) oder neutralen Format. Die eingeführten neutralen Formate wie IGES oder VDAFS werden zunehmend durch STEP abgelöst.

Bei der immer enger werdenden Kooperation zwischen Hersteller und Zulieferer (immer mehr Kooperation mit Systemlieferern) ist der alleinige Geometriedatenaustausch jedoch nicht mehr ausreichend. Daten für die Einbindung in das Projektmanagement, in Freigabeabläufe, für das Änderungsmanagement oder die Versionierung, um nur einige Beispiele zu nennen, sind bei der Parallelisierung der Prozesse (Simultaneous/Concurrent Engineering) unabdingbar. Das Versenden dieser PDM-Informationen per Zeichnungsschriftfeld, separatem Fax, proprietärer Schnittstellen oder via einfacher Textfelder in einem IGES-File wird den Anforderungen moderner Entwicklungsprozesse nicht mehr gerecht. Diese Konzepte erschließen sich nur sehr schwer einer Automatisierung über System- und Firmengrenzen hinweg mit einer semantisch richtigen, elektronischen Verarbeitung der PDM-Daten.

Entscheidend bei der Zuliefererintegration im PDM-Umfeld ist ein gemeinsames Verständnis für die Prozesse und Produktdaten im Austauschszenario. Aufgrund der teilweise stark differierenden Semantik und Begrifflichkeiten zwischen den Austauschpartnern (häufig selbst innerhalb eines Unternehmens) gestaltet sich dieser Prozess wesentlich schwieriger als im Geometriedatenaustausch.

Bereits an folgenden Fragestellungen wird die Situation deutlich:

- Was versteht man unter einer Teileversion? Bei welchen Änderungen eines Teils werden neue Versionen erzeugt? Ist eine Teileversion ein bestimmter Stand der Entwicklung nach einer Folge von Iterationsschritten? Wie versteht man dabei den Begriff der Revision? Gibt es mehrere Stufen der Versionierung (Revision, Version, Iteration)?
- Auf welcher Ebene wird eine Alternative zu einem Teil verwaltet? Unter welchen Randbedingungen werden Alternativteile unabhängig versioniert? Kann jede Teileversion selbst eine oder mehrere Alternativen haben?
- Was verbirgt sich z. B. hinter einem (Freigabe-)Status „Anmeldung zur Vorfreigabe“? Welchen Verbindlichkeitsgrad hat ein Teil dieses Status? Wer darf in welchem Umfang jetzt noch ändern und mit welcher Änderungsprozedur?

Ein möglicher Ablauf für die Kommunikation von PDM-Daten zwischen Hersteller und Zulieferer ist nachstehend als Abfolge einzelner Austauschvorgänge dargestellt. Dabei werden die in Abschnitt 7.2.2 identifizierten stereotypen Anwendungsfälle zugrunde gelegt und den einzelnen Schritten zugeordnet.

1. Der Automobilhersteller will einen Entwicklungsauftrag an einen Systemlieferanten vergeben und liefert Dokumente zur Spezifikation (A6).

2. Im Rahmen von Studien und Angeboten werden erste Entwürfe als Geometriemodelle vom Systemlieferanten geschickt (A8).

3. Mit der Projektvergabe gibt der Hersteller gegebenenfalls (eine) Teilenummer(n) für die Komponente(n) und entsprechende Spezifikationsparameter vor (A1).

4. Während der Entwicklungsphasen (z. B. Konzept, Detaillierung, Prototypenbau) werden ständig Entwürfe mit steigender Detaillierung zwischen Systemlieferant und Hersteller ausgetauscht (A1, A3 oder A4).

5. Nach entsprechender Freigabe wird ein vereinbarter Entwicklungsstand „eingefroren", in die Produktion überführt und die Produktdokumentation erstellt (A1, A5, A7).

6. Weitere Unterlagen für die Serie werden an den Hersteller geliefert (z. B. eine Ersatzteilliste für den Service, A2).

7. Während der Serienfertigung entstehen Änderungsanforderungen an den Systemlieferanten (A7) und der Prozess schließt sich mit Schritt 4.

7.3.3.2 Hausinterne Systemintegration

Neben den vielfältigen Abgleichprozessen zwischen den Systemen, die Ausschnitte aus den produktdefinierenden Daten verwalten ist gegenwärtig die Implementierung von DMU-Prozessen eine der Herausforderungen in der Automobilindustrie. Die dafür notwendige Datentransformation von den Quellsystemen in das Zielsystem, in welchem der DMU stattfinden soll, ist für die Unterstützung der Prozesse essenziell. Dafür sind Interaktionen zwischen CAD-, TDM/PDM- und gegebenenfalls CM/BoM-Systemen notwendig.

Ein möglicher Ablauf unter Beteiligung verschiedener CAD-Systeme könnte wie folgt aussehen (die zugehörigen Anwendungsfälle aus Kapitel 7.3.3 sind für jeden Schritt in Klammern angegeben):

1. Aus dem Zielsystem heraus wird eine DMU-Anforderung für eine bestimmte Produktkomponente (z. B. Motor) in einer bestimmten Ausprägung erstellt. (A1 + Konfiguratoren).

2. In dem für die Produktkonfiguration verantwortlichen System (CM/BoM oder PDM) wird die zu betrachtende Produktstruktur ermittelt und selektiert (A2).

3. In Abhängigkeit entsprechender Filter (Freigabestatus, Zugriffsrechte etc.) werden über das PDM-System die für den DMU notwendigen Dokumente (CAD-Modelle) sowie deren Struktur ermittelt und in den jeweiligen CAD-Systemen ein Checkout initiiert (A1, A5).
4. Dokumente, die nicht im Format des Zielsystems vorliegen, werden konvertiert (A4).
5. Die CAD-Modelle werden in den Datenvault des Zielsystems übertragen bzw. ein Direktzugriff ermöglicht (A4).
6. Die Produkt- und/oder Dokumentstruktur wird im Zielsystem aufgebaut und die Modelle geladen (A2+A3, A4 oder A5).
7. Das DMU-Ergebnis wird analysiert, notwendige Änderungen eingeleitet und der Prozess gegebenenfalls wiederholt (Ergebnisprotokoll als A7).

7.3.4 Weitere Entwicklungen

Für den Austausch produktdefinierender Daten sind sowohl die Geometrie- wie auch die Metadaten entscheidend. Während in der Vergangenheit CAD-Daten und organisatorische Daten mehr oder weniger getrennt voneinander ausgetauscht wurden, ist es in einer integrierten Systemlandschaft von besonderem Interesse, beide Datenkategorien integriert zu betrachten und gemeinsam zu übertragen. Bei einem Datenaustausch via Filetransfer unterstützt STEP dabei prinzipiell zwei Verfahrensweisen:

- Geometriedaten und PDM-Daten in einem Austauschfile,
- Geometriedaten in einem/mehreren separaten File(s), welche aus einem sogenannten CC 6-Masterfile referenziert werden.

Fall 1 wird insbesondere genutzt bei kleinen Modellen oder Baugruppen, welche typischerweise zwischen CAD- bzw. TDM-Systemen ausgetauscht werden. Bei komplexeren Datenstrukturen ist ein Splitting der produktdefinierenden Daten in Geometrie- und Metadaten zu empfehlen. Ein derartiges Splitting hat folgende Vorteile:

1. Beim Checkout einer Baugruppe aus einem CAD-System können die Komponenten separat gehandhabt werden, d. h., dass z. B. jedes einzelne Solid aus Pro/ENGINEER in einem einzelnen Solid in CATIA resultiert. Das vereinfacht das individuelle Management (auch größerer) Komponenten in CATIA (die Geometriedaten eines Zylinderkopfs können z. B. 500 MB bis über 1 GB beanspruchen).

2. Redundanzen im Empfangssystem können vermieden werden (Beispiel: Wird eine Baugruppe höherer Stufe vor einer Unterbaugruppe übertragen, so werden die Komponenten der Unterbaugruppe zweimal übertragen und gegebenenfalls redundant als „detail/ditos" in CATIA abgelegt.).

3. Die Geometrieprozessoren können für jedes einzelne Solid separat laufen; bei einem Fehler müsste nur das defekte Geometriemodell einer einzelnen Komponente nach Korrektur erneut übertragen werden. Ergebnis: kürzere Prozessorlaufzeiten, geringeres Risiko als bei umfangreichen Jobs, einfacheres Scheduling, geringere Anforderungen an Hardwareresourcen (weniger Speicher).

4. Strukturinformationen und organisatorische Daten können direkt zwischen den kooperierenden TDM-(PDM-)Systemen ausgetauscht werden (z. B. nach CDM für einen DMU).

5. Die Daten sind logisch aufgeteilt, so dass jeder Prozessor (PDM-, Geometrieprozessor) nur die für ihn relevanten Daten zu verarbeiten hat (kürzere Prozessorlaufzeiten aufgrund kleinerer Dateien).

6. Verschiedene (Geometrie-)Datenformate sind in einem Datensatz möglich, was eine höhere Flexibilität in Datenaustauschszenarien ermöglicht.

7. Es ermöglicht ein einheitliches Vorgehen für alle ein Produkt beschreibenden Dokumente unabhängig von Format oder Typ (Geometriemodell, Worddatei etc.).

Die referenzierten Geometriedateien können entweder im CAD-spezifischen, im STEP-Format (CC 2) oder in einem anderen neutralen Format vorliegen. Die Metadaten zu den einzelnen Geometriefiles, die Beziehungen der Files untereinander sowie die Referenzierungen dieser Files werden in dem CC 6-Masterfile abgelegt. Für die Referenzierung extern beschriebener Geometrien ist das UoF E1 des AP 214 vorgesehen.

Im Gegensatz zum europäischen ODETTE-Standard ENGDAT bietet der Ansatz eines STEP CC 6-Masterfiles wesentlich mehr Möglichkeiten der Beschreibung von Produktdaten und Referenzierung eines (Geometrie-) Filesets. Der Fokus von ENGDAT liegt auf dem Verschicken eines Dateisets (einschließlich CC 6-Master) als Datenpaket. Das ENGDAT-Format [VDA-96] beschreibt im Wesentlichen die Metadaten von Sender und Empfänger (spielen in STEP eine untergeordnete Rolle) und ist dafür gut geeignet.

7.4 STEP in der Praxis bei der BMW AG

In diesem Kapitel wird aus der Praxis des Automobilherstellers BMW die Relevanz des STEP-Standards für die Industrie verdeutlicht. Dabei wird auf drei Projekte eingegangen, bei denen die Berücksichtigung des Standards für den Projekterfolg von erheblicher Bedeutung war. Diese repräsentativen Beispiele erläutern anschaulich, dass speziell das STEP AP 214 ein in der industriellen Praxis bereits unabdingbarer Bestandteil ist.

Im ersten Anwendungsfall wird die Unterstützung, die der STEP-Standard bei der Integration und dem Mapping der BMW- mit der ROVER-Stücklistensystemwelt leistet, skizziert. Nachfolgend wird eine andere Facette des STEP AP 214 bei der BMW AG beleuchtet, die Kopplung der im Umfeld CATIA und Pro/ENGINEER eingesetzten PDM-Systeme über ein AP 214-Mapping. Konkrete praktische Erfahrungen bezüglich der verschiedenen betrachteten Ansätze werden hier vermittelt. Diese können als Hilfestellung für eigene Implementierungen im CAD- und DMU-Struktur-Austausch zwischen PDM-Systemen dienen. Das dritte hier erwähnte Projekt mit STEP-Bezug war ein PDM-Systembenchmark, der von einer für PDM verantwortlichen Abteilung der BMW AG gemeinsam mit einer Tochtergesellschaft für diese durchgeführt wurde. Die Unterstützung des AP 214 durch die betrachteten Systeme war dabei von entscheidender Bedeutung, da bei guter Abdeckung sowohl die Kommunikation mit hauseigenen Systemen als auch die mit externen Partnern erheblich erleichtert wird.

7.4.1 Anwendung von STEP in der Kraftfahrzeugstückliste

Die Automobilindustrie verfügt über reiche Erfahrungen bei der Anwendung der STEP-Norm für den Austausch geometrischer Informationen zwischen CAD-Systemen. Fast keine Erfahrungen bestehen jedoch bei der Anwendung der STEP-Norm für den Austausch von stücklistenspezifischen Informationen.

Die Eigenschaften von Kraftfahrzeugprodukten, nämlich hohe Produktvielfalt und Komplexität, zusammen mit einer großen Anzahl spezieller kundenspezifischer Sonderumfänge, stellen eine besondere Herausforderung für die Verwaltung von Produktdaten dar. Bei der typischen Kraftfahrzeugstückliste kommen deshalb komplexe semantische und logische Regeln zur Anwendung, die in einem generischen Produktmodell nicht leicht darstellbar sind. Erst seit neuester Zeit wurden Schlüsselelemente der

Funktionalität, die für die Kraftfahrzeugstückliste erforderlich sind, berücksichtigt und fanden die entsprechende Aufnahme bei der ISO STEP-Standardisierung.

Aufgrund der großen Bedeutung der Stückliste, die in wesentlichen Bereichen der Kraftfahrzeugindustrie ein führendes Produktstammdatensystem darstellt, kommt der Integration von internen und externen Geschäftsabläufen (Bild 7.9) durch den möglichen Austausch stücklistenspezifischer Informationen eine Schlüsselposition zu.

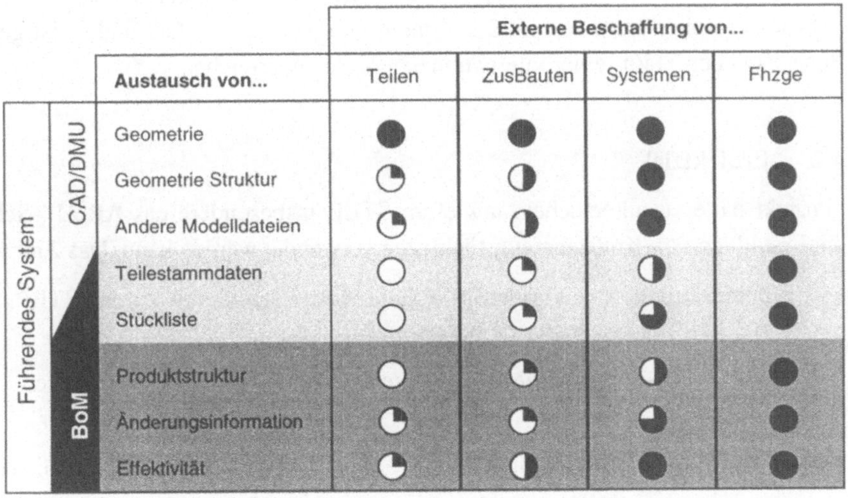

Führendes System		Externe Beschaffung von...			
	Austausch von...	Teilen	ZusBauten	Systemen	Fhzge
CAD/DMU	Geometrie	●	●	●	●
CAD/DMU	Geometrie Struktur	◔	◑	●	●
CAD/DMU	Andere Modelldateien	◔	◑	●	●
	Teilestammdaten	○	◔	◑	●
	Stückliste	○	◔	◕	●
BoM	Produktstruktur	○	◔	◑	●
BoM	Änderungsinformation	◔	◔	◕	●
BoM	Effektivität	◔	◑	●	●

Bild 7.9
Bedeutung des Datenaustauschs in der Kraftfahrzeugindustrie

Im Jahre 1997 führte die BMW AG ein Projekt mit dem Ziel durch, die Möglichkeiten der STEP-Norm für den Austausch von stücklistenspezifischen Informationen zu untersuchen. Es wurde eine Softwareanwendung entwickelt, welche in der Lage ist, Schlüsselelemente der Stückliste einschließlich der Produktstruktur eines bestimmten BMW- und Rover-Fahrzeugs auszutauschen.

7.4.1.1 Projektüberblick

Das Ziel der STEP-Norm, "eine eindeutige Darstellung rechnerinterpretierbarer Produktinformationen während der gesamten Produktlebensdauer" [ISO-93] zu erreichen, bietet folgende Vorteile für den gemeinsamen Zugriff auf und den Austausch von Stücklisteninformationen:

- Erstens erleichtert der Rahmen der Entwicklungsmethoden und der Implementierungstechniken, welche STEP bietet, den Software-Entwicklungsprozess für den Austausch von Stücklisteninformationen.
- Zweitens deckt die in den industriespezifischen STEP-Datenschemata enthaltene Datenfunktionalität ("Anwendungsprotokoll" - AP) die Funktionalitätsanforderungen der Kraftfahrzeugstückliste ab.

Das STEP AP 214-Anwendungsprotokoll beschreibt die Produktdaten von Teilen und Zusammenbauten bei der kraftfahrzeugtechnischen Entwicklung. Beide Fahrzeugkomponenten und die für ihre Herstellung erforderliche Ausstattung können dargestellt werden. Dieses Protokoll wird seit 1992 kontinuierlich weiterentwickelt und es ist geplant, bis Ende 1999 den Status einer internationalen Norm zu erreichen.

7.4.1.2 Projektziel

Das Projekt hatte zu untersuchen, inwiefern STEP, insbesondere das AP 214-Schema, für die Erstellung von Kraftfahrzeugstücklisten verwendet werden kann. Das Ziel war,

- herauszufinden, wie sich BMW- und Rover-Stücklisten an das STEP AP 214-Schema anpassen lassen, und
- die STEP-Implementierungsarchitektur und -Methoden zu untersuchen.

Dies wurde durch eine Stücklistenumsetzung auf der Grundlage von STEP realisiert.

Aufgrund zeitlicher und finanzieller Einschränkungen wurde der Projektrahmen auf die Fokussierung der BMW- und Rover-Produktcodierung (dem wesentlichen Teil der Stückliste) begrenzt. Es wurde eine Auswahl der Teilestammsätze und der Stücklistenansichtfunktionalität mit aufgenommen, um eine ausreichend umfassende Bewertung vornehmen zu können.

Die während des Projekts gesammelten Erfahrungen und die darauf folgende Anwendung sollten die Antwort auf folgende Fragen liefern:

- Wie gut können die BMW- und Rover-Stücklisten, insbesondere die Produktcodierung als Schlüssel zur Stückliste, in den STEP AP 214-Datenmodellen dargestellt werden?
- Wie kann das STEP AP 214-Datenmodell verwendet werden, um einen Bezug zwischen den BMW- und Rover-Stücklisten herzustellen?
- Was sind die Vor- bzw. Nachteile bei der Verwendung von STEP als Schnittstellentechnologie zwischen BMW- und Rover-Stücklisten im Vergleich zu einer anderen Lösung?

- Welche IT-Aspekte müssen bei der Implementierung von STEP beachtet werden, insbesondere was die Leistungs-, Software-, und Hardwareanforderungen betrifft?

7.4.1.3 Projektergebnisse

Software-Architektur

Die entwickelte Software-Anwendung auf der Grundlage von STEP ist in Bild 7.10 dargestellt.

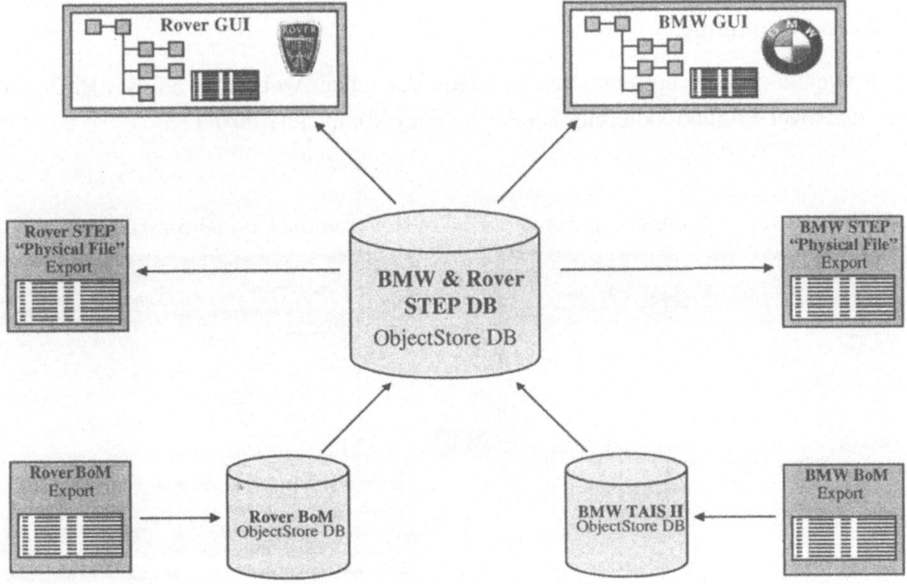

Bild 7.10
Anwendungsarchitektur

Innerhalb der Applikation kommen drei Datenschemata zur Anwendung: Eines, um die BMW-Stückliste zu importieren; ein anderes, um die Rover-Stückliste zu importieren und ein drittes, welche die stücklistenrelevante Untermenge von STEP AP 214 darstellt. Hierbei wurde das ARM-Produktdatenmodell zugrundegelegt. Alle drei Schemata werden mit der Beschreibungssprache EXPRESS beschrieben.

Das Funktionsmodell wird mit vier Abbildungsmodellen beschrieben, welche die Importprozesse der spezifischen Datenexporte aus den BMW- und Rover-Stücklistensystemen zur STEP-Datenbank beinhalten. Sowohl die BMW- als auch die Rover-spezififischen Daten werden auf einer AP 214 STEP-Datenbank abgebildet. Dabei wird die AP 214-Untermenge als Grundlage für das physikalische Datenschema verwendet. Eine objektorientierte Datenbank ObjectStore wird für die Datenbankverwaltung aller drei Datenbanken verwendet.

Das BMW-GUI wird mit der BMW-STEP-Datenbank, die die BMW-Daten wie auch die abgebildeten Rover-Daten bei der BMW-Umsetzung des STEP-Formats enthält, verbunden. Das Rover-GUI wird mit der Rover-STEP-Datenbank, die die Rover-Daten wie auch die abgebildeten BMW-Daten bei der Rover-Umsetzung des STEP-Formats enthält, verbunden. Die Stücklisten können sowohl aus den BMW- als auch aus den Rover-STEP-Instanzen dargestellt werden.

Software-Anwendung

Die Anwendung kann ein codiertes Fahrzeug darstellen, wobei sowohl die BMW- als auch die Rover-Produktcodierung zur Anwendung kommen (Bild 7.11).

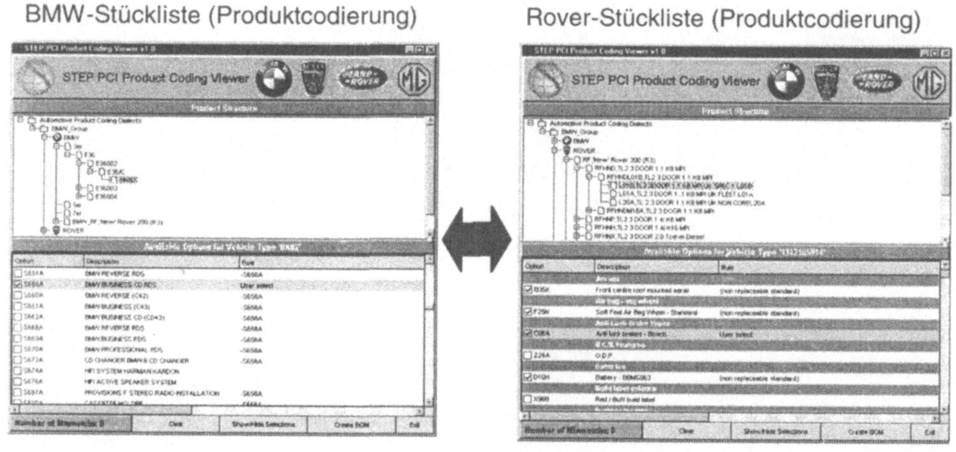

Bild 7.11
Stücklisten-Umsetzer auf STEP-Basis

Die Anwendung erlaubt dem Benutzer, durch die BMW- und Rover-Produktstrukturen bis zur untersten Ebene der BMW- und Rover-Produktstruktur zu navigieren. Der Anwender kann viele der wichtigsten Stücklisten-Produktcodierungsfunktionen ausführen, z. B. die Auswahl der Innen-/Außenfarbencodierungs-Kombinationen, der Länderausführungen und der Sonderausstattungen. Die Applikation kann die durch den Anwender getroffene Auswahl als richtig bestätigen und meldet unerlaubte Optionskombinationen.

Die Anwendung ermöglicht es dem Benutzer, zwischen der BMW- und der Rover-Produkt-Codierungsansicht eines konfigurierten Fahrzeugs hin- und herzuschalten, d. h. das STEP AP 214-Datenmodell kann verwendet werden, um zwischen den BMW- und Rover-Stücklisten einen Vergleich zu ziehen.

Wenn die Optionsauswahl ein "gültiges Fahrzeug" beinhaltet, kann der Anwender eine BMW- bzw. Rover-Stücklistenansicht der fahrzeugspezifischen Stückliste anfordern, indem er die Funktion "Show Parts List" selektiert (Bild 7.12). Dies erzeugt dann nur eine Liste von solchen Teilen, die der vom Benutzer getroffenen Option entspricht, d. h. eine fahrzeugspezifische Stückliste.

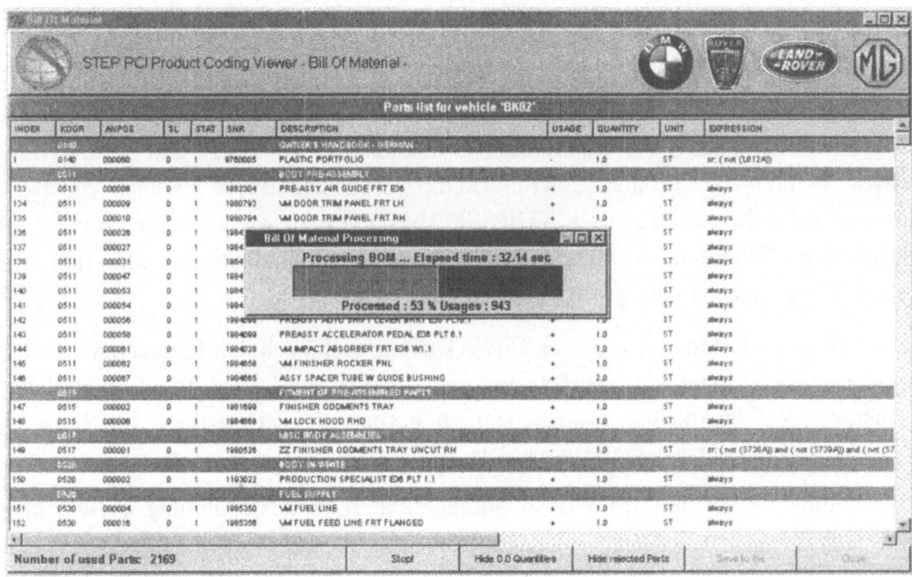

Bild 7.12
Erzeugung einer auftragsspezifischen Stückliste (BMW-Ansicht - Rover: ähnlich)

7.4.1.4 Bewertung

Anwendungsfunktionalität

Die Anwendung bietet die Schlüsselfunktionalitäten der Produktcodierungs- und Teileverwaltungsfunktionen der kraftfahrzeugtechnischen Stückliste, bis zur Schnittstelle Bruttobedarfsauflösung, d. h. der vollen Auflösung der Stückliste in einer fahrzeugspezifischen Stückliste. Der Anwender kann einen Kundenauftrag frei bestimmen, indem er entweder eine BMW- oder eine Rover-Produktcodierungslogik verwendet. Abhängig von der Produktcodierungslogik kommt die zugrunde liegende Logik der erzwungenen oder der unerlaubten Options- oder Merkmalskombinationen zur Anwendung und stellt so die Datenintegrität und Gleichmäßigkeit sicher. Dies ermöglicht es z. B., eine Ausstattung sowohl unter den durch technische und gesetzliche Regeln auferlegten Grenzen wie auch unter speziellen semantischen Produktstruktur-Grenzen darzustellen. Die Anwendung kann dann die komplette Stückliste für ein beliebiges konfiguriertes Fahrzeug generieren, wobei die Logik hinter jedem Teil innerhalb der Stückliste entweder nach BMW- oder nach Rover-Regeln bewertet werden kann. Diese Stückliste kann vollständig exportiert werden und z. B. von weiteren Systemen importiert und bearbeitet werden.

Einbindung von BMW- und Rover-Stücklisten im STEP AP 214-Schema

Beide ausgewählten Untermengen von BMW- und Rover-Produktmodelldaten können nach STEP AP 214 entsprechend den Konformitätsklassen[1] (CC) 6 und 8 abgebildet werden, wobei meistens die Funktionalitätseinheiten[1] (UoF) S1, S3 und S7 angewandt werden. Während die Produktcodierungslogik sowohl von BMW als auch von Rover mit einer guten Konformität nach STEP AP 214 dargestellt werden kann, ist durch die Fähigkeit des Schemas, komplexe Produkte darzustellen, eindeutig die Merkmal ("Feature")-bezogene Darstellung von Rover zu bevorzugen.

Eine exklusive Merkmalsgruppe von Rover kann einfach nach den Elementen „Specification_category“ abgebildet werden, und ein Merkmal wird als AP 214-Spezifikation erscheinen. Verfügbarkeiten können dann in Form von „Effectivities“ im Sinne des STEP AP 214-Schemas dargestellt werden.

Die Abbildung einer auf BMW-Basis durchgeführten Produktcodierung ist sehr komplex. Dabei werden Instanzen der Elemente „Class_condition_association'(s) with specification_expression'(s)“ für jede Basisoperation mit dem Boole'schen Ausdruck, welcher das Teil bestimmt, erzeugt und einem Modelltyp zugeordnet. So wird eine große Menge von Instanzen erzeugt, die einzeln aufgerufen werden müssen, sobald die dabei zugrunde liegende Logik gelöst werden muss. Bei Anwendungen, an die keine größeren Leistungsanforderungen in Bezug auf Daten, Zeitpunkt oder Durchsatz gestellt werden, stellt dies jedoch kein größeres Problem dar. Systeme innerhalb eines produktiven Ablaufs eines Kraftfahrzeugherstellers stehen gewöhnlich unter starkem Leistungsdruck. Zeitfenster für grundsätzliche Prozessabläufe erlauben kein Daten- und Datenbankmodell, welches z. B. zehn Elementinstanzen für eine einzige und einfache Regel im Zusammenhang mit einem Einzelteil erfordert.

---

[1] CCs und UoFs sind Segementierungen nach einem AP, die in der ISO 10303-1 definiert sind. UoF S1 ist ein "Product_management_data", S3 ein "Item_defintion_structure" und S7 ein "Specification_control."

Die Produkthierarchien, sowohl von BMW als auch von Rover, werden nach einem Satz sogenannter „Product_class"(es) im Maßstab 1:n zwischen BMW-Modelltypen und Rover-Broschürenmodellen abgebildet. Zusammenbauten (genauso wie Teile) werden nach „Item"(s) abgebildet und in eine hierarchische Sequenz mit dem Namen '"Next_Higher_Assembly" eingestuft. Da beide AP 214-Untermengen als eine einzige ObjectStore-Datenbank-Instanz erzeugt werden können, kann dieselbe Stückliste ausgelesen werden, unabhängig davon, welche Produktcodierung gewählt wird, um das Produkt zu spezifizieren.

Die Ergebnisse des Projekts zeigen, dass STEP AP 214 ausreichend leistungsstark ist, um sowohl die BMW- als auch Rover-Produktcodierungslogik abzubilden. Trotzdem muss auf diesen Gebieten das Schema verbessert werden. Eine Anzahl von Eigenschaften, die in den BMW- und Rover-Stücklisten vorhanden sind, können nicht ohne weiteres in AP 214-Elementen abgebildet werden - nicht etwa wegen eines Mangels geeigneter Elemente, sondern eher, weil kein einheitlicher Standard innerhalb der Industrie in Bezug auf die Verwendung besteht; es herrscht also keine einheitliche Praxis. Die Gesamtfahrzeugkonfiguration und die Stammdaten-Aspekte der Kraftfahrzeugstückliste beispielsweise müssen genauer spezifiziert werden. Auch gibt es Gebiete des AP 214, wo das Schema generisch nicht ausreichend ist, um die Anforderungen der gesamten Automobilindustrie abzudecken. Eine Anzahl von Eigenschaften und Konstrukten wurde ohne ersichtlichen Grund restriktiv gehandhabt. (Zum Beispiel darf eine „Specification" nur einer „Specification_category" angehören und damit können „Specifications" nicht im Maßstab 1:1 nach den Merkmalen abgebildet werden, was aber gängige Praxis in der Automobilindustrie ist, da sie verschiedene Inhalte haben, je nach Produkt, für das die Anwendung gilt.)

7.4.1.5 Erfahrungen bei der Implementierung

Effiziente Entwicklungsumgebung

Wesentliche Vorteile, die bei Verwendung von STEP als Anwendungsbasis identifiziert wurden, sind die impliziten Datenmodelltechniken und die standardisierte Terminologie. Die Vorteile, die sich dadurch ergeben, insbesondere für internationale und geographisch gegliederte Entwicklungsteams, sollten nicht unterschätzt werden. Die Terminologie der ISO 10303 ist relativ gut definiert und reduziert die falschen kontext-, internen firmen- oder sprachenspezifischen Vorstellungen, welche zu der enormen Verschwendung beitragen, die in vielen Softwareentwicklungsteams vorherrscht. Die standardisierte STEP-Umgebung definiert eine Anzahl von Werkzeugen, und damit einhergehend Verfahrensweisen, die zum Einsatz kommen sollen, besonders in der kritischen Anfangsphase einer Entwicklung.

Notwendigkeit individueller Anpassung fest etablierter Firmenentwicklungsmodelle

Der vollständige Entwicklungsprozess selbst, von der ursprünglichen Idee bis zur Produktentwicklung und dem Kundendienstkonzept, wird von STEP AP 214 nicht abgedeckt. Auch gibt es keine offiziellen ISO 900x-Richtlinien. Somit müssen hausinterne Softwareentwicklungsmodelle den neuen Methoden und Werkzeugen angepasst werden, die mit einem AP 214-Softwareerstellungsverfahren einhergehen (vergleichbar mit dem Unterschied zwischen dem objektorientierten und dem Standard-Entwicklungszyklus).

Schwächen der Supportwerkzeuge für die Entwicklung

Die in dem Projekt verwendete STEP-Architektur (Bild 7.13) arbeitet gut bei einer schnellen Prototypenerstellung, aber eine Interpretierungssprache wie Tcl wäre nicht die erste Wahl für eine Anwendung, die unter Produktionsbedingungen betrieben werden soll.

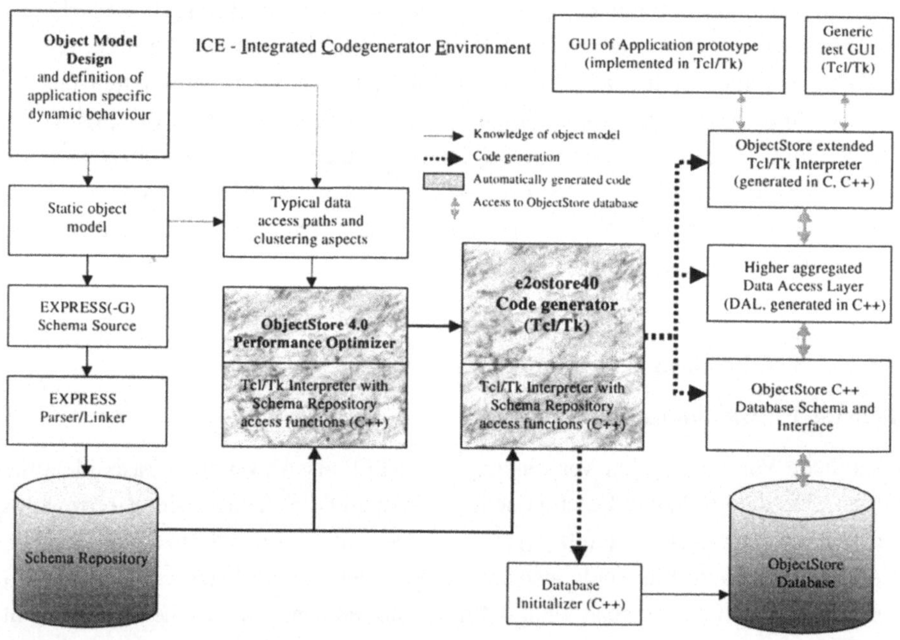

Bild 7.13
Werkzeuge für die Entwicklung des STEP-Product Coding Interface

Derzeit handelt es sich bei den Softwareentwicklungswerkzeugen entweder um "STEP Aware" oder "Capable of Productive Use" (geeignet für den produktiven Einsatz). Die Schnittmenge zwischen diesen zwei Anforderungen ist derzeit noch leer.

Eingeschränkter Support verteilter Anwendungen

Der Datenzugang und die Navigation für gemeinsame STEP-Repositories wird durch die ISO 10303 nicht abgedeckt, und während es zwar Ansätze gibt, um z. B. STEP über CORBA-Busse zu implementieren, handelt es sich hier eher um Technologieversuche als um die Bemühung, die besten Praktiken in der gesamten Industrie festzulegen oder Werkzeugkästen leicht verfügbar zu machen. Verteilte Datenverarbeitungen sowie Skalierbarkeit sind zwar nicht Gegenstand der STEP-Norm, sie gewinnen jedoch zunehmend an Bedeutung.

Begrenzte Verfügbarkeit externer Resourcen

Heute gibt es sehr wenige STEP-Entwickler in Europa - und noch weniger solche, die ein gutes Verständnis der Stücklisten-relevanten Probleme haben (das meiste Know-how liegt auf dem Gebiet des CAD). Zwar gibt es einige größere Lieferanten, die aktiv STEP AP 214 unterstützen (z. B. SAP oder debis), aber die Anzahl an qualifizierten Personen, die dieses einem Kunden anbieten können, ist sehr begrenzt, sowohl weil ihre Kapazität auf diesem Gebiet niedrig ist als auch weil die bereits vorhandenen Resourcen gut ausgelastet sind.

Sollte z. B. eine Automobilfirma das AP 214 in größerem Umfang anwenden und deshalb ein entsprechend geschultes Entwicklungsteam zusammenstellen wollen, wäre sie derzeit nicht in der Lage, eine Mannschaft größer zwanzig Mitarbeiter zu finden, um innerhalb eines annehmbaren Zeitrahmens eine auf STEP-Basis entwickelte Anwendung zu implementieren.

7.4.1.6 Grundsätzliche Anforderungen für den Austausch von Stücklistendaten

Die komplexe semantische Funktionalität und firmenspezifische Aspekte der meisten kraftfahrzeugtechnischen Stücklisten bewirken, dass der Austausch von Stücklistendaten eine andere Aufgabe darstellt als der Austausch von CAD-Informationen. Der gemeinsame Zugriff und der Austausch eines Informationselements erfordert ein gemeinsames Verständnis in Bezug auf das, was ein Element darstellt, und darüber hinaus für den Zusammenhang, in welchem diese Daten zu interpretieren sind, so dass für das Element eine sinnvolle Instanziierung erzeugt wird.

Ein typisches Element vieler kraftfahrzeugtechnischer Stücklisten ist das Element "Merkmal" (engl.: feature). Dieses kann eine beliebige Anzahl von Dingen darstellen, je nachdem, in welcher Firma das Element eingesetzt wird. Ein Merkmal in einer Stückliste beschreibt im Normalfall eine Produkteigenschaft und wird als Produktstrukturierungsmechanismus verwendet, um die Stückliste nach der Auswahl bestimmter Produktoptionen zu strukturieren. Die Verwendung eines Merkmalkonzepts variiert stark, in einigen Stücklisten wird sie in Form von "exklusiven" Merkmalen eingesetzt, d. h. nur ein ganz bestimmtes Merkmal für die Definition eines Produkts kann und muss auf jeder Ebene der Produktstruktur gewählt werden. In anderen Stücklisten wird das Merkmalkonzept in einer differenzierten "kann-Wahl" verwendet, eher in Form einer Kollektor-Kette, welche zur Konditionierung der Teile eingesetzt wird. In diesem Beispiel würde lediglich der Vergleich von Merkmalen zwischen zwei Stücklisten-Umgebungen offensichtlich zu Missverständnissen führen. Zum Beispiel besitzt ein Element "Teil" höchstwahrscheinlich eine Anzahl von Merkmalen, um das Teil zu beschreiben, so z. B. die Eigenschaft "Ausgabestand". Abhängig vom Firmenkontext kann der Ausgabestand jedoch in verschiedener Weise zum Einsatz kommen, z. B. selektiv eingesetzt entweder für die Form, Passung, Funktion oder für eine Kombination aller drei.

Ein wesentlicher Faktor für den Erfolg des Austauschs jeglicher Stücklisteninformationen ist die anfängliche Abbildungsphase (Mapping), welche durchgeführt werden muss, um die Stücklisten miteinander zu verbinden. Dies ist im Wesentlichen unabhängig von der eingesetzten Technologie. Die STEP-Umgebung (Werkzeuge, Verfahren, Datenschemata) kann sicherlich den erforderlichen Aufwand auf ein Minimum reduzieren, diese Aktivitäten jedoch nicht ersetzen.

7.4.1.7 Zusammenfassung

Die entwickelte Anwendung ist die erste STEP-basierte Anwendung in der Automobilindustrie, die den Austausch von wesentlichen stücklistenrelevanten Informationen ermöglicht. Der Austausch von Stücklisten zwischen BMW und Rover, zwei Unternehmensteilen mit grundsätzlich verschiedenen Produktcodierungsansätzen, zeigt, dass die STEP-Entwicklung auch in diesem Bereich einen ausreichenden Reifegrad erreicht hat. Die wesentliche Funktionalität der Stücklisten-Produktcodierung konnte durch den Einsatz des STEP AP 214-Schemas abgedeckt werden. Eine Anzahl von Problemen wurde identifiziert, die erkennen lassen, dass im Vergleich zu einer bestimmten Lösung Anwendungen, die vollkommen auf der Grundlage der STEP-Implementierung zum Einsatz kommen, für Online-Transaktionsanwendungen für Stücklisten nicht geeignet sind.

STEP sollte jedoch als Basis für Anwendungen berücksichtigt werden, bei denen ein gemeinsamer Zugriff auf Daten besteht, besonders wenn die Integration von wichtigen Informationen (wie die Stückliste) zwischen internen und externen Entwicklungs- und Produktionspartnern erforderlich ist.

Da die Anzahl der Partner für neue Entwicklungen in der Automobilindustrie ständig zunimmt und die Rolle von Lieferanten im technischen Prozess wächst, so dass sie bald dieselbe Bedeutung haben wie hausinterne technische Abteilungen, müssen die Erstausrüster einen Weg finden, den Zugang sowohl zu ihren besonderen als auch zu ihren Standardsystemen von CAx-, PDM- oder Konfigurationsverwaltungsanwendungen zu öffnen und zu integrieren. Eine gemeinsame Datenbank innerhalb und außerhalb der Firma kann die nahtlose Integration von Automobilprozessen ermöglichen wie z. B. durch den Einsatz von transparenten STEP-Gateways in PDM- und Stücklistensystemen.

Langfristige Lösungen für die Datenspeicherung

Aus Gründen der Produkthaftung sollen die Erstausrüster die Daten dreizig oder mehr Jahre aufbewahren. Aufgrund der besonderen Eigenschaften der Informationstechnologie ist es unwahrscheinlich, künftig bestimmte Stücklisten-Systeme zu reaktivieren. Ein auf STEP-Basis aufgebautes System ermöglicht es jedoch, dass die aktuellen Daten aufgrund der Standardisierung in STEP vertikal erweiterbar sind.

Für potentielle Anwender der auf STEP basierenden Technologie bedeutet dies:

- Die Schemata der STEP-Norm sollten immer dann zum Einsatz kommen, wo dies möglich ist.
- Wenn eine gewisse Freiheit für die Auswahl der Datendarstellung besteht, sollte die von STEP gewählt werden, da dann eine maximale Kompatibilität sichergestellt wird, was bei einer Datenübertragung von bzw. zu einem internen oder externen Partner erforderlich ist. Wenn möglich, sollte immer die Granularität gemäß der STEP-Norm AP 214 gewählt werden, da dies die Schwierigkeiten der für die Instanzenerzeugung der Informationen erforderlichen komplizierten Abbildungsprozesse begrenzt oder zumindest reduziert.
- Es sollte eine neutrale Dokumentationsmethode und nicht etwa eine systemspezifische zur Anwendung kommen, d. h. das Datenmodell und die Anwendungslogik sollten dokumentiert werden und nicht nur die (anwendungsspezifische) Implementierung.

Eine Anzahl weiterer Probleme, die prinzipiell von STEP entkoppelt sind, aber die dennoch möglicherweise einen großen Einfluss auf den Erfolg einer auf STEP basierenden Entwicklung haben können (z. B. zu wenig ausgebildete Fachkräfte), müssen in jeder Anwendung auf dem Gebiet der Stücklistenerstellung berücksichtigt werden.

7.4.2 Projekt PICANT: CAD- und PDM-Systemintegration auf Basis des STEP AP 214

Der vorliegende Beitrag zeigt Einsatz und Nutzen von STEP AP 214 für die Integration eines neuen CAD-Systems in eine existierende CA-Landschaft, wie sie bei der BMW AG existiert.

7.4.2.1 Ausgangssituation

Im Februar 1997 wurde in der BMW AG beschlossen, dass die "Prozesskette Antrieb" für die Entwicklung der neuen Motorengeneration das CAD-System Pro/ENGINEER der Firma Parametric Technology Corporation (kurz PTC) einsetzt. Dem Beschluss zufolge sind der Grundmotor und das Getriebe in Pro/ENGINEER zu entwickeln, während karosserieabhängige Motorteile wie die Abgasanlage oder der Kühler in CATIA entwikkelt werden. Weiterhin wurde festgelegt, dass die "Prozesskette Antrieb" ihre Pro/ENGINEER-Daten als CATIA-Daten für den Digital Mockup des Gesamtfahrzeugs und den "Design in Context" (Konstruktion im lokalen Bauraum) bereitstellt, damit die mit CATIA entwickelnden Bereiche darauf zugreifen können.

Aufgrund dessen entstand der Bedarf, das System Pro/ENGINEER möglichst eng in die von CATIA geprägte CAx-Landschaft zu integrieren, um dadurch systembedingte Reibungsverluste zu vermeiden. Dies betrifft sowohl den Geometrie-Datenaustausch zwischen Pro/ENGINEER und CATIA als auch den Austausch von PDM-Informationen zwischen dem bei BMW entwickelten PDM-Hauptsystem PRISMA und dem Pro/ENGINEER-nahen TDM-System Pro/INTRALINK.

Infolgedessen wurde das Projekt PICANT ins Leben gerufen (PICANT-Pro/ENGINEER-Pro/INTRALINK-CATIA-PRISMA Integration in der Prozesskette Antrieb), welches sich in drei Teilprojekte aufteilt:

- PDM: Integration von Pro/ENGINEER-relevanten PDM-Informationen in das PDM-Hauptsystem PRISMA. Entwicklung einer bidirektionalen Online-Kopplung zwischen PRISMA und Pro/INTRALINK.
- Geometrie: Optimierung des Geometriedatenaustauschs zwischen CATIA und Pro/ENGINEER. Integration der optimierten Methoden über den Datenaustauschmanager DXM der Firma ProSTEP GmbH.
- Integration: Migration von Pro/PDM nach Pro/INTRALINK, Beschaffung von Hardware und Software, Bereitstellung der Infrastruktur für die Teilprojekte PDM und Geometrie.

Nachfolgend wird im Wesentlichen auf das Teilprojekt Geometrie eingegangen, da hier STEP AP 214 die zentrale Komponente bildet. Die Relevanz von STEP AP 214 für das Teilprojekt PDM wird am Ende des Kapitels erläutert.

7.4.2.2 Hochoptimierter Geometriedatenaustausch zwischen CATIA und Pro/ENGINEER basierend auf STEP AP 214

Für die geometrische Integration mussten folgende Prozesse unterstützt werden:

1. Gesamtfahrzeug DMU in CATIA/4D-Navigator: z. B. Einbauuntersuchung "Passt der Motor (Pro/ENGINEER) in den Vorderbau (CATIA)?"
2. "Design in Context" durch den CATIA-Konstrukteur: z. B. Verlegen von elektrischen Leitungen (CATIA) entlang des Motors (Pro/ENGINEER).
3. Motor DMU in Pro/ENGINEER: z. B. Package-Analyse des Komplettmotors, der wie bereits erwähnt aus Pro/ENGINEER- und CATIA-Daten besteht.
4. "Design in Context" durch den Pro/ENGINEER-Konstrukteur: z. B. Einpasen des Getriebegehäuses (Pro/ENGINEER) in den auf CATIA-Daten basierenden Motorraum.
5. Unterstützung des Freigabeprozesses auf Basis von CATIA 2D-Zeichnungen.

Aus diesen Anforderungen heraus ergaben sich folgende Datenaustauschketten, die zur Verfügung gestellt werden mussten:

- 3D-Datenaustauch von Pro/ENGINEER nach CATIA für die Punkte 1 und 2
- 3D-Datenaustauch von CATIA nach Pro/ENGINEER für die Punkte 3 und 4
- 2D-Datenaustausch von Pro/ENGINEER nach CATIA für den Punkt 5

Diese Austauschprozesse sollten so gestaltet sein, dass die Übertragung vollständig ist und somit auf die aufwändige manuelle Nacharbeit infolge von Übertragungsverlusten verzichtet werden kann. Weiterhin müssen die Prozesse automatisierbar und batchfähig sein, um den Anwender beim Datenaustausch zu entlasten.

Zu Beginn des Projekts wurde eine Analyse der bestehenden Austauschformate durchgeführt. Für den 3D-Datenaustausch boten sich beim Stand Ende 1998 die in Tabelle 7.1 aufgeführten Alternativen an.

Tabelle 7.1 Austauschformate und –prozessoren

Austauschformat	Prozessor CATIA-seitig	Prozessor Pro/ENGINEER-seitig
IGES Version 5	IGECAT bzw. CATIGE (Dassault Systems)	Pro/INTRAFACE for IGES (PTC)
STEP AP 214	ST1CAT bzw. CATST1 (Dasault Systems)	Pro/INTERFACE for STEP AP 214 (PTC)
STEP AP 214	COMSTEP (debis)	Pro/INTERFACE for STEP AP 214 (PTC)
VDAFS	(SLIGOS)	Pro/INTERFACE for VDAFS STEP (PTC)
CATIA-Pro/ENGINEER-Direktschnittstelle von PTC	Pro/INTERFACE for CATIA (PTC)	Pro/INTERFACE for CATIA (PTC)

Für den 2D-Bereich war mangels Alternative keine große Auswahl zu treffen. Es existierte lediglich die IGES-Schnittstelle. Keiner der STEP AP 214-Prozessoren von Dassault, debis bzw. PTC unterstützt den Drawing-Bereich von STEP AP 214[2]. Dies wäre aber aus Sicht der Endanwender begrüßenswert, um eine mit dem 3D-Modell assoziierte Zeichnungsdarstellung zu ermöglichen. Im Weiteren wird daher nicht mehr auf die 2D-Zeichnungsübertragung eingegangen.

In einer Vorauswahl wurde auf die Analyse der Übertragung mittels VDAFS verzichtet, da VDAFS eine Übertragung von Baugruppen nicht zulässt. In der Motorkonstruktion mit Pro/ENGINEER wird diese Konstruktionstechnik jedoch häufig eingesetzt. Dies geht soweit, dass selbst physikalische Einzelteile wie ein Zylinderkopf konstruktiv in ein Pro/ENGINEER-Assembly zerlegt werden, um dadurch die Komplexität zu beherrschen (d. h. die konstruktive Baugruppe stellt in der Realität ein Einzelteil dar).

Die Analyse wurde auf Basis eines repräsentativen Auszugs des Bauteilespektrums der Antriebskonstruktion durchgeführt (dreizig Modelle). Auf den Einsatz von externen Optimierungsadaptern wie z. B. des PSiges_Adapters der ProSTEP GmbH wurde verzichtet. Es wurden lediglich die Konfigurationsparameter der Prozessoren zur Verbesserung der Übertragung eingesetzt, um ein realistisches Bild bezüglich der Leistungsfähigkeit zu erhalten. Dabei wurden folgende Ergebnisse ermittelt:

- Die Übertragungsrate mittels IGES 5 lag unter der von STEP und der Pro/ENGINEER-CATIA-Direktschnittstelle.
- Die Übertragungsrate bei großen Bauteilen war mittels STEP etwas besser als bei der Direktschnittstelle.

---

2 Derzeitig erweitern die Firma debis und die Firma PTC ihre Prozessoren um diese Funktionalität und führen bereits Harmonisierungstest durch, so dass die Prozessoren für den Sommer 99 verfügbar sein sollten.

- Mit IGES 5 war es zu diesem Zeitpunkt nicht möglich, Solids zu übertragen. Dies ist aber im Hinblick auf den Gesamtfahrzeug-DMU wünschenswert, da nur mit Solids Massen-Package-Analysen erstellt werden können.
- Eine Übertragung von CATIA-Solids (SoildE bzw. SolidM) in Pro/ENGINEER-Solids über Direktschnittstelle ist im Gegensatz zur Gegenrichtung nur mit manueller Nacharbeit in Pro/ENGINEER möglich, da die Schnittstelle hier nur ein Flächenmodell in Pro/ENGINEER erzeugt. Dieses Modell muss dann von Hand zu einem Volumenmodell zusammengefügt und in ein Solid-Modell umgewandelt werden. Eine Automatisierung dieses Vorgangs ist nicht möglich.
- Die Direktschnittstelle bietet kaum eine Optimierungsmöglichkeit an. Die Zahl der Konfigurationsoptionen ist gering und das Format proprietär. Außerdem sind die Fehlermeldungen spärlich und erschweren somit die Fehleranalyse und Fehlerkorrektur.
- Die Übertragungsqualität bei der Verwendung von STEP AP 214 ist abhängig von den jeweiligen Prozessoren. Dabei können Qualitätsunterschiede bei den Prozessoren sowohl beim Erzeugen der STEP-Daten als auch beim Einlesen auftreten. Probleme bereiteten in diesem Projekt insbesondere die Verwendung sogenannter "No-Show"-Bereiche in CATIA. Generell können andere CAD-Systeme mit derartig CATIA-spezifischen Informationen nicht umgehen. Das Löschen von "unused details" in CATIA vor der Übertragung erwies sich als vorteilhaft.
- Der Einsatz einer absoluten Genauigkeit in Pro/ENGINEER stellte sich als zwingend notwendig für den Datenaustausch dar, da hier gezielt mit Konfigurationsparametern optimiert werden kann. Bei Verwendung der relativen Genauigkeit ist dies nicht möglich, da sich hier ständig die Randbedingungen ändern. Bei der BMW AG wird eine absolute Genauigkeit von 0,012 eingesetzt. Dieser Wert beruht auf einem Erfahrungswert, der bei der Konstruktion von Zylinderköpfen (dem wohl komplexesten Teil in der Motorkonstruktion) ermittelt wurde. Eine niedrige Genauigkeit würde die komplette Ausmodellierung des Zylinderkopfs nicht mehr ermöglichen.
- Die Erhöhung der Genauigkeit der Modelldimension 5000 auf 2000 in CATIA verbessert zusätzlich die Übertragungsrate von Pro/ENGINEER nach CATIA. Hierbei bewegt sich die Genauigkeit von CATIA in die Richtung der bei der BMW AG eingesetzten absoluten Genauigkeit von Pro/ENGINEER. Dadurch werden die Verluste infolge einer niedrigeren Genauigkeit reduziert.

- Auch ohne Optimierung konnte insbesondere mit STEP und der Direktschnittstelle eine hohe Anzahl an Modellen übertragen werden, jedoch nicht immer fehlerfrei. Oft waren es nur wenige Flächen, die nicht übertragen wurden, wie z. B. das Kurbelgehäuse, bei dem sechzehn von 5201 Flächen nicht übertragen wurden. Jedoch stellt jedes Modell, in dem auch nur eine Fläche fehlt, in der Praxis einen Verlust dar, da kein Volumen bzw. Solid erzeugt wird, was wiederum manuelle Nacharbeit bedeutet. Die von den Herstellern oftmals angeführten Zahlen aus den verschiedenen Benchmarks, wie z. B. "99 % aller Flächen konnten übertragen werden", stellen für die BMW AG keine Aussage dar. Für die BMW AG, und das gilt auch für die anderen Automobilisten, zählt vielmehr folgendes Kriterium: "Wie hoch ist der Prozentsatz der Modelle, die zu 100 %, also verlustfrei, übertragen wurden?". Zum Zeitpunkt der Analyse schnitt die Übertragung mittels STEP ohne zusätzliche Optimierungen mit einer Rate von etwa nur 50 % trotzdem am besten ab.

Aufgrund dieser Ergebnisse wurde beschlossen, für die Konvertierung in beide Richtungen STEP AP 214 einzusetzen. Jedoch sollte eine Optimierung der Austauschwege mittels Adapter (Werkzeug zur geometrischen und topologischen Aufbereitung von Modellen für das Zielsystem) erfolgen. Für das Einlesen der STEP-Daten nach CATIA wurde der Prozessor von Dassault ausgewählt, für das Schreiben von STEP AP 214 wurde der Prozessor von debis bestimmt. Auf der Seite von Pro/ENGINEER kommt der Prozessor von PTC zum Einsatz. In Bild 7.14 sind die optimierten Austauschketten abgebildet.

Die Optimierung erfolgte mit dem Ziel, Solids vollständig zu übertragen, sofern als Ausgangsmodell ein Solid vorliegt (bei Pro/ENGINEER als Ausgangssystem ist dies immer der Fall). Bei der Übertragung von Pro/ENGINEER nach CATIA wird hierbei stets ein SolidE-Model erzeugt. Auf die Erzeugung von SolidM-Modellen wird verzichtet, da zum einen die Firma Dassault Systems das Format nicht weiter unterstützt und zum anderen die maximale Anzahl facettierter Flächen auf 6000 beschränkt ist und somit größere Pro/ENGINEER Daten nicht einlesbar sind.

Insgesamt kann man die Problempunkte bei der Übertragung in sechs Kategorien klassifizieren:

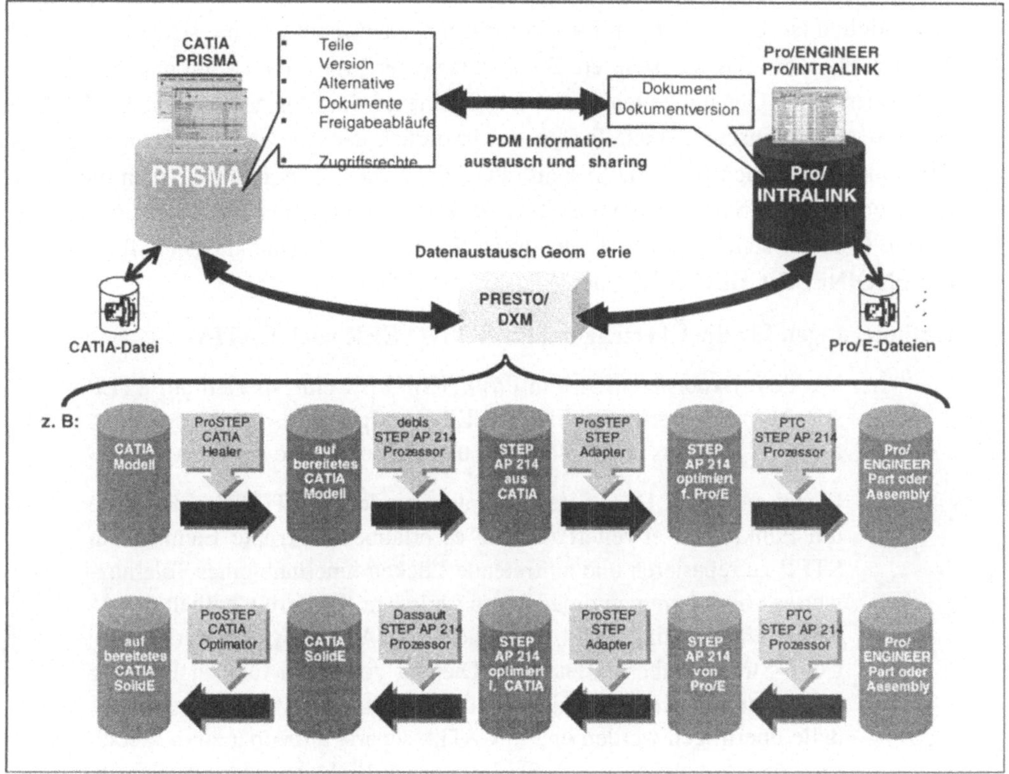

Bild 7.14
PICANT-Gesamtarchitektur

- Probleme durch fehlerhafte Prozessor-Implementierung,
- korrupte Geometrie bzw. Topologie im Ausgangs-CAD-Modell,
- Genauigkeitsprobleme,
- unterschiedliche Datenorganisation,
- Inkompatibilitäten zwischen den CAD-Systemen (Modellierungs-Philosophien),
- Anwenderfehler (Missachtung von Richtlinien, Ignorieren von Meldungen im CAD-System).

Die Beseitigung von Problemen der Kategorien 1 und 2 sollte eigentlich durch die Prozessorhersteller erfolgen. Die Erfahrung zeigt jedoch, dass dies oft nur schleppend erfolgt und es somit notwendig ist, einen kurzfristigen Workaround zu schaffen, falls dies möglich ist. Dies wurde im Projekt mehrfach angewandt und hat sich rückblickend bewertet als sehr lohnend erwiesen. Die Probleme der Kategorie 3 kann man durch eine Annäherung der Genauigkeiten lösen. Die Probleme der Kategorien 4 und 5 können teilweise durch einschränkende Richtlinien bezüglich der Anwendung bestimmter Modellierungsfunktionen im CAD-System reduziert werden. Langfristig können hier auch Erweiterungen des STEP-Datenmodells (z. B. Parametrik) helfen. Die Probleme der Kategorie 6 lassen sich bekanntlich nur durch Schulung und unterstützende Tools (z. B. Pro/ENGINEER-CHECKER) reduzieren.

Optimierungen für die Übertragung Pro/ENGINEER nach CATIA

- Vor dem Exportieren wird in Pro/ENGINEER eine speziell auf STEP AP 214 optimierte Pro/ENGINEER-Konfigurationsdatei eingelesen. Diese ist für Parts und Assemblies unterschiedlich konfiguriert.
- PSstep_Adapter: Der PSstep_Adapter von der ProSTEP GmbH wurde um Funktionen erweitert, welche es erlauben, korrupte Elemente in STEP zu reparieren und auftretende Lücken innerhalb eines Toleranzwertes von 0,1 mm automatisch zu schließen. Weiterhin enthält der Adapter ein Splittingmodul, der eine CC 2-Assembly-Struktur in eine CC 6-Struktur überführen kann. Dies ist vor allem für den Umgang mit Assemblies hilfreich, da dann die einzelnen Parts als einzelne Modelle übertragen werden und in CATIA separat aufrufbar sind. Jedoch setzt dies voraus, dass es CATIA-seitig ein PDM-System gibt, das die CC 6-Assembly-Struktur in Multi-Level-Solids umwandelt. Solange diese Voraussetzung nicht existiert, liest sowohl der DASSAULT-STEP-Prozessor als auch der debis-STEP-Prozessor ein CC 2-Assembly als ein Modell mit DITO's ein. Es dürfte klar sein, dass insbesondere große Assemblies aus Pro/ENGINEER nicht mehr in CATIA handbar sind.
- Der CATIA-Postprozessor (ST1CAT) wird mit auf Pro/ENGINEER-Daten zugeschnittenen Prozessoreinstellungen gestartet.
- PScatia_Optimator: Hier erfolgen in CATIA Nachoptimierungen des eingelesenen Modells, falls kein Solid erzeugt wurde. Dabei werden korrupte Elemente repariert und Lücken geschlossen (oft ein Resultat der unterschiedlichen Genauigkeiten in beiden Systemen). Weiterhin wird nachträglich versucht, einen reparierten Flächenverband/ein Volumen in ein Solid zu überführen. Falls Flächen oder Kurven fehlerhaft sind, werden diese auf Layer 250 abgelegt und farblich gekennzeichnet. Falls Flächen fehlen, jedoch die Randkurven existierten, werden diese auch auf dem Layer 250 abgelegt. Dies gilt auch für

Lücken, die nicht geschlossen werden können. Dadurch wird erreicht, dass ein Anwender die Problembereiche bei einer unvollständigen Übertragung sofort identifizieren und gezielt beheben kann.

Optimierung von CATIA nach Pro/ENGINEER

- PScatia_Healer: Dieser Adapter stammt ebenfalls von der Firma ProSTEP GmbH und hat die Aufgabe, CATIA-Modelle vor der Übertragung aus CATIA für den Datenaustausch aufzubereiten. Er nutzt neben eigenen CATIA-Funktionen auch Routinen aus CATGEO, um z. B. nicht übertragbare Faces in Isolinien umzuwandeln oder Multipatch-Faces durch einzelne Patches zu approximieren etc. Weiterhin werden die CATIA-Utilities CATSOE, CATMOD, und CATCLN eingesetzt. Falls ein SolidM-Model vorliegt, wird es zunächst in ein SolidE-Modell umgewandelt, da Pro/ENGINEER erhebliche Probleme hat, die aus SolidM erzeugten STEP-Daten einzulesen. Jedoch funktioniert diese Umwandlung nur, falls die Historie im SolidM-Modell noch existiert. Weiterhin werden "unused details" gelöscht, CATIA-Modelle in Teilmodelle aufgeteilt und nicht übertragbare Elemente in übertragbare umgesetzt.
- Der CATIA-Präprozessor von debis (COMSTEP) wird mit auf Pro/ENGINEER-Daten zugeschnittenen Prozessoreinstellungen gestartet, um z. B. die „No-Show"-Elemente herauszufiltern.
- PSstep_Adapter: Dieser hat im Wesentlichen die gleichen Aufgaben wie bei der Pro/ENGINEER nach CATIA-Konvertierung. Hinzu kommt noch die Umwandlung von FACETED_BREP's in Flächenmodelle, die Umwandlung von geometrisch begrenzten Flächenmodellen in topologisch begrenzte Flächenmodelle und vor allem die Aufteilung eines Multisolid-Modells[3] in eine virtuelle Baugruppe mit mehreren Singlesolid-Modellen. Dabei werden Flächenmodelle als ein Singlesolid-Modell behandelt. Diese Aufsplittung hat den Vorteil, dass Pro/ENGINEER die Modelle als ein Assembly einlesen kann. Dadurch sind zum einen die Modelle in Pro/ENGINEER als einzelne Parts ansprechbar und zum anderen wird die Gefahr reduziert, dass infolge eines korrupten Modells die gesamte Übertragung scheitert, da Pro/ENGINEER die Modelle intern einzeln importieren kann. Die Aufsplittung muss jedoch über begleitende Maßnahmen im PDM-System unterstützt werden, da hier aus einem Dokument mehrere Dokumente erzeugt werden.

---

3 Falls es sich beim dem CATIA-Modell, um ein Modell handelte, daß eine Detail/DITO-Struktur nutzt, um dadurch eine Baugruppe darzustellen, wird dieser Mechanismus ebenfalls eingesetzt.

- Analog zum Export aus Pro/ENGINEER wird für den Import der STEP-Daten eine speziell auf STEP AP 214 optimierte Pro/ENGINEER-Konfigurationsdatei eingelesen.

Durch die Optimierung konnte die Gesamtübertragungsrate von 50 % auf 80 % gesteigert werden. Dieser Wert wurde bei einem Großversuch mit insgesamt 380 Modellen (gemischtes Teilespektrum) ermittelt. Jedoch konnten gerade essentielle Teile wie ein Zylinderkopf oder ein Kurbelgehäuse (vier Flächen mussten nachbearbeitet werden) nicht vollständig als Solids übertragen werden. Realistisch gesehen dürfte die Übertragungsrate auf 90 % zu steigern sein, sofern die Hersteller ihre Prozessorfehler beheben (Fehler wurden gemeldet). Außerdem könnten einige Adaptierungen, die meist zeitintensiv sind, vermieden werden, was wiederum die Gesamtübertragungszeit erheblich senken würde. Sogenannte Anwendungsfehler (Verwenden von relativer Genauigkeit anstatt absoluter) wird es wohl immer geben. Einige Probleme sind jedoch auf bestimmte Anwendungstechniken zurückzuführen. Die häufig zum Ableiten von Package-Daten im Pro/ENGINEER eingesetzte "Surface Copy by Reference"-Technik kann z. B. zu schlechten Exportergebnissen führen, falls beim Export nicht alle refenzierten Pro/ENGINEER-Objekte im Zugriff sind, d. h. das Surface Copy Part sich im eingefrorenen Zustand befindet. Als dauerhaft problematisch sind Altdatenbestände wie z. B. SolidM-Modelle aus CATIA oder Pro/ENGINEER-Rundungen aus der Pro/ENGINEER Version 17.0 zu sehen, da deren Probleme sich im Nachhinein nicht mehr beheben lassen.

Insgesamt kann man jedoch sagen, dass der STEP AP 214-Datenaustausch den anderen Austauschverfahren überlegen ist, vor allem wenn es um Solids und Assemblies geht. Jedoch sollte STEP AP 214 in naher Zukunft auch den Austausch von parametrischen Modellinformationen unterstützen, da diese bislang verloren gehen.

Relevanz von STEP AP 214 für die PDM-Kopplung zwischen PRISMA und Pro/INTRALINK

Eines der größten Probleme bei der Verwaltung von Pro/ENGINEER-Daten sind die zahlreichen dateibasierten Abhängigkeiten zwischen den einzelnen Pro/ENGINEER-Daten, insbesondere die vorhandenen zyklischen Referenzen und Familientabellen. Die Firma PTC bietet daher für die Verwaltung Pro/ENGINEER das System Pro/INTRALINK an, welches zum einen eine sehr enge Kopplung zu Pro/ENGINEER hat und zum anderen eine sehr umfangreiche Programmierschnittstelle für den Zugriff auf PDM-bezogene Informationen bietet. Jedoch ist Pro/INTRALINK sehr auf die Belange von Pro/ENGINEER zugeschitten. Außerdem gibt es bereits bei BMW das selbst entwickelte PDM-System PRISMA (Produktinformationssystem mit Archivierung), das diese unternehmensweiten Belange abdeckt und zudem eine sehr enge Kopplung an CATIA besitzt. Die Möglichkeit einer direkten Integration von Pro/ENGINEER in PRISMA wurde verworfen, da

- dies eine umfangreiche Datenmodelländerung in PRISMA zur Folge hätte,
- die Anzahl der Referenztypen mit jeder Pro/ENGINEER-Version stetig steigt,
- die Schnittstelle von Pro/ENGINEER nicht den Zugriff auf alle Referenztypen ermöglicht,
- es zu erwarten ist, dass die Integration von Pro/ENGINEER in Pro/-INTRALINK verstärkt wird und man somit an Pro/INTRALINK „nicht vorbeikommt“ und
- der halbjährliche Versionswechsel von Pro/ENGINEER zu hohen Wartungsaufwänden auf der PRISMA-Seite führen würde.

Entsprechend der im Rahmen des Verbundprojekts PDM I 2 erarbeiteten Szenarien wurde eine Trennung der Aufgabe und Verantwortlichkeiten zwischen PRISMA und Pro/INTRALINK vorgenommen. Hierbei stellt PRISMA das Hauptsystem dar und die Pro/INTRALINK-Funktionalität wird beschränkt auf die eines sogenannten TeamData-Management-Systems zum Management der Pro/ENGINEER-Dokumente. Die Trennung der Aufgaben und Verantwortlichkeiten sind dem Bild 7.14 zu entnehmen.

Die Aufgaben von Pro/INTRALINK beschränken sich demnach im Wesentlichen auf die Verwaltung von Pro/ENGINEER-Dokumenten und deren Referenzen sowie die Unterstützung des Pro/ENGINEER-Konstruktionsprozesses mit CAD-systemnahen Funktionalitäten. Die Verwaltung (Anlage, Modifikation etc.) von Teilen, Teileversionen und nicht auf Pro/ENGINEER basierenden Dokumenten unterliegt ausschließlich PRISMA. Die Steuerung der Zugriffsberechtigung (inklusive Rollen und Projekte) und der Freigabeablauf unterliegen ebenfalls PRISMA. Entsprechende Funktionalitäten von Pro/INTRALINK werden nicht genutzt, da diese zum einen nicht deckungsgleich sind (Vermeidung von Sicherheitslöchern) und zum anderen eine Änderung der Abläufe (in Folge neuer Prozesse) ständig zu doppelten Wartungsaufwänden führen würde. Statt dessen ermittelt Pro/INTRALINK diese Informationen online über die Kopplung aus PRISMA. Weiterhin erfolgt die Erstanlage eines Pro/ENGINEER-Dokuments in Pro/INTRALINK über PRISMA. Dadurch wird erreicht, dass PRISMA alle Dokumente kennt und somit die Pro/ENGINEER-Dokumente für jeden Anwender (nicht nur Pro/ENGINEER-Anwender) sichtbar sind. PRISMA kennt nur die Existenz von Pro/ENGINEER-Dokumenten, es speichert jedoch keine Pro/ENGINEER-Dateien bei sich ab. Diese befinden sich ausschließlich in Pro/INTRALINK.

Die Kommunikation zwischen den Systemen erfolgt online, damit zeitbedingte Inkonsistenzen vermieden werden. Als Kommunikationsbasis wurde CORBA gewählt, um dadurch unabhängig von den in den Systemen eingesetzten Programmiersprachen zu sein (PRISMA: Smalltalk, Pro/INTRALINK: C) und die Kopplung skalierbar zu machen. Das oberste Ziel für die Definition der IDL-Schnittstelle war, diese neutral von beiden Systemen zu halten, um über diese Schnittstelle weitere TDM-Systeme an PRISMA anbinden zu können.

Das PRISMA-interne Datenmodell entspricht im Wesentlichen dem STEP AP 214-Datenmodell auf ARM-Ebene. Daher wurde für die Definition der Schnittstelle dieses Modell zugrundegelegt, d. h. die Schnittstelle beinhaltet z. B. ein Objekt für ein Teil, eine Teileversion, ein Dokument etc. Hierbei beschränkte man sich darauf, nur die für die Kopplung notwendigen Objekte zu beschreiben. Weiterhin wurden die in STEP vorhandenen generischen Beschreibungen (z. B. Dokumentbeziehungen) explizit als konkrete Ausprägungen abgebildet. Durch diese Maßnahme konnte eine performante Kopplung realisiert werden. Zum Erscheinungszeitpunkt des Buchs ist die 1. Leistungsstufe der Kopplung im praktischen Einsatz. Sie beinhaltet neben dem Austausch der Metadaten auch die Integration der optimierten Geometriedatenaustauschkette in die PDM-Logik.

7.4.2.3 Berücksichtigung von STEP bei der PDM-Systemauswahl

Bei einer hundertprozentigen BMW-Tochtergesellschaft, die als hochinnovatives Vorentwicklungszentrum fungiert, wurde für die Auswahl eines PDM-Systems ein Systembenchmark durchgeführt. Zur Bewertung der betrachteten PDM-Systeme wurden dabei neben technischen Kriterien auch Randbedingungen bezüglich der Marktposition und strategischen Ausrichtung des Anbieters betrachtet. Bei den technischen Bewertungskriterien lässt sich eine Gliederung in die nachfolgenden Kategorien vornehmen:

- Funktionalität,
- Integrationsfähigkeit,
- Customizing,
- Benutzbarkeit und
- Unterstützung von Standards.

Die Untersuchung der STEP-Konformität eines Systems betrifft dabei sowohl den Aspekt „Integrationsfähigkeit" als auch „Unterstützung von Standards". Da sowohl eine Anbindung des bei diesem Unternehmen zu implementierenden Systems an Systeme der BMW AG als auch ein Datenaustausch mit externen Partnern problemlos ermöglicht werden musste, war der Standard STEP gleich in zweierlei Hinsicht von Relevanz:

1. Es war notwendig, potentiell als internes Datenmodell STEP AP 214 unterstützen und abbilden zu können und
2. es bedurfte der Option, über STEP-Prä- und Postprozessoren einen Austausch von Produktdaten mit externen Systemen über Dateiexport und –import zu unterstützen.

Systeme, deren internes Datenmodell STEP-konform ist, sich also mit einem AP, in diesem Fall dem AP 214, decken lässt, gewährleisten dadurch bereits, dass prinzipiell alle wichtigen Belange der Produktdatenmodellierung bezüglich Granularität und Vollständigkeit berücksichtigt sind. Die Größe des Standardisierungsgremiums dieses Anwendungsprotokolls ist hierfür ein Garant. Bei einer Neuimplementierung eines Systems kann somit ein großer Anteil der Arbeit bei der Datenmodellentwicklung entfallen. Auch ist das interne Mapping von AP 214 auf das PDM-Datenmodell die beste Voraussetzung dafür, beim Datenaustausch mit anderen Systemen Datenverluste zu vermeiden und Konvertierungsaufgaben zu minimieren.

Der Austausch von Geometriedaten, Strukturinformationen und ORG-Daten durch den Transfer von Dateien im Batch-Betrieb über die Protokolle des STEP AP 214 sowie Teilmengen daraus setzt die Verfügbarkeit von Prä- und Postprozessoren für diese Formate voraus. Der Großteil von PDM-Anbietern liefert diese bereits für seine Systeme. Speziell ist dies der Fall bei den Anbietern, die auch gleichzeitig ein CAD-System entwickeln und vermarkten.

Bei Systemen, die ein minimales Basisdatenmodell bereits als gegeben „mit sich bringen", ist das Mapping dieses Modells mit dem Standard STEP besonders wichtig. Im Fall eines in Teilen oder vollständig durch den Kunden während des Customizings vorzugebenden internen PDM-Datenmodells ist durch STEP-Fachleute die Konformität zum Standard zu erzeugen oder zu kontrollieren. Eine Modellierung in EXPRESS oder UML ist hierbei sehr hilfreich und oft sogar unabdingbar. Im Fall der kundenspezifischen Definition eines Datenmodells ist auch eine Übergabe der Entitäten, Strukturen und Parameter an die STEP-Files für den Export sowie deren Übernahme für den Import eigenzuentwickeln.

Eine gute Abdeckung der Anforderungen der STEP-Technologie an die PDM-Systeme ist zukünftig insbesondere bei denjenigen Anbietern zu erwarten, die an den Standardisierungsarbeiten mitwirken und entsprechenden Gremien beiwohnen.

Als den für PDM-Systeme relevanten Teil des STEP-Standards erarbeiten die ProSTEP GmbH, die PDES Inc. und die japanische JSTEP-Organisation gemeinsam das sogenannte PDM-Schema. In dessen neuester Version sind alle Anforderungen der VDA ORG-Studie enthalten und vollständige Kompatibilität mit den Anwendungsmodellen AP 203, AP 212, AP 214 und AP 232 wird gewährleistet.

Im betrachteten Benchmark-Projekt bei einer BMW-Tochtergesellschaft wurde durch Vertreter der ProSTEP GmbH gewährleistet, dass die Belange des Standards STEP bei der Systemauswahl und -betrachtung hinreichend Berücksichtigung fanden. Durch einen Fragebogen zur Abbildbarkeit der wichtigsten Entitäten, Attribute und Referenzen war eine vergleichende Bewertung bezüglich des Mappings mit STEP möglich. Betrachtung fanden dabei die AP 214-Objekte der nachfolgenden Tabelle 7.2.

Tabelle 7.2 Im PDM-Benchmark betrachtete STEP-Objekte

Bauteil **Identifikator** **Bezeichnung**	**Item** **id** **name**
Klassifizierung	Specific_item_classification
Merkmal	classification_name
Allg. Klassifizierung	General_classification
Identifikator	id
Klassifizierungshierarchie	General_classification_hierarchy
...	...
Bauteilversion	Item version
Versionsidentifikator	version_id
Versionsbeziehung	Item_version_relationship
Beziehungstyp	relation_type
Sicht	Design_discipline_item_definition
Identifikator	id
Phase des Lebenszyklus	Application_context
Anwendungsbereich	application_domain
Bauteileigenschaft	Property
Material (Name/Behandlung)	Material
weitere Eigenschaften	General_property
Wert	Property_value
Toleranz	Value_range
Einheit	Unit
Beziehung zw. Eigenschaften	Property_relationship
Beziehungstyp	relation_type
Bauteilbeziehung	Item_definition_relationship
Baugruppenbeziehung	Assembly_component_relationship
Werkzeug-Teil-Beziehung	Tool_part_relationship
Halbzeugbeziehung	Make_from_relationship
Ersatzbeziehung	Replaced_definition_relationship
Geometrische Beziehung	Geometrical_relationship
Dokument	Document
Identifikator	document_id
Bezeichnung	name

Dokumentversion	Document_version
Identifikator	id
Versionsbeziehung	Document_version_relationship
Beziehungstyp	relation_type
Dokumentrepräsentation	Document_representation
Identifikator	id
Typ	Digital_document/Physical_document/Physical_model
Dokumentstruktur	Document_structure
Beziehungstyp	relation_type
Datei	Document_file
Identifikator	file_id
Dateibeziehung	Document_file_relationship
Relationstyp	relation_type
Quelle	(Document_property), External_file_id_and_location
Ursprungsbezeichnung	Document_location
	Document_creation_property
erzeugende Schnittstelle	creating interface (opt.)
Betriebssystem	operating_system (opt.)
erzeugendes System	creating system
	Document_content_property
Detaillierungsgrad	detail_level (opt.)
Art der Geometrie	geometry_type (opt.)
Maßstab	real_world_scale (opt.)
Sprachen	languages (opt.)
Format	Document_format_property
Datenformat	data_format
Zeichensatz	character_code (opt.)
Klassifikation	Document_type_property
Typisierung	document_type_name
benutztes Klassifizierungssystem	used_classification_system (opt.)
Größe	Document_size_property
Dateigröße	file_size (opt.)
Seitenzahl	page_count (opt.)
Freigabe	Approval
Freigebender Statuswert	is_approved_by
	Approval_status
Beziehung	Approval_relationship
Beziehungstyp	relation_type
Fertigungsfreigabe	Manufacturing_configuration
Fertigungslos	lot_configuration
Seriennummern	serial_configuration
Zeitraum	dated_configuration
Gültigkeit	Effectivity
Zeitraum	period
Vorfall	event
Beziehung	Effectivity_relationship
Beziehungstyp	relation_type
Auftrag	Work_order

Identifikator	id
Versionsidentifikator	version_id (opt.)
Auftragstyp	work_order_type
Projekt	Project
Identifikator	id
Bezeichnung	name
Projektbeziehung	Project_relationship
Beziehungstyp	relation_type
Tätigkeit/Vorgang	Activity
Identifikator	id
Tätigkeitstyp	activity_type
Beziehung	Activity_relationship
Beziehungstyp	relation_type
Anfrage	Work_request
Identifikator	id
Versionsidentifikator	version_id
Status	status
Anfragetyp	request_type
Vertrag	Contract
Identifikator	id
Organisation	Organization
Organisationstyp	organization_type
Name der Organisation	organization_name
Identifikator	id
Beziehung	Organization_relationship
Beziehungstyp	relation_type
Person	Person
Name	name
Identifikator	id
Fremde Identifikatoren	Alias_identification
Fremdidentifikator	alias_id
Quelle des Identifikators	alias_scope (opt.)
Beziehung zu Fremdobjekten	relation_type = supplied
Transformation	Geometric_model_relationship_ with_transformation
Tranformationsmatrix	Transformation

Es hat sich bei der Systemuntersuchung gezeigt, dass zwar oft eine Unterstützung von STEP im Datenmodell realisierbar ist, jedoch bei Systemen, die hierfür bereits konzipiert und ausgelegt sind, der Aufwand, für die Kompatibilität zu sorgen, erheblich geringer ausfällt.

Literatur zum Teil III

[BöKrDaKr-99] Böttner, D.; Krüger, K. U.; Daum, B.; Kretzschmar, O.: STEP-Einsatz in kleinen und mittleren Unternehmen. CAD-CAM Report, Nr. 9, 1999, S. 86 ff.

[ISO-93] ISO-10303-1: Overview and fundamental principles, ISO, 1993

[MaTr-98] Machner, B.; Trautheim, A.: PDM-TDM PDM I 2 Position Paper for the System Integration Scenario, ProSTEP, 7/1998

[MiMaMe-97] Miller, E.; MacKrell, J.; Mendel V.: PDM Buyer´s Guide, Sixth Edition, 1/1997

[OD-94] ODETTE: ENGDAT, 1994

[Sc-97] Scheder, H.: Requirements of car manufacturers for Product Data Management in an Extended Enterprise. STEP Forum ´97, Proceedings 4/97

[VDA-96] N. N.: Datenfernübertragung von CAD/CAM-Daten ENGDAT, VDA-Empfehlung 4951, VDA, Frankfurt a. M., 7/1996

Weitergehende Literaturhinweise

[ADKB-98] Anderl, R.; Daum, B.; Kretzschmar, O.; Bolduan, K. U.: Optimierung des Austausches von Entwicklungs- und Konstruktionsdaten in KMU unter Einsatz des STEP-Standards, Abschlussbericht zu MOBIL-Modellprojekt. Eschborn: RKW-Hessen, 1998.

[PDES/1] PDES, Inc.: General Information and Techniques for Improving STEP Translation Success, http://www.cax-if.org/bestprac/practice.html

[PDES/2] PDES, Inc.: Informationen zu STEP, Homepage der PDES, Inc. http://pdesinc.scra.org/

[ProSTEP/1] ProSTEP GmbH: Best Practices, the guidelines to successful CAD/CAM data exchange with STEP, http://public.prostep.de/BP/

[ProSTEP/2] ProSTEP GmbH: Informationen zu STEP, Homepage der ProSTEP GmbH http://www.prostep.de/

[ProSTEP/3] ProSTEP GmbH: SE - Handbuch für den VDA CAD/CAM-AK, Veröffentlichung des VDA AG Simultaneous Engineering – Datenlogistik, Holland, M., zu beziehen über http://www.prostep.de/

[ProSTEP/4] ProSTEP GmbH: SE-Checkliste, Veröffentlichung des VDA AG Simultaneous Engineering – Datenlogistik, Holland, M., zu beziehen über http://www.prostep.de/

Zusammenfassung

Die Bezeichnung STEP bedeutet "Standard for the Exchange of Product Model Data" und bezeichnet den Arbeitstitel der ISO-Normenreihe

ISO 10303 "Product Data Representation and Exchange"

(Produktdatenrepräsentation und -austausch).

STEP stellt die Grundlage der Produktdatentechnologie dar und liefert damit die informationstechnischen Voraussetzungen, um die Integration von Anwendungssoftwaresystemen über eine Datenintegration zu erreichen.

Die Produktdatentechnologie selbst umfasst die Verarbeitung von Produktdaten in den Phasen des Produktlebenszyklus und benutzt das Integrierte Produktmodell (von STEP) als Spezifikation, nach der eine Integrationsplattform implementiert werden kann. Ziel ist es dabei, dass nach der Vorgabe des Integrierten Produktmodells alle Produktdaten aus den Produktlebensphasen abgebildet werden und für die Verwendung in verschiedenen Anwendungssoftwaresystemen rechnerverarbeitbar zur Verfügung gestellt werden. Einmal erstellte, d. h. beschriebene oder berechnete Produktdaten, können dadurch in verschiedenen Anwendungssoftwaresystemen weiterverarbeitet werden. Es entsteht ein durchgängiger Informationsfluss durch die Phasen des Produktlebenszyklus.

Das Integrierte Produktmodell nach STEP legt über seine Spezifikation eine Grundlage fest, um einheitliche Funktionen zur Verarbeitung von Produktdaten zu entwickeln. Zu diesen Funktionen zählen:

- Produktdatenaustausch,
- Produktdatenspeicherung,
- Produktdatenarchivierung und
- Produktdatentransformation.

Diese Funktionen zur Verarbeitung von Produktdaten zielen darauf ab, die Anwendungssoftwaresysteme in den Phasen des Produktlebenszyklus nicht als "Insellösungen" einzusetzen, sondern durchgängige Informationsflüsse und damit integrierte

Anwendungen zu erreichen. Diese integrierten Anwendungen werden gebraucht, um zum einen Prozessketten einzurichten und zum anderen den Produktentwicklungsprozess immer vollständiger mit rechnergestützten Methoden (von Digital Mockups über Virtuelle Prototypen bis hin zum Virtuellen Produkt und sogar bis hin zur Virtuellen Fertigung) durchzuführen.

Die STEP-Normung ist bereits weit fortgeschritten und verschiedene Teile der Normenreihe sind bereits als Internationale Norm (IS, International Standard) veröffentlicht. Die Softwareindustrie bietet darauf aufbauend bereits Softwarelösungen an, die insbesondere auf den Produktdatenaustausch zielen.

Obgleich die Entwicklung der STEP-Spezifikation schon weit fortgeschritten und für verschiedene Teile der ISO-Normenreihe auch international bereits genormt ist, besteht dennoch aus industrieller Sicht ein großer Handlungsbedarf hinsichtlich der Fertigstellung der begonnenen Anwendungsprotokolle sowie einer Erweiterung und Anpassung der Spezifikation im Rahmen der fortschreitenden Technologie. Darüber hinaus zeichnen sich bereits neue Softwarelösungen ab, die ausgehend von der Einbettung von Produktdaten in Produktdatenmanagementumgebungen bis hin zum Management von Produktdaten über die Phasen des Produktlebenszyklus (dem sogenannten „product life cycle management") führen.

Anhang

Anhang A Glossar

AAM	Application Activity Model, dt.: Anwendungsspezifisches Aktivitätenmodell; schematische Darstellung von Informationsflüssen und Prozessabläufen.
AEC	Architecture, Engineering and Construction, dt.: Bauwesen.
AFNOR	Association Francaise de Normalisation, französische Normungsorganisation.
AIAG	Automotive Industry Action Group, Vereinigung von Unternehmen der Automobilindustrie in den USA.
AIC	Application Integrated Construct, dt.: anwendungsintegrierter Konstrukt; Auschnitte aus einem AIM, der mehreren AP´s gemeinsam ist.
AIM	Application Interpreted Model, dt.: Anwendungsinterpretiertes Modell; Schema, das aus der Überführung des ARM eines AP´s in die Integrierten Resourcen entwickelt wird.
ANSI	American National Standards Institute, Normungsorganisation der USA.
AP	Application Protocol, dt.: Anwendungsprotokoll.
AP 203	Application Protocol 203 „Configuration Controlled 3D Design of Mechanical Parts and Assemblies“, dt.: Anwendungsprotokoll 203 „3D-Konstruktion und Konfigurationskontrolle mechanischer Bauteile und Baugruppen“.

AP 212	Application Protocol 212 „Electrotechnical Design and Installation", dt.: Anwendungsprotokoll 212 „Konstruktion und Installation elektrotechnischer Anlagen".
AP 214	Application Protocol 214 „Core Data for Automotive Mechanical Design Processes", dt.: Anwendungsprotokoll 214 „Kerndaten für Automobilkonstruktionsprozesse".
AP 214 ORG	Schema eines Datenmodells als Teil des Anwendungsprotokolls AP 214 für die Abbildung von PDM-Stammdaten.
API	Application Program Interface, dt.: Schnittstelle für die Anwendungsprogrammierung.
ARM	Application Reference Model, dt.: Anwendungsreferenzmodell; formale Darstellung der informellen Beziehungen in einem AP.
ASCII	American National Standard Code for Information Interchange, amerikanische Norm zur Zeichencodierung.
ATS	Abstract Test Suite, dt.: implementierungsunabhängige Testzyklen; standardisiertes Testverfahren zur Überprüfung der inneren Konsistenz eines AP´s.
Benchmark	Bezeichnung eines Testverfahrens nach vorgegebenen Kriterien zur Verifizierung vorvereinbarter Eigenschaften.
BJP	Batch Job Processor; Prozessor zur Verarbeitung von Stapelaufträgen.
Browser	Bezeichnung eines Programms, das die Daten einer Datei so aufbereitet und darstellt, dass die Struktur sichtbar wird und man sich in dieser Struktur bewegen kann.
BREP	Boundary Representation, dt.: topologisch-geometrisches Strukturmodell.
BoM	Bill of Material, dt.: Stückliste (im Sinne der Mengenübersichtsstückliste).
BSI	British Standards Institute, Normungsorganisation von Großbritannien.

CAD	Computer Aided Design, dt.: rechnerunterstütztes Konstruieren.
CAE	Computer Aided Engineering, dt.: rechnerunterstützte Berechnung und Analyse.
CALS	Continuous Aquisition and Life Cycle Support, Initiative zur Automatisierung der Informationsverarbeitung und zur Integration von Informationsverarbeitungssystemen mit dem Ziel den papierlosen Geschäftsverkehr einzurichten.
CAM	Computer Aided Manufacturing, dt.: rechnerunterstütztes Fertigen.
CAP	Computer Aided Planing, dt.: rechnerunterstützte Arbeitsplanung.
CASE	Computer Aided Software Engineering, dt.: rechnerunterstützte Softwareentwicklung.
CA-System	Computer Aided - System, dt.: rechnerunterstütztes System; kennzeichnet als allgemeiner Begriff ein Anwendungssoftwaresystem. Dazu zählen z. B. CAD-, CAP- , CAM-Systeme, aber auch z. B. FEM- und MKS-Systeme.
CAT	Computer Aided Testing, dt.: rechnerunterstütztes Testen.
CC	Conformance Classes, dt.: Konformitätsklassen; Implementierungseinheiten, die aus einem oder mehreren thematisch zusammengehörenden UoFs (Units of Functionality) stammenden Anwendungsobjekten (engl.: application objects) bestehen.
CD	Comittee Draft, dt.: Arbeitspapier des Normenausschusses.
CE	Concurrent Engineering; Bezeichnung einer Methode des Entwicklungsmanagements, bei der Entwicklungstätigkeiten zur Produkt- und Produktionsverfahrensentwicklung zeitlich und inhaltlich aufeinander abgestimmt sind.
CIM	Computer Integrated Manufacturing, dt.: rechnerintegriertes Konstruieren und Herstellen.

Client	Baustein einer Client/Server-Umgebung; hierbei kennzeichnet ein Client ein Programm oder einen IT-Arbeitsplatz, der von einem Server eine Dientsleistung in Anspruch nimmt.
CM	Configuration Management, dt.: Konfigurationsmanagement.
Compiler	dt.: Übersetzer; Bezeichnung von Programmen, die von einer Quell- in eine Zielsprache übersetzen.
CORBA	Common Object Request Broker Architecture; Bezeichnung einer Technologie zum Aufbau anwendungsübergreifender Integrationsplattformen.
COOM	Cooperative Object Modelling, Bezeichnung der kooperativen Entwicklungsumgebung des DiK (Fachgebiet Datenverarbeitung in der Konstruktion der Technischen Universität Darmstadt).
CSG	Constructive Solid Geometry, dt.: Verknüpfungsmodell; Erzeugung von Geometrie durch Verknüpfung von Volumenprimitiven durch Bool'sche Operatoren.
Data Analyst	Bezeichnung der ProSTEP-Software zur Analyse geometrischer Daten.
DCOM	Distributed Compound Object Model, dt.: Verteiltes komponentenbasiertes Objektmodell; Integrationsarchitektur und -funktionen der Firma Microsoft.
DFÜ	Datenfernübertragung.
Digital Mockup	Repräsentation der Produktstruktur mit Baugruppen und Einzelteilen und deren Geometrie mit dem Ziel, Optimierungen über Modifikationen in der Baugruppenstruktur und Simulationen wie Ein- und Ausbauuntersuchungen durchzuführen.
Digital Prototype	dt.: digitaler Prototyp; Repräsentation eines Produkts durch seine Produktmerkmale, in denen neben der Produktstruktur und -geometrie auch physikalische und logische Merkmale abgebildet sind. Ziele sind beispielsweise, durch Simulation des Produktverhaltens Optimierungen durchzuführen und mit Hilfe digitaler Prototypen die Begutachtung (engl.: design

	review) und Freigabe von Produktentwicklungsergebnissen zu unterstützen.
DIN	Deutsches Institut für Normung e.V.
DIS	Draft International Standard, dt.: Normentwurf.
DMU	Digital Mockup; digitales Modell mit besonderem Schwerpunkt auf visuellen Eigenschaften.
DXM	Data Exchange Manager; Bezeichnung der ProSTEP-Software zum automatisierten Austausch von Produktdaten.
DXF	Data Exchange File, dt.: Datenaustauschdatei; Bezeichnung der Schnittstelle der Firma Autodesk zum Austausch von CAD-Daten.
Early Binding	dt.: frühe Einbindung; Implementierungskonzept, das für SDAI-Implementierungen relevant ist. Es bedeutet Typzuordnung bei der Quellcodeerstellung.
EBCDIC	Extended Binary Coded Decimal Interchange Code, Bezeichnung eines Verfahrens zur Codierung von Zeichen.
ECCO	Bezeichnung der EXPRESS-Analyseumgebung des RPK (Institut für Rechneranwendung in Planung und Konstruktion der Universität Karlsruhe).
EDI	Electronic Data Interchange, dt.: elektronischer Datenaustausch.
EDIF	Electronic Design Interchange Format, dt.: Format zum Austausch von Konstruktionsdaten der Elektronik.
EDIFACT	Electronic Data Interchange for Administration, Commerce and Transport, dt.: elektronischer Datenaustausch für Verwaltung, Handel und Transport.
EDM	Engineering Data Management, dt.: Management von Ingenieurdaten
EGE	EXPRESS Graphical Editor; Bezeichnung der EXPRESS-Entwicklungsumgebung von ProSTEP.
ENGDAT	Engineering Data, dt.: Ingenieurdaten; Bezeichnung einer Schnittstelle, um Ingenieurdaten auszutauschen.

ERP	Enterprise Resource Planing, dt.: Planung von Unternehmensresourcen.
EXPRESS	Bezeichnung der Spezifikationssprache zur Beschreibung von STEP-Produktdatenmodellen (IS 10303-11).
EXPRESS-C	Erweiterung von EXPRESS um objektorientierte und verhaltensorientierte Modellierungskonstrukte.
EXPRESS-G	EXPRESS-Graphics, graphische Notation zur Beschreibung von STEP Produktdatenmodellen.
EXPRESS-I	EXPRESS-Instantiation, graphisch-textuelle Notation zur Beschreibung von STEP-Produktdatenmodellen.
EXPRESS-P	Erweiterung von EXPRESS zur Modellierung und zur Analyse von Prozessen.
EXPRESS-X	Erweiterung von EXPRESS, zur Spezifikation von Sichten.
FDIS	Final Draft International Standard, dt.: Schlussentwurf.
FEA	Finite Element Analysis, dt.: Finite-Elemente-Analyse.
Fedex	Compilersoftware von NIST (National Institute for Standards and Technology, USA), die in EXPRESS spezifizierte Datenmodelle auf der Basis von SDAI in C übersetzt.
FEM	Finite Element Method, dt.: Finite- Elemente-Methode.
FTP	File Transfer Protocol, dt.: Protokoll zum Dateiaustausch.
GUI	Graphical User Interface, dt.: graphische Benutzungsoberfläche.
HTML	Hyper Text Markup Language, Bezeichnung der Beschreibungssprache zur Erstellung hypermedialer Dokumente.
HTTP	Hyper Text Transfer Protocol; Bezeichnung des Protokolls zum Transfer hypermedialer Anwendungen in Rechnernetzen.
IDEF0	I-CAM Definition Method No. 0, Bezeichnung einer Modellierungsmethode zur Funktionsmodellierung.
IDEF 1X	I-CAM Definition Method No. 1X, Bezeichnung einer Modellierungsmethode zur Datenmodellierung.

IDEF 2	I-CAM Definition Method No. 2, Bezeichnung einer Modellierungsmethode zur Ablaufmodellierung.
IEC	International Electrotechnical Standardization Committee, dt.: Internationales Normungskomitee für Elektrotechnik.
IGES	Initial Graphics Exchange Specification, Bezeichnung der US-amerikanischen Norm ANSI Y 14.26 M für den CAD-Datenaustausch.
IP	Internet Protocol, Bezeichnung der Spezifikation des Protokolls zur Kommunikation im Internet. IP ist Teil des Netzwerkprotokolls TCP/IP.
IR	Integrated Resources, dt.: Integrierte Resourcen; Sammelbegriff für die Basismodelle der 40er und 100er Serien von ISO 10303.
IS	International Standard, dt.: internationale Norm.
ISDN	Integrated Service Digital Network; Telekommunikationsstandard.
ISO	International Standardization Organisation, dt.: Internationale Normungsorganisation.
ISO 10303	ISO Normenreihe 10303 „Product Data Representation and Exchange". Diese ISO-Normenreihe wird mit dem Arbeitstitel STEP „Standard for the Exchange of Product Model Data" bezeichnet.
ISO TC 184	ISO Technical Committee 184 „Industrial Automation Systems and Integration".
ISO TC 184 SC 4	ISO Technical Committee 184 Sub-Committee 4 „Industrial Data"; ISO-Normungsausschuss, in dem die STEP-Normung durchgeführt wird.
JAMA	Japan Automotive Manufacturers Association, Verband der Automobilindustrie in Japan.
JAVA	Bezeichnung der objektorientierten Programmiersprache der Firma SUN Microsystems.
Late Binding	Implementierungskonzept, das für SDAI-Implementierungen relevant ist. Es bedeutet Typzuordnung zur Laufzeit.

Longform	dt.: Langform; Schema eines Anwendungsprotokolls, in dem alle Referenzen auf andere Schemata aufgelöst sind, spezifiziert in EXPRESS-Notation.
Mapping	dt.: Abbildung; Beschreibung der Abbildung der Anwendungselemente (ARM-Entities) auf Resourcekonstrukte und deren Subtypen.
MKS	Mehrkörpersimulation.
MOU	Memorandum of Understanding, dt.: Absichtserklärung.
MRP	Material Resource Planing, dt.: Materialplanung (Mengen- und Terminplanung).
NAM	Normenauschuss Maschinenbau.
NAM 96.4	Arbeitsausschuss 96.4 des Normenausschuss Maschinenbau; NAM 96.4 ist das deutsche Normungsgremium, das für die STEP-Normung zuständig ist.
Nativ-Format	proprietäres Datenformat, "Eigenformat" eines Softwarepakets
NC	Numerically Controlled, dt.: numerisch gesteuert.
NURBS	Non-Uniform Rational B-Spline; Bezeichnung eines mathematischen Beschreibungsverfahrens für Freiformkurven und –flächen.
NWI	New Work Item, dt.: neues Arbeitsprojekt.
ODETTE	Organization for Data Exchange by Teletransmission in Europe.
ODIF	Office Document Interchange Format, dt.: Austauschformat für Geschäftsdokumente.
OEM	Original Equipment Manufacturer, dt.: Hersteller originaler Güter.
OFTP	Open File Transfer Protocol.
OMA	Object Management Architectur, dt.: Architektur für das Objektmanagement.

OMG	Object Management Group; Bezeichnung der Vereinigung der an einer einheitlichen Integrationsplattform interessierten Unternehmen.
OODB	Object Oriented Database, dt.: objektorientierte Datenbank.
Open-GL	Open-Graphics Library, Bezeichnung einer Computergraphikschnittstelle.
OMA	Open Management Architecture, Architektur für verteilte, objektorientierte Systeme, Architekturkonzept der OMG (Object Management Group) und Grundlage für CORBA.
OSI	Open System Interconnection, dt.: Kommunikation offener Systeme; Bezeichnung der ISO-Norm für die Kommunikation zwischen offenen Systemen.
OSF	Open Software Foundation; Bezeichnung der Gruppe von Unternehmen, die an offenen Softwarelösungen interessiert sind.
Parser	Bezeichnung eines Programms, das eine Datei auf syntaktische Korrektheit prüft.
PDES Inc.	Bezeichnung des US-amerikanischen STEP-Zentrums, das die STEP-Technologie in den USA vertritt und sie in die industrielle Anwendung überführt.
PDF	Portable Document Format, Bezeichnung der Schnittstelle der Firma ADOBE zum Austausch von Dokumentdaten.
PDM	Product Data Management, dt.: Produktdatenmanagement.
PDMI	Product Data Modelling on the Basis of International Standards, dt.: Produktdatenmodellierung auf der Grundlage internationaler Normen; Bezeichnung eines Entwicklungsprojekts unter der Leitung der ProSTEP GmbH.
PDT	Product Data Technology, dt.: Produktdatentechnologie.
PI-STEP	The UK Process Industries STEP Consortium; Bezeichnung des STEP-Konsortiums der britischen Anlagenbauindustrie.

Postprozessor	hier: Bezeichnung eines Softwarebausteins, der Produktdaten von einer sequentiellen Datei liest und sie in ein CAD-systemspezifisches Datenmodell transformiert.
Postscript	Bezeichnung einer Seitenbeschreibungssprache, die primär für die Ausgabe von Daten auf Druckern und Bildschirmen verwendet wird.
PPS	Produktionsplanungs- und –steuerungssystem.
Prä-/Preprozessor	Bezeichnung eines Softwarebausteins, der CAD-Daten liest, diese in eine Schnittstelle transformiert und sie in Form einer sequentiellen Datei ausgibt.
Produktdefinition	Menge der administrativen und organisatorischen Produktdaten.
Produktpräsentation	Menge der Produktdaten zur graphischen oder textuellen Darstellung einer Produktrepräsentation.
Produktrepräsentation	Menge der Produktdaten zur rechnerverarbeitbaren Abbildung von Produktmerkmalen, wie z. B. Produktgeometrie, Produktstruktur etc.
ProSTEP-Toolkit	Bezeichnung der ProSTEP-Software zur Unterstützung der Entwicklung STEP-basierter Software; wird auch synonym als PSstep-Caselib bezeichnet.
PSvdafs Adapter	Bezeichnung der ProSTEP-Software zur Modifikation von VDAFS-Daten.
SADT	Structured Analysis and Design Technique; Bezeichnung einer Modellierungsmethode zur Aktivitätenmodellierung.
SAE	Society of Automotive Engineers, dt.: Vereinigung der Automobilingnieure.
SC	Sub-committee, dt.: Unterausschuss; ein Unterausschuss, der einem ISO-TC (Technical Committee) zugeordnet wurde. Die STEP-Normung findet im Unterausschuss ISO TC 184 SC 4 statt.
Scanner	dt.: Abtaster; die Bezeichnung Scanner wird einerseits für Eingabegeräte zum zeilenweisen Abtasten von Dokumenten

	gebraucht wie auch für Programmbausteine, die Zeichenfolgen lesen und diese zu sogenannten Tokens zusammenfassen.
SDAI	Standard Data Access Interface, dt.: Zugriffschnittstelle für STEP-Produktdatenmodelle.
Shortform	dt.: Kurzform; anwendungsprotokollspezifische Definition von Typen, Entitäten, Funktionen und globalen Regeln in textueller Form und in EXPRESS-Notation.
Server	Baustein einer Client/Server-Umgebung; hierbei kennzeichnet ein Server ein Programm oder einen Rechner, der eine Dienstleistung bereitstellt.
SET	Standard d´Echanage et de Transfert, dt.: Schnittstelle zum Austausch und Transfer (von Produktdaten).
SGML	Standard Generalized Markup Language, Bezeichnung einer internatinalen Norm zum Dokumentenaufbau.
SOLIS	SC 4 On-Line Information System, Bezeichnung des Online-Informationssystems zur Entwicklung und Normung der Spezifikationen, die im Rahmen des Normungsausschusses ISO TC 184 SC 4 entwickelt werden. URL: http://www.nist.gov/-sc4
SPF	STEP-Physical File; Dateiformat zum Transfer von STEP-Datenmodellen.
SQL	Structured Query Language; Bezeichnung der genormten Zugriffsschnittstelle für relationale Datenbanken.
STEP	Standard for the Exchange of Product Model Data, dt.: Norm zum Austausch von Produktmodelldaten; Arbeitstitel der Normenreihe ISO 10303.
TC	Technical Committee, dt.: technisches Komittee, Einheit eines ISO-Normungsausschusses. Ein TC kann mehrere SC´s (Sub-committee, dt.: Unterausschüsse) zur Bearbeitung von Normungsaufgaben bilden.
TCP	Transmission Control Protocol, Bezeichnung des Protokolls zur Kommunikation in Rechnernetzen. TCP ist Teil des Rechnernetzprotokolls TCP/IP.

TDM	Team Data Management, dt.: Teamdaten Management.
Test Rallys	Testverfahren zu Tests von STEP-Software. Die Ergebnisse sind nur den beteiligten Entwicklern von STEP-Software zugänglich.
TPD	Technische Produktdokumentation.
UNIX	Bezeichnung einer Klasse von Multiuser-, Multitasking-Betriebssystemen zum Betrieb von Arbeitsplatzrechnern.
UML	Unified Modelling Language; Bezeichnung einer objektorientierten Modellierungssprache.
UoF	Unit of Functionality, dt.: Funktionseinheiten; Menge von Anwendungsobjekten und ihren Beziehungen, die ein oder mehrere Konzepte innerhalb eines Anwendungskontexts definieren (Beispiele für UoFs aus AP 214 sind Produktstruktur, Toleranzen, Geometrie, u. a. m.).
VDA	Verband der Automobilindustrie e.V.
VDMA	Verband Deutscher Maschinen- und Anlagenbau e.V.
VDAFS	Flächenschnittstelle des VDA zum Austausch von Freiformflächen.
VDAIS	VDA-IGES-Subsets, Bezeichnung der VDA-Richtlinie zur IGES-Untermengenfestlegung als Vorgabe zur Implementierung von IGES-Prä- und Postprozessorsoftware.
VDAPS	VDA-Programmschnittstelle, Bezeichnung der VDA-Richtlinie für eine Programmschnittstelle zur Erstellung CAD-System unabhängiger Variantenprogramme.
VDAORG	Bezeichnung einer Datenspezifikation des VDA für organisatorische Daten, insbesondere mit Anforderungen bezüglich PDM-Stammdaten.
Virtual Product	dt.: virtuelles Produkt; Repräsentation aller relevanten Produktmerkmale in einem Produktmodell. Das virtuelle Produkt besteht in der Regel aus den in digitalen Prototypen repräsentierten Produktmerkmalen.
VRML	Virtual Reality Modelling Language; Bezeichnung einer Modellierungssprache für Objekte der Virtuellen Realität.

WD	Working Draft, dt.: Arbeitspapier der Arbeitsgruppe.
WG	Working Group, dt.: Arbeitsgruppe; Bezeichnung einer Arbeitsgruppe, die vom Normungsausschuss ISO TC 184 SC 4 eingesetzt wurde und an ihn berichtspflichtig ist.
Windows	Allgemeine Bezeichnung der Betriebssysteme der Firma Microsoft. Spezielle Varianten von Windows liegen z. B. als Win 98 oder Win NT (Network Technology) vor.
XML	Extended Markup Language; Bezeichnung einer Beschreibungssprache zur Erstellung hypermedialer Dokumente. XML basiert auf der SGML-Technologie, ist ein in der Entwicklung befindlicher Industriestandard zur Strukturierung von Informationen.
X-WINDOWS	Bezeichnung der Schnittstelle zur Erstellung graphischer Benutzungsoberflächen unter dem Betriebssystem UNIX.
WYSIWYG	What You See Is What You Get; Bezeichnung eines Verfahrens für Benutzungsoberflächen.
WWW	World Wide Web, dt.: Weltumspannendes Rechnernetz.

Anhang B
Beschreibung der einzelnen Teile der ISO 10303

Im Folgenden wird eine Übersicht über die einzelnen Teile (Parts) der ISO-Normenreihe 10303 gegeben. Die Gliederung orientiert sich an der in Bild 4.2 dargestellten Struktur, die die Normenreihe einteilt in:

- Beschreibungsmethode (10er Serie),
- Implementierungsmethode (20er Serie),
- Methodik und Rahmenwerk zur Konformitätsprüfung (30er Serie),
- Anwendungsunabhängige Basismodelle (40er Serie),
- Anwendungsspezifische Basismodelle (100er Serie),
- Anwendungsprotokolle (200er Serie),
- Implementierungsunabhängige Testzyklen (300er Serie) und
- Anwendungsintegrierende Konstrukte (500er Serie).

Beschreibungsmethoden

1	**Overview and Fundamental Principles**
	In diesem Dokument werden die grundlegenden Konzepte von ISO 10303 und der Aufbau dieser Normenreihe beschrieben.
11	**EXPRESS Language Reference Manual**
	Beschreibt die Sprache EXPRESS, die innerhalb der Normenreihe ISO 10303 zur Produktdatenmodellierung eingesetzt wird. EXPRESS ist programmiersprachenunabhängig. Eine Untermenge von EXPRESS stellt die graphische Beschreibungssprache EXPRESS-G dar.
12	**The EXPRESS-I Language Reference Manual**
	EXPRESS-I stellt eine Sprache zur Instanziierung von in EXPRESS modellierten Datenmodellen dar.

Implementierungsmethoden

21	**Clear Text Encoding of the Exchange Structure**
	Dieses Dokument beschreibt ein Austauschformat für in EXPRESS beschriebene Produktdaten. Der Austausch zwischen verschiedenen Systemen erfolgt dabei mit Hilfe sequentieller ASCII–Dateien (STEP-Physical File). Die hierzu erforderliche Abbildung der EXPRESS-Syntax auf das Austauschformat wird innerhalb dieses Dokuments spezifiziert.
22	**Standard Data Access Interface Specification**
	Beschreibt eine Zugriffsschnittstelle für die in EXPRESS modellierten Daten. Es werden Schemata zur Organisation der Metadaten eines STEP-Datenhaltungssystems, Zugriffoperationen sowie unterschiedliche Implementierungsebenen spezifiziert.
23	**C++ Language Binding to the Standard Data Access Interface**
	Dieses Dokument beschreibt die Abbildung der SDAI–Schnittstelle auf die Programmiersprache C++.

24	**C Language Binding to the Standard Data Access Interface**
	Dieses Dokument beschreibt die Abbildung der SDAI–Schnittstelle auf die Programmiersprache C.
26	**Interface Definition Language Binding to the Standard Data Access Interface**
	Dieses Dokument beschreibt die Abbildung der SDAI–Schnittstelle auf die Schnittstellenbeschreibungssprache IDL (Interface Definition Language) der OMG (Object Management Group).

Methodologie und Rahmenwerk für Konformitätstests

31	**General Concepts**
	Dieses Dokument beschreibt Definitionen und Abkürzungen für die 30er Serie, definiert Konformität im Sinne der ISO 10303, beschreibt die Testkriterien und gibt einen Überblick über den Testprozess.
32	**Requirements on Testing Laboratories and Clients**
	Beschreibt die Vorbereitung der Tests, zählt alle für die Durchführung der Tests notwendigen Informationen auf und behandelt Analysemethoden und Berichte zur Dokumentation der Tests.
34	**Abstract Test Methods**
	Dieses Dokument beschreibt abstrakt die Testfälle zur Durchführung der Konformitätstests. Berücksichtigt werden die Tests von Prä- und Postprozessoren zur Verarbeitung von STEP-Physical Files (Part 21) sowie zur Verarbeitung von In- und Output der SDAI–Zugriffsfunktionen (Part 22).
35	**Abstract Test Methods for SDAI Implementations**
	Beschreibt abstrakte Methoden für das Testen von SDAI-Implementierungen (Early und Late Binding) und umfasst Konformitätstests für alle in Part 22 spezifizierten SDAI-Funktionen sowie die Dokumentation der Testfälle. Dem Testszenario liegt eine Client-Server-Architektur zugrunde.

Allgemeine Integrierte Resourcen

41	**Fundamentals of Product Description and Support**
	Beschreibt ein Rahmenkonzept für den Aufbau eines Produktmodells aus einer Menge von Partialmodellen und stellt zusätzlich allgemein notwendige Basisobjekte zur Verfügung.
42	**Geometric and Topological Representation**
	Beschreibt das geometrische und topologische Modell zur Repräsentation der Gestalt eines Produkts. Das geometrische Modell setzt sich zusammen aus den geometrischen Grundelementen (Punkt, Kurve etc.) und das topologische Modell aus den topologischen Grundelementen (Eckpunkt, Kante etc.)
43	**Representation Structures**
	Beschreibt Strukturen, um Objekte mit beschreibenden Elementen in Beziehung setzen zu können.
44	**Product Structure Configuration**
	Definiert das Produktstrukturmodell zur Beschreibung der Produktstruktur und -konfiguration. Berücksichtigt werden auch Produktversionen und Konfigurationsvarianten.
45	**Materials**
	Definiert das Materialmodell zur Beschreibung der Materialeigenschaften eines Produkts. Dazu zählt die Charakteristik von homogenen Werkstoffen (z. B. Dichte, Wärmekapazität und Dämpfungskoeffizient) und die Spezifikation von Mischgefügen (z. B. Schichtwerkstoffen).
46	**Visual Presentation**
	Definiert das Darstellungsmodell zur Spezifikation von Parametern und Regeln zur visuellen Darstellung von Produktmodelldaten. Diese ermöglichen es, neben der Produktgestalt auch eine vom Sender definierte Visualisierung des Produkts (z. B. Schattierungen, Schnitte und Ansichtsfenster) zu übermitteln.
47	**Shape Variation Tolerances**
	Definiert das Toleranzenmodell zur Beschreibung von Maß-, Form- und Lagetoleranzen. Berücksichtigt werden Form- und Lagetoleranzen, Maßtoleranzen sowie das Passungssystem.
49	**Process Structure and Properties**
	Definiert die logische Abfolge von Prozessaktivitäten.

Anwendungsbezogene Integrierte Resourcen

101	**Draughting**
	Beschreibt die Grundelemente für Technische Zeichnungen. Enthält Resourcen zur Unterstützung des Austauschs von Technischen Zeichnungen sowie assoziierten Daten, die von den Anwendungsprotokollen benötigt werden.
104	**Finite Element Analysis**
	Es wird ein diskretes Netz von Knoten, Elementen, assoziierten Material- und Geometrieeigenschaften definiert und Randbedingungen spezifiziert. Außerdem ist eine Kontrolle der aus der Analyse resultierenden Daten vorgesehen.
105	**Kinematics**
	Definiert das Kinematikmodell zur Beschreibung von Daten über kinematische Strukturen und Bewegungen von Starrkörpern (z. B. Beschreibungen von Gelenken und den dazwischen liegenden Gliedern).
106	**Building Construction Core Model**
	Beschreibt ein Modell für die Bauindustrie. Berücksichtigt werden alle Lebensphasen eines Bauwerks: Planung, Entwurf, Konstruktion, Betrieb (inklusive Wartung) und Abbau.

Anwendungsprotokolle

201	**Explicit Draughting**
	Zielsetzung ist der Austausch von kompletten Technischen Zeichnungen, insbesondere für die Bereiche Maschinenbau, Architektur und Bauwesen. Es wird nur 2D-Geometrie übertragen. Die Produkteigenschaften werden durch 2D-Annotationen ohne Assoziation zwischen Geometrie und Annotation beschrieben.
202	**Associative Draughting**
	Erweitert AP 201 und beschreibt den Austausch von Technischen Zeichnungen mit 2D- und 3D-Geometrien. Berücksichtigt werden ebenfalls Assoziationen zwischen verschiedenen Geometrie- und Bemaßungselementen.

203	**Configuration Controlled Design**
	Beschreibt den Austausch von Produktdaten mechanischer Teile und Baugruppen. Dies beinhaltet 3D-Geometrieinformationen sowie Informationen über verschiedene Versionen und Änderungsstände eines Produkts und über den Auftrag bzw. Änderungsauftrag.
204	**Mechanical Design Using Boundary Representation**
	Beschreibt den Austausch von 3D-Geometrieinformationen mechanischer Teile und Baugruppen mittels eines BREP-Modells.
205	**Mechanical Design Using Surface Representation**
	Beschreibt den Austausch von 3D-Geometrieinformationen mechanischer Teile und Baugruppen mittels Flächenmodellen. Es enthält Informationen zur Präsentation von Flächenmodellen.
207	**Sheet Metal die Planning and Design**
	Beschreibt den Austausch von 3D-Geometrie-, Produktstruktur-, Technologie- und Prozessinformationen mit einer Ausrichtung auf die Prozesskette von Pressen und Formen zur Umformung von Blechteilen.
208	**Life Cycle Management – Change Process**
	Beschreibt den Austausch von Informationen zur Abbildung des Änderungswesens. Dies umfasst unter anderem Definitionen (z. B. Versionierung), Verantwortlichkeiten, Produkteigenschaften und Organisation des Änderungsprozesses (z. B. Resourcenplanung).
209	**Composite and Metallic Structural Analysis and Related Design**
	Unterstützt den Austausch von Informationen über metallische oder aus Verbundwerkstoff bestehende Produkte. Darin enthalten sind Informationen über Aufbau und Ergebnis von FEM-Analysen, auch über die geometrische 3D-Gestalt und über die Materialeigenschaften.
210	**Electronic Assembly, Interconnect and Packaging Design**
	Beschreibt den Austausch von Informationen für Bauteile elektrischer bzw. elektronischer Schaltungen. Dabei werden physikalische und geometrische Eigenschaften ebenso berücksichtigt wie die Produktstruktur, das Konfigurationsmanagement und die technologischen Informationen.

212	**Electrotechnical Design and Installation**
	Beschreibt die Produktdaten von Entwicklungsprozessketten in der Elektroindustrie. Dazu zählen im Zusammenhang mit elektrischen Anlagen und Ausrüstungen (z. B. in Kraftwerken, Fahrzeugen und Schiffen) unter anderem Informationen, die notwendig sind, um in Zeichnungen, schematischen Darstellungen (z. B. Funktions- und Schaltpläne), Netzlisten, Verbindungslisten und in Stücklisten enthaltenen Daten darzustellen.
213	**Numerical Control Process Plans for Machined Parts**
	Beschreibt den Austausch von Informationen der NC-Prozessplanung und der dazugehörigen Produkteigenschaften. Dazu zählen neben der geometrischen Produktbeschreibung Informationen über die notwendigen Resourcen zur Prozessplanung (z. B. Maschinen, Werkzeuge und Betriebsmittel), organisatorische Informationen und Informationen zur Prozessbeschreibung.
214	**Core Data for Automotive Mechanical Design Processes**
	Ein Schwerpunkt liegt auf Produkten mit einer großen Variantenvielfalt, wobei im Speziellen die Produkt- und Betriebsmitteldaten von Entwicklungsprozessketten in der Automobilindustrie betrachtet werden. Dies umfasst unter anderem die Datenklassen wie Produktstruktur, Geometrie und Topologie, Geometriedarstellung, Formelemente, Toleranzen, Kinematik, Materialangaben und Oberflächeneigenschaften. Außerdem werden gegenseitige Beziehungen zwischen Produkt und Betriebsmittel (z. B. Methodenpläne) sowie Referenzen auf externe Dokumente berücksichtigt.
215	**Ship Arrangement**
	Beschreibt den Austausch von Produktdaten im Schiffsbau. Im Mittelpunkt steht der grundsätzliche Aufbau eines Schiffs mit der Untergliederung in unterschiedliche Funktionsbereiche (z. B. Lade- und Mannschaftsräume). Dabei werden unter anderem Volumina und Oberflächengeometrien spezifiziert und die Berechnung der Auswirkungen unterschiedlicher Ladezustände unterstützt.
216	**Ship Moulded Forms**
	Beschreibt den Austausch von Daten bezüglich der Schiffsform. Dies beinhaltet Gestaltinformationen (z. B. mittels Flächen- und Drahtmodellen), hydrostatische Eigenschaften sowie weitere Informationen aus den Lebensphasen (z. B. aus der Produktionsphase).

217	**Ship Piping**
	Unterstützt den Austausch von Informationen über das Rohrleitungssystem im Schiffsbau. Berücksichtigt werden 2D- und 3D-Gestaltrepräsentation, Konfigurationsmanagement und Produktstruktur (z. B. Versionierung und Stücklisten) sowie Informationen zur mechanischen Auslegung und Dimensionierung.
218	**Ship Structures**
	Mit Hilfe dieses Anwendungsprotokolls können Informationen über die Struktur eines Schiffs ausgetauscht werden. Dies beinhaltet das Konfigurationsmanagement, die Produktstruktur, 3D-Geometrieinformationen technischer Beschreibungen sowie eine Reihe weiterer Informationen, z. B. zur Charakterisierung der Schiffsladung.
221	**Functional Data and Their Schematic Representation for Process Plant**
	Die Zielsetzung dieses Anwendungsprotokolls ist der Austausch von Informationen zur Prozessplanung. Anwendungsgebiete sind Anlagen zur Energieerzeugung, der erdölverarbeitenden sowie der chemischen Industrie. Betrachtet werden vor allem schematische 2D-Darstellungen für Rohrleitungssysteme sowie für die Mess- und Regeltechnik.
222	**Exchange of Product Data for Composite Structures**
	Dieses Anwendungsprotokoll hat zum Ziel, den Austausch von Informationen über Produkte, die aus Verbundwerkstoffen bestehen, zu unterstützen, wobei ein besonderer Schwerpunkt auf Informationen zur Herstellung dieser Produkte liegt. Neben Informationen, die vor allem der Produktbeschreibung dienen, wie etwa die Gestalt, Zusammensetzung der Verbundwerkstoffe, Struktur und Konfiguration des Produkts umfasst dies vor allem auch Informationen zur Produktherstellung, wie etwa zur Fertigungsplanungoder Werkzeugbeschreibung.
223	**Exchange of Design and Manufacturing Product Information for Casting Parts**
	Unterstützt den Austausch von Informationen über den Entwurf und die Herstellung von Gussteilen. Dies umfasst unter anderem die Gestalt und den Werkstoff der Gussteile und der Gussformen, Informationen zur Planung und Simulation des Gießprozesses sowie zur Qualitätskontrolle.

224	**Mechanical Product Definition for Process Plans Using Machining Features**
	Mit Hilfe dieses Anwendungsprotokolls können Informationen zur Planung von Herstellungsprozessen von Bauteilen ausgetauscht werden. Dabei werden insbesondere die Verfahren Drehen und Fräsen betrachtet, wobei entsprechende Features beschrieben werden. Zusätzlich werden für die Prozessplanung Informationen über eingesetzte Materialen sowie über Bauteil- und Prozesseigenschaften übertragen.
225	**Building Elements Using Explicit Shape Representation**
	Beschreibt den Austausch räumlicher Gebäudemodelle, wobei sowohl Geometrien als auch Sachdaten (wie z. B. Materialdaten, Bauteilklassifikationen und Kosten) berücksichtigt sind. Schwerpunkte stellen die Anwendungsbereiche Rohbau, Technische Gebäudeausrüstung, Innenausbau und Räume dar. Zusätzlich enthalten ist ein Geländemodell zur Darstellung des Bauplatzes und der Baugrube in verschiedenen Ausbauphasen.
226	**Ship Mechanical Systems**
	Beschreibt die Darstellung von Daten bezüglich der mechanischen Systeme eines Schiffs. Dazu zählen unter anderem Antriebs- und Hilfssysteme, sowie deren Komponenten. Berücksichtigt werden alle Lebensphasen eines Schiffs (von der Planung bis zur Stilllegung).
227	**Plant Spatial Configuration**
	Beschreibt Informationen zur Fabrikplanung und –konfiguration. Dies umfasst die Beschreibung der einzelnen Elemente einer Fabrik hinsichtlich ihres Typs und ihrer Funktion und Gestalt, deren Anordnung, Angaben zur Produktionskapazität sowie deren Verbindungen bzw. Abhängigkeiten untereinander.
229	**Exchange of Design and Manufacturing Product Information for Forged Parts**
	Beschreibt den Austausch von Produktdaten für die Konstruktion und Herstellung von Schmiedeteilen. Ist ähnlich wie das AP 223 aufgebaut, wobei hier jedoch der Schwerpunkt auf dem Schmiedeprozess liegt.

230	**Building Structural Frame: Steelwork**
	Beschreibt den Austausch von Informationen im Stahlbau für Planung, Entwurf und Konstruktion. Betrachtet werden der Informationsaustausch zwischen den Projektbeteiligten, z. B. zwischen Konstrukteur und Projektmanager, sowie die Informationen für den Entwurf, die Berechnung und die Analyse. Dies reicht von einfachen Konstruktionen bis hin zu vielstöckigen Bauwerken.
231	**Process Engineering Data: Process Design and Process Specification of Major Equipment**
	Dieses Anwendungsprotokoll unterstützt den Austausch von Informationen zur Prozessplanung mit einem Schwerpunkt auf den Anwendungsgebieten der chemischen Industrie, gas- und ölverarbeitenden Industrie sowie darüber hinaus im Engineeringbereich. Dies beinhaltet die Beschreibung von Prozessflussdiagrammen, Anforderungen an die dazugehörigen Ausstattungen und Instrumente, Beschreibung von Stoffen sowie den chemischen Reaktionen.
232	**Technical Data Packaging Core Information and Exchange**
	Beschreibt, wie verschiedene Gruppen von Produktdaten zusammengefasst werden können, um sie z. B. bei der Entwicklung eines komplexen Produkts zwischen den einzelnen Beteiligten untereinander auszutauschen. Eine Gruppe von Produktdaten stellt eine bestimmte Sicht auf ein Produkt dar und beinhaltet z. B. alle Technische Zeichnungen.

Implementierungsunabhängige Testzyklen

Die 300er Serie beschreibt für jedes Anwendungsprotokoll (200er Serie) die dazugehörigen Fallbeispiele zur Konformitätsprüfung.

Beispielsweise beschreibt Teil 301 (Explicit Draughting) Fallbeispiele zur Konformitätsprüfung des AP 201 und Teil 314 (Core Data for Automotive Mechanical Design Processes) zur Konformitätsprüfung des AP 214.

Anwendungsinterpretierte Konstrukte

501	**Edge-based Wireframe**
	Beschreibt 3D-Drahtmodelle unter Verwendung topologischer Elemente (Eckpunkte und Kanten). Anwendungsgebiete sind unter anderem die Erzeugung Technischer Zeichnungen und die vereinfachter Darstellungen.
502	**Shell-based Wireframe**
	Beschreibt 3D-Drahtmodelle für die Gestaltrepräsentation unter Verwendung topologischer Elemente (Flächen). Anwendungsgebiete sind unter anderem Zeichnungsgenerierung und vereinfachte Darstellungen.
503	**Geometrically Bounded 2D Wireframe**
	Beschreibt 2D-Drahtmodelle ohne topologische Elemente. Dabei werden sowohl elementare als auch komplexe Linienbeschreibungen berücksichtigt. Anwendungsschwerpunkte sind vor allem Technische Zeichnungen sowie 2D-Ansichten.
504	**Draughting Annotation**
	Beschreibt weitere über die Produktgestalt hinausgehende Informationen zur Darstellung in Technischen Zeichnungen. Dazu zählen Anmerkungen in Textform sowie vordefinierte Symbole.
505	**Drawing Structure and Administration**
	Beschreibt organisatorische Informationen zur Verwaltung Technischer Zeichnungen, die zu einem Produkt gehören.
506	**Draughting Elements**
	Beschreibt die Elemente einer Technischen Zeichnung bestehend aus einer Kombination von textuellen Informationen und Symbolen, z. B. Bemaßungen.
507	**Geometrically Bounded Surface**
	Beschreibt ein Flächenmodell ohne Verwendung topologischer Elemente. Das Modell besteht aus elementaren und komplexen Kurven und Flächen. Die Anwendungsbereiche sind NC-Bearbeitung, FEM-Analysen und die Überprüfung von Interferenzen geometrischer Modelle.

508	**Non-manifold Surface**
	Beschreibt ein Flächenmodell mit topologischen Elementen, wobei eine Kante mehr als zwei Flächen berühren kann (Widerspruch zur Euler-Poincare-Formel). Anwendungsgebiete sind unter anderem FEM-Analysen sowie Modellierungstechniken im Allgemeinen.
509	**Manifold Surface**
	Beschreibt ein Flächenmodell mit toplogischen Elementen. Zu den Anwendungsbereichen gehören die NC-Programmierung, FEM-Anlaysen sowie einfache Interferenzprüfungen.
510	**Geometrically Bounded Wireframe**
	Beschreibt ein 3D-Drahtmodell auf der Basis einfacher und komplexer Linien ohne Verwendung topologischer Elemente. Anwendungsgebiete sind Technische Zeichnungen sowie vereinfachte Darstellungen.
511	**Topologically Bounded Surface**
	Beschreibt mit Hilfe der topologischen Elemente Kanten und Flächen ein Flächenmodell. Anwendungsbereiche sind die Präsentation, NC-Programmierung und FEM-Analysen.
512	**Faceted Boundary Representation**
	Beschreibt ein BREP-Datenmodell unter Verwendung facettierter Flächen. Anwendungsbereiche sind unter anderem die Präsentation, Interferenzüberprüfungen sowie die Gewichtsberechnung.
513	**Elementary Boundary Representation**
	Beschreibt ein Flächenmodell zur Repräsentation von 3D-Objekten. Für die Darstellung der Flächen werden elementare Formen wie z. B. Zylinder, ebene Flächen verwendet. Anwendungsbereiche stellen unter anderem die Präsentation, Interferenzüberprüfung, NC-Bearbeitung und FEM-Analysen dar.
514	**Advanced Boundary Representation**
	Beschreibt ein Flächenmodell zur Repräsentation von 3D-Objekten. Dabei werden die Flächen entweder durch B-Splines, durch Freiformflächen oder durch elementare Flächen abgebildet. Anwendungsbereiche sind unter anderem die Präsentation, NC-Bearbeitung und FEM-Analysen.

515	**Constructive Solid Geometry**
	Beschreibt ein CSG-Modell zur Abbildung von 3D-Objekten. Dieses besteht aus Volumenprimitva (Würfel, Zylinder etc.), die durch Bool'sche Operationen miteinander verknüpft sind und kann in einem sogenannten Binärbaum abgebildet werden.
517	**Mechanical Design Geometric Presentation**
	Dieses Modell beschreibt die Präsentation von Gestaltinformationen, wobei ausschließlich die für die Präsentation grundlegenden Eigenschaften berücksichtigt sind. Dazu zählen z. B. Algorithmen zur Abbildung räumlicher Modelle auf 2D-Darstellungen sowie Informationen über die farbliche Darstellung und die Strichstärke.
518	**Mechanical Design Shaded Representation**
	Hat eine möglichst realitätsnahe Darstellung von mechanischen 3D-Modellen zum Ziel und berücksichtigt weitere im AIC 517 nicht enthaltene Präsentationsmöglichkeiten. Dies umfasst unter anderem die Definition von Lichtquellen und die Festlegung des Reflektionsgrads von Oberflächen.
519	**Geometric Tolerances**
	Unterstützt die Beschreibung zulässiger Abweichungen physikalischer Eigenschaften der Produktgestalt. Dazu zählen vor allem geometrische Toleranzen.
520	**Associative Draughting Elements**
	Beschreibt die Strukturen zur Verknüpfung von Annotationen in Technischen Zeichnungen mit den entsprechenden Elementen der Produktgestalt.

Anhang C
Übersicht über die Konformitätsklassen der Anwendungsprotokolle AP 214 und AP 212

C.1 Anwendungsprotokoll AP 214

Die folgenden Seiten geben einen Überblick über die Konformitätsklassen des Anwendungsprotokolls AP 214.

Unit of Functionality	CC 1	CC 2	CC 3	CC 4	CC 5
surface_condition (C1)					
explicit_draughting (D1)			•	•	
associative_annotation (D2)				•	
external_reference_mechanism (E1)		•		•	•
user_defined_feature (FF1)					
included_feature (FF2)					
generative_featured_shape (FF3)					
wireframe_model_2d (G1)			•	•	
wireframe_model_3d (G2)	•	•	•	•	
connected_surface_model (G3)	•	•	•	•	•
faceted_b_rep_model (G4)	•	•		•	•
b_rep_model (G5)	•	•		•	•
compound_model (G6)					•
csg_model (G7)	•	•		•	•
geometrically_bounded_surface_model (G8)	•	•		•	
kinematics (K1)					
measured_data (MD1)					
item_property (PR1)					
geometric_presentation (P1)	•	•	•	•	•
annotated_presentation (P2)			•	•	•
shaded_presentation (P3)					•
product_management_data (S1)	•	•	•	•	•
element_structure (S2)	•	•	•	•	•
item_definition_structure (S3)		•		•	•
effectivity (S4)					
work_management (S5)					
classification (S6)					
Specification_control (S7)					
process_plan (S8)					
dimension_tolerance (T1)				•	
geometric_tolerance (T2)					

Unit of Functionality	CC 6	CC 7	CC 8	CC 9	CC 10
surface_condition (C1)					
explicit_draughting (D1)					•
associative_annotation (D2)					•
external_reference_mechanism (E1)	•	•	•	•	•
user_defined_feature (FF1)					
included_feature (FF2)					
generative_featured_shape (FF3)					
wireframe_model_2d (G1)					•
wireframe_model_3d (G2)		•		•	•
connected_surface_model (G3)		•		•	•
faceted_b_rep_model (G4)		•		•	•
b_rep_model (G5)		•		•	•
compound_model (G6)					
csg_model (G7)		•		•	•
geometrically_bounded_surface_model (G8)		•		•	•
kinematics (K1)					
measured_data (MD1)					
item_property (PR1)	•	•	•	•	•
geometric_presentation (P1)		•		•	•
annotated_presentation (P2)					•
shaded_presentation (P3)					
product_management_data (S1)	•	•	•	•	•
element_structure (S2)		•		•	•
item_definition_structure (S3)	•	•	•	•	•
effectivity (S4)	•	•	•	•	•
work_management (S5)	•	•	•	•	•
classification (S6)	•	•	•	•	•
specification_control (S7)			•	•	•
process_plan (S8)					
dimension_tolerance (T1)					•
geometric_tolerance (T2)					

Unit of Functionality	CC 11	CC 12	CC 13	CC 14	CC 15
surface_condition (C1)		•	•	•	•
explicit_draughting (D1)	•	•	•		
associative_annotation (D2)	•	•	•		
external_reference_mechanism (E1)	•	•	•	•	•
user_defined_feature (FF1)		•	•	•	•
included_feature (FF2)		•	•	•	•
generative_featured_shape (FF3)		•	•		•
wireframe_model_2d (G1)	•	•	•		
wireframe_model_3d (G2)	•	•	•	•	•
connected_surface_model (G3)	•	•	•	•	•
faceted_b_rep_model (G4)	•	•	•	•	•
b_rep_model (G5)	•	•	•	•	•
compound_model (G6)	•	•	•		
csg_model (G7)	•	•	•	•	•
geometrically_bounded_surface_model (G8)					
kinematics (K1)					
measured_data (MD1)	•	•	•		
item_property (PR1)	•	•	•	•	•
geometric_presentation (P1)	•	•	•	•	•
annotated_presentation (P2)	•	•	•		
shaded_presentation (P3)					
product_management_data (S1)	•	•	•	•	•
element_structure (S2)	•	•	•	•	•
item_definition_structure (S3)			•	•	•
effectivity (S4)			•		
work_management (S5)					
classification (S6)	•	•	•		
specification_control (S7)			•	•	•
process_plan (S8)	•	•	•		
dimension_tolerance (T1)		•	•	•	•
geometric_tolerance (T2)		•	•	•	•

Unit of Functionality	CC 16	CC 17	CC 18	CC 19	CC 20
surface_condition (C1)				•	•
explicit_draughting (D1)					•
associative_annotation (D2)					•
external_reference_mechanism (E1)	•	•	•	•	•
user_defined_feature (FF1)				•	•
included_feature (FF2)				•	•
generative_featured_shape (FF3)				•	•
wireframe_model_2d (G1)					•
wireframe_model_3d (G2)	•	•			•
connected_surface_model (G3)	•		•	•	•
faceted_b_rep_model (G4)	•		•	•	•
b_rep_model (G5)	•		•	•	•
compound_model (G6)			•	•	•
csg_model (G7)	•		•	•	•
geometrically_bounded_surface_model (G8)					•
kinematics (K1)	•		•	•	•
measured_data (MD1)		•			•
item_property (PR1)	•	•	•	•	•
geometric_presentation (P1)	•	•	•	•	•
annotated_presentation (P2)					•
shaded_presentation (P3)			•	•	•
product_management_data (S1)	•	•	•	•	•
element_structure (S2)	•	•	•	•	•
item_definition_structure (S3)	•		•	•	•
effectivity (S4)			•	•	•
work_management (S5)			•	•	•
classification (S6)			•	•	•
specification_control (S7)			•	•	•
process_plan (S8)			•	•	•
dimension_tolerance (T1)			•	•	•
geometric_tolerance (T2)				•	•

C.2 Anwendungsprotokoll AP 212

Unit of Functionality	CC 1	CC 2	CC 3	CC 4	CC 5	CC 6
allocation		•		•	•	•
classification	•	•	•	•	•	•
conditions		•	•	•	•	•
configuration_management					•	
course			•	•	•	
designation	•	•	•	•	•	•
dimensioned_documentation						
documentation						•
effectivity_data					•	
external_reference	•	•	•	•	•	•
function_structure		•		•	•	•
network_allocation		•		•	•	•
organizational_data	•	•	•	•	•	•
physical_connectivity	•	•	•	•	•	•
product_structure	•	•	•	•	•	•
properties	•	•	•	•	•	•
remark		•	•	•	•	•
schematic_documentation						•
site			•	•	•	
work_management					•	

Unit of Functionality	CC 7	CC 8	CC 9	CC 10	CC 11	CC 12
allocation	•	•		•		•
classification	•	•	•	•	•	•
conditions	•	•				
configuration_management		•				•

Unit of Functionality	CC 7	CC 8	CC 9	CC 10	CC 11	CC 12
course	•	•				
dimensioned_documentation	•	•				
documentation	•	•				
effectivity		•	•	•	•	•
external_reference	•	•	•	•	•	•
function_structure	•	•		•		•
functional_connectivity	•	•				
installation	•	•				
designation	•	•	•	•	•	•
messages	•	•				
network_allocation	•	•				
organizational_data	•	•	•	•	•	•
physical_connectivity	•	•				
product_structure	•	•	•	•	•	•
properties	•	•	•	•	•	•
remark	•	•	•	•	•	•
schematic_documentation	•	•				
site	•	•			•	
work_management		•	•	•	•	•

Unit of Functionality	CC 13	CC 14	CC 15
allocation	•	•	•
classification	•	•	•
conditions			
configuration_management	•	•	•
course			
dimensioned_documentation			•
documentation		•	•
effectivity	•	•	•
external_reference	•	•	•

Unit of Functionality	CC 13	CC 14	CC 15
function_structure	•	•	•
functional_connectivity			
installation			
designation			
messages	•	•	•
network_allocation			
organizational_data	•	•	•
physical_connectivity			
product_structure	•	•	•
properties	•	•	•
remark	•	•	•
schematic_documentation		•	•
site	•		•
work_management	•	•	•

Anhang D
Beispiel für den Datenaustausch mit STEP

Im Folgenden wird der Datenaustausch mit STEP anhand eines Beispiels dargestellt. Dabei soll die in Bild D.1 dargestellte Geometrie mit Hilfe des STEP-Postprozessors eines CAD-Systems (hier Pro/ENGINEER) exportiert werden. Es werden jeweils das zugrunde liegende EXPRESS-Schema und der exportierte STEP-Physical File beschrieben.

Geometrieerzeugung

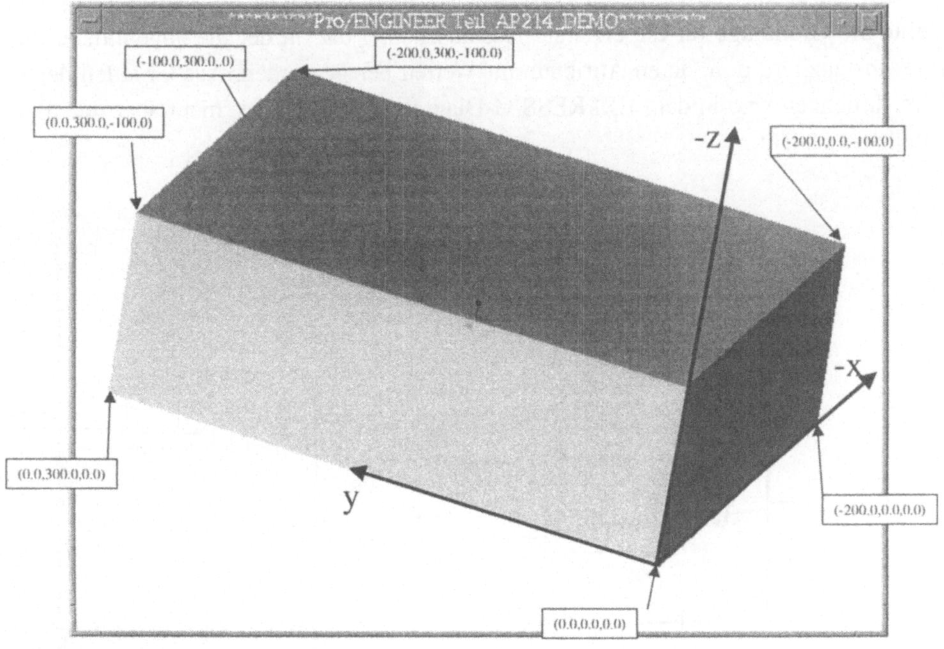

Bild D.1
Screenshot der exportierten Geometrie.

Zunächst wurde die in Bild D.1 dargestellte Geometrie (hier ein einfacher Quader) mit dem CAD-System Pro/ENGINEER als Translation einer Fläche erzeugt. Resultat dieser Translation ist ein Volumenelement (Solid).

Zur Erzeugung des zugehörigen STEP-Physical File wurde der in Pro/ENGINEER integrierte Präprozessor für das STEP-Anwendungsprotokoll 214 (Core Data for Mechanical Automotive Design Processes) gewählt, der den verlustfreien Datenaustausch dieses Geometriebeispiels erlaubt.

EXPRESS-Schema

Der Ausschnitt des STEP-Anwendungsprotokolls, welcher für das vorliegende Beispiel relevant ist, ist in Bild D.2 als EXPRESS-G-Diagramm dargestellt. Dieses Diagramm stellte die Grundlage für die erzeugte Austauschdatei dar, in der die abgebildeten Entities instanziiert, d. h. deren Attribute mit Werten belegt werden. Aus Gründen der Übersichtlichkeit sind in dem EXPRESS-G-Diagramm nur Entities, nicht aber deren Attribute dargestellt.

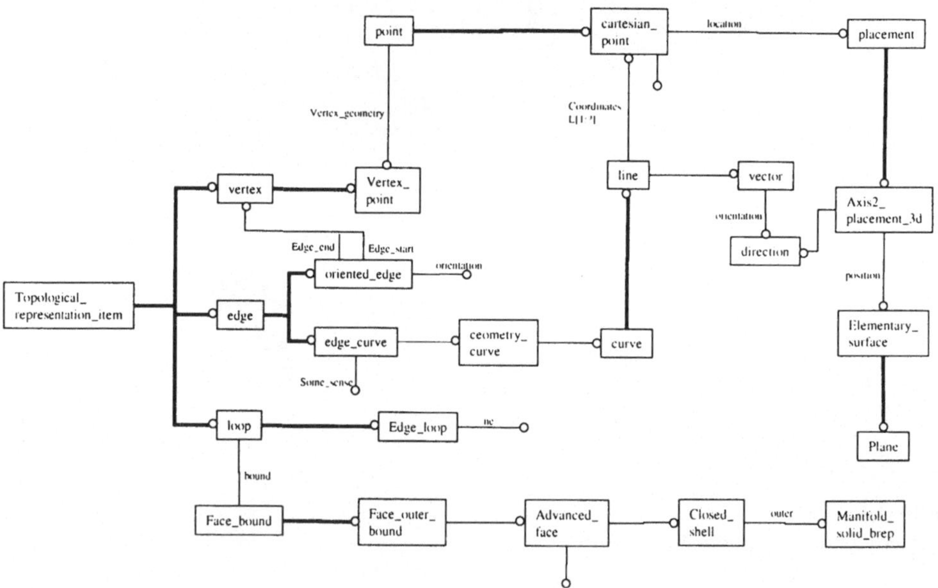

Bild D.2
Relevanter Ausschnitt des Andwendungsprotokolls 214

STEP-Physical File

Insgesamt werden zum Austausch aller Daten der Beispielgeometrie mehr als 150 Entity-Instanzen erzeugt. (Bild D.3)

```
ISO-10303-21;
HEADER;
FILE_DESCRIPTION((''),'1');
FILE_NAME('AP 214_DEMO','1997-10-
28T14:57:09',('daum'),(''),
'PRO/ENGINEER , 9718',
'PRO/ENGINEER , 9718','');
FILE_SCHEMA(('AUTOMOTIVE_DESIGN
_CC2 { 1 2 10303 214 -1 1 5 2 }'));
ENDSEC;
DATA;
#1=DIRECTION('',(0.E0,0.E0,-1.E0));
#2=VECTOR('',#1,2.E2);
#3=CARTESIAN_POINT('',(0.E0,0.E0,0.E0)
);
#4=LINE('',#3,#2);
#5=DIRECTION('',(-1.E0,0.E0,0.E0));
#6=VECTOR('',#5,1.E2);
#7=CARTESIAN_POINT('',(0.E0,0.E0,-
2.E2));
#8=LINE('',#7,#6);
#9=DIRECTION('',(0.E0,0.E0,1.E0));
#10=VECTOR('',#9,2.E2);
#11=CARTESIAN_POINT('',(-1.E2,0.E0,-
2.E2));
#12=LINE('',#11,#10);
#13=DIRECTION('',(1.E0,0.E0,0.E0));
#14=VECTOR('',#13,1.E2);
#15=CARTESIAN_POINT('',(-
1.E2,0.E0,0.E0));
#16=LINE('',#15,#14);
#17=DIRECTION('',(0.E0,1.E0,0.E0));
#18=VECTOR('',#17,3.E2);
#19=CARTESIAN_POINT('',(0.E0,0.E0,0.E0
));
#20=LINE('',#19,#18);
#21=DIRECTION('',(0.E0,1.E0,0.E0));
#22=VECTOR('',#21,3.E2);
#23=CARTESIAN_POINT('',(-
1.E2,0.E0,0.E0));
#24=LINE('',#23,#22);
#25=DIRECTION('',(0.E0,1.E0,0.E0));
#26=VECTOR('',#25,3.E2);
#27=CARTESIAN_POINT('',(-1.E2,0.E0,-
2.E2));
#101=ORIENTED_EDGE('',*,*,#76,.F.);
#103=ORIENTED_EDGE('',*,*,#102,.T.);
#105=ORIENTED_EDGE('',*,*,#104,.T.);
#106=ORIENTED_EDGE('',*,*,#87,.F.);
#107=EDGE_LOOP('',(#101,#103,#105,#106)
);
#108=FACE_OUTER_BOUND('',#107,.F.);
#109=ADVANCED_FACE('',(#108),#100,.T.)
;
#110=CARTESIAN_POINT('',(-1.E2,0.E0,-
2.E2));
#111=DIRECTION('',(-1.E0,0.E0,0.E0));
#112=DIRECTION('',(0.E0,0.E0,1.E0));
#113=AXIS2_PLACEMENT_3D('',#110,#111
,#112);
#114=PLANE('',#113);
#115=ORIENTED_EDGE('',*,*,#74,.F.);
#117=ORIENTED_EDGE('',*,*,#116,.T.);
#119=ORIENTED_EDGE('',*,*,#118,.T.);
#120=ORIENTED_EDGE('',*,*,#102,.F.);
#121=EDGE_LOOP('',(#115,#117,#119,#120)
);
#122=FACE_OUTER_BOUND('',#121,.F.);
#123=ADVANCED_FACE('',(#122),#114,.T.)
;
#124=CARTESIAN_POINT('',(0.E0,0.E0,-
2.E2));
#125=DIRECTION('',(0.E0,0.E0,-1.E0));
#126=DIRECTION('',(-1.E0,0.E0,0.E0));
#127=AXIS2_PLACEMENT_3D('',#124,#125
,#126);
#128=PLANE('',#127);
#129=ORIENTED_EDGE('',*,*,#72,.F.);
#130=ORIENTED_EDGE('',*,*,#91,.T.);
#132=ORIENTED_EDGE('',*,*,#131,.T.);
#133=ORIENTED_EDGE('',*,*,#116,.F.);
#134=EDGE_LOOP('',(#129,#130,#132,#133)
);
#135=FACE_OUTER_BOUND('',#134,.F.);
#136=ADVANCED_FACE('',(#135),#128,.T.)
;
#137=CARTESIAN_POINT('',(0.E0,3.E2,0.E0
));
#138=DIRECTION('',(0.E0,1.E0,0.E0));
#139=DIRECTION('',(0.E0,0.E0,-1.E0));
```

```
#28=LINE('',#27,#26);
#29=DIRECTION('',(0.E0,1.E0,0.E0));
#30=VECTOR('',#29,3.E2);
#31=CARTESIAN_POINT('',(0.E0,0.E0,-
2.E2));
#32=LINE('',#31,#30);
#33=DIRECTION('',(0.E0,0.E0,-1.E0));
#34=VECTOR('',#33,2.E2);
#35=CARTESIAN_POINT('',(0.E0,3.E2,0.E0
));
#36=LINE('',#35,#34);
#37=DIRECTION('',(1.E0,0.E0,0.E0));
#38=VECTOR('',#37,1.E2);
#39=CARTESIAN_POINT('',(-
1.E2,3.E2,0.E0));
#40=LINE('',#39,#38);
#41=DIRECTION('',(0.E0,0.E0,1.E0));
#42=VECTOR('',#41,2.E2);
#43=CARTESIAN_POINT('',(-1.E2,3.E2,-
2.E2));
#44=LINE('',#43,#42);
#45=DIRECTION('',(-1.E0,0.E0,0.E0));
#46=VECTOR('',#45,1.E2);
#47=CARTESIAN_POINT('',(0.E0,3.E2,-
2.E2));
#48=LINE('',#47,#46);
#49=CARTESIAN_POINT('',(0.E0,0.E0,0.E0
));
#50=CARTESIAN_POINT('',(0.E0,0.E0,-
2.E2));
#51=VERTEX_POINT('',#49);
#52=VERTEX_POINT('',#50);
#53=CARTESIAN_POINT('',(-1.E2,0.E0,-
2.E2));
#54=VERTEX_POINT('',#53);
#55=CARTESIAN_POINT('',(-
1.E2,0.E0,0.E0));
#56=VERTEX_POINT('',#55);
#57=CARTESIAN_POINT('',(0.E0,3.E2,0.E0
));
#58=CARTESIAN_POINT('',(0.E0,3.E2,-
2.E2));
#59=VERTEX_POINT('',#57);
#60=VERTEX_POINT('',#58);
#61=CARTESIAN_POINT('',(-1.E2,3.E2,-
2.E2));
#62=VERTEX_POINT('',#61);
#63=CARTESIAN_POINT('',(-
1.E2,3.E2,0.E0));
#64=VERTEX_POINT('',#63);
#65=CARTESIAN_POINT('',(0.E0,0.E0,0.E0
```

```
#140=AXIS2_PLACEMENT_3D('',#137,#138
,#139);
#141=PLANE('',#140);
#142=ORIENTED_EDGE('',*,*,#89,.F.);
#143=ORIENTED_EDGE('',*,*,#104,.F.);
#144=ORIENTED_EDGE('',*,*,#118,.F.);
#145=ORIENTED_EDGE('',*,*,#131,.F.);
#146=EDGE_LOOP('',(#142,#143,#144,#145)
);
#147=FACE_OUTER_BOUND('',#146,.F.);
#148=ADVANCED_FACE('',(#147),#141,.T.)
;
#149=CLOSED_SHELL('',(#80,#95,#109,#12
3,#136,#148));
#150=MANIFOLD_SOLID_BREP('',#149);
#151=(LENGTH_UNIT()NAMED_UNIT(*)S
I_UNIT(.MILLI.,.METRE.));
#152=DIMENSIONAL_EXPONENTS(0.E0,0
.E0,0.E0,0.E0,0.E0,0.E0,0.E0);
#153=(NAMED_UNIT(*)PLANE_ANGLE_U
NIT()SI_UNIT($,.RADIAN.));
#154=PLANE_ANGLE_MEASURE_WITH_
UNIT(PLANE_ANGLE_MEASURE(1.74532
9251994E-2),#153);
#155=(CONVERSION_BASED_UNIT('DEG
REE',#154)NAMED_UNIT(#152)PLANE_A
NGLE_UNIT());
#156=(NAMED_UNIT(*)SI_UNIT($,.STERA
DIAN.)SOLID_ANGLE_UNIT());
#157=UNCERTAINTY_MEASURE_WITH_
UNIT(LENGTH_MEASURE(3.74150772047
8E-2),#151,
'distance_accuracy_value',
'Maximum model space distance between
geometric entities at asserted connectivities');
#158=(GEOMETRIC_REPRESENTATION_
CONTEXT(3)GLOBAL_UNCERTAINTY_A
SSIGNED_CONTEXT(
(#157))GLOBAL_UNIT_ASSIGNED_CONT
EXT((#151,#155,#156))REPRESENTATION
_CONTEXT
('ID1','3'));
#160=APPLICATION_CONTEXT
('CONFIGURATION CONTROLLED 3D
DESIGNS OF MECHANICAL PARTS AND
ASSEMBLIES');
#161=APPLICATION_PROTOCOL_DEFINI
TION('international standard',
'automotive_design',1994,#160);
#162=DESIGN_CONTEXT('',#160,'design');
#163=MECHANICAL_CONTEXT('',#160,'m
```

```
));
#66=DIRECTION('',(0.E0,1.E0,0.E0));
#67=DIRECTION('',(0.E0,0.E0,-1.E0));
#68=AXIS2_PLACEMENT_3D('',#65,#66,#
67);
#69=PLANE('',#68);
#71=ORIENTED_EDGE('',*,*,#70,.T.);
#73=ORIENTED_EDGE('',*,*,#72,.T.);
#75=ORIENTED_EDGE('',*,*,#74,.T.);
#77=ORIENTED_EDGE('',*,*,#76,.T.);
#78=EDGE_LOOP('',(#71,#73,#75,#77));
#79=FACE_OUTER_BOUND('',#78,.F.);
#80=ADVANCED_FACE('',(#79),#69,.F.);
#81=CARTESIAN_POINT('',(0.E0,0.E0,0.E0
));
#82=DIRECTION('',(1.E0,0.E0,0.E0));
#83=DIRECTION('',(0.E0,0.E0,-1.E0));
#84=AXIS2_PLACEMENT_3D('',#81,#82,#
83);
#85=PLANE('',#84);
#86=ORIENTED_EDGE('',*,*,#70,.F.);
#88=ORIENTED_EDGE('',*,*,#87,.T.);
#90=ORIENTED_EDGE('',*,*,#89,.T.);
#92=ORIENTED_EDGE('',*,*,#91,.F.);
#93=EDGE_LOOP('',(#86,#88,#90,#92));
#94=FACE_OUTER_BOUND('',#93,.F.);
#95=ADVANCED_FACE('',(#94),#85,.T.);
#96=CARTESIAN_POINT('',(-
1.E2,0.E0,0.E0));
#97=DIRECTION('',(0.E0,0.E0,1.E0));
#98=DIRECTION('',(1.E0,0.E0,0.E0));
#99=AXIS2_PLACEMENT_3D('',#96,#97,#
98);
#100=PLANE('',#99);
echanical');
#164=PRODUCT('AP 214_DEMO','AP
214_DEMO','NOT SPECIFIED',(#163));
#165=PRODUCT_DEFINITION_FORMATI
ON_WITH_SPECIFIED_SOURCE('1','LAST
_VERSION',#164,
.MADE.);
#70=EDGE_CURVE('',#51,#52,#4,.T.);
#72=EDGE_CURVE('',#52,#54,#8,.T.);
#74=EDGE_CURVE('',#54,#56,#12,.T.);
#76=EDGE_CURVE('',#56,#51,#16,.T.);
#87=EDGE_CURVE('',#51,#59,#20,.T.);
#89=EDGE_CURVE('',#59,#60,#36,.T.);
#91=EDGE_CURVE('',#52,#60,#32,.T.);
#102=EDGE_CURVE('',#56,#64,#24,.T.);
#104=EDGE_CURVE('',#64,#59,#40,.T.);
#116=EDGE_CURVE('',#54,#62,#28,.T.);
#118=EDGE_CURVE('',#62,#64,#44,.T.);
#131=EDGE_CURVE('',#60,#62,#48,.T.);
#159=ADVANCED_BREP_SHAPE_REPRE
SENTATION('',(#150),#158);
#166=PRODUCT_DEFINITION('design','',#1
65,#162);
#167=PRODUCT_DEFINITION_SHAPE('','S
HAPE FOR AP 214_DEMO.',#166);
#168=SHAPE_DEFINITION_REPRESENTA
TION(#167,#159);
ENDSEC;
END-ISO-10303-21;
```

Bild D.3
Physical File der exportierten Geometrie

Anhang E
Beispiel für ENGDAT-Beschreibungsdatei

ENGDAT (Engineering Data Message) wurde vom ODETTE-Verband entworfen und als europäische Norm verabschiedet. Der VDA hat diese Norm mit der Empfehlung VDA 4951 übernommen. Die deutsche Bezeichnung ist ENGDAT-Nachricht. Datenaustauschformat ist das ODETTE-Format, das in Hinblick auf den weltweiten Einsatz die international genormte EDIFACT-Synatx (DIN ISO 9735) verwendet. Da die EDIFACT-Syntax die Verwendung von ACSII-Zeichen vorschreibt und CAD/CAM-Dateien oder Binärdaten nicht in der EDIFACT-Syntax übertragen werden können, besteht die ENGDAT-Nachricht aus einer Gruppe von mindestens zwei Dateien. Dies sind:

- die ENGDAT-Beschreibungsdatei (abstract) und
- die Dateien mit den CAD/CAM-Daten (z. B. STEP-Physical Files).

Die ENGDAT-Beschreibungsdatei beinhaltet die notwendigen Informationen über den jeweiligen Sender und Empfänger, Format und Codierung etc. und kann zusätzliche Informationen in Form von Mitteilungen vom Sender an den Empfänger enthalten. Das nachfolgend beschriebene Beispiel ist aus [OD-94] entnommen.

Szenario

Dieses Beispiel beschreibt die Verwendung von ENGDAT zum Verschicken von zwei Dateien. Herr Schmidt, Mitarbeiter in dem Automobilunternehmen Vehicle Corporation, möchte ein Volumenmodell (Surface Model) eines Getriebegehäuses (Transmission Housing) und die dazugehörigen Angaben für die Layer an Frau Maria Braun, Mitarbeiterin in einem Atomobilzulieferer (Supplier Corporation), verschicken. Das Volumenmodell liegt im STEP-Format (VDAFS 2.0) vor und die Angaben zu den Layern sind in einem Textdokument (Wordprocessor Text) beschrieben.

Mit Hilfe dieser Daten soll ein Werkzeug zur Bearbeitung des Getriebegehäuses entwickelt werden.

ENGDAT - Beschreibungsdatei

Die ENGDAT-Beschreibungsdatei setzt sich für das beschriebene Szenario aus den folgenden Daten zusammen. In einigen Feldern (gekennzeichnet durch "coded") liegen die Daten in codierter Form vor. Die Codierung erfolgt nach den von dem ODETTE-Verband vorgegebenen Codierungstabellen (z. B. ODDC 1 für den Eintrag "Document Name, coded")

Elemente		**Daten**
MID	**MESSAGE IDENTIFICATION**	**73449**
1004	Document Number	920129
	Document Date and Time, coded	
2002	Time	13.04
SDE	**SENDER DETAILS**	
	Sender	
0393	Party Name, coded	0942012875632 3036
	Party Name	Vehicle Corp.
	Contact Details	
3412	Department or Employee	Mr John Smith
3412	Department or Employee	Dept. 2100
3928	Telephone Number	+12 83 4527719
RDE	**RECEIVER DETAILS**	
	Receiver	
3039	Party Name, coded	093153584711
3036	Party Name	Supplier Corp.
	Contact Details	
3412	Department or Employee	Ms Mary Brown
3412	Department or Employee	Smalltown Plant
3928	Telephone Number	+21 55 3499100
DAN	DOCUMENT REFERENCES	
	Document Name	
1000	Document Name	Project Reference
1004	Document Number	Project 37710
DAN	**DOCUMENT REFERENCES**	
	Document Name	
1001	Document Name, coded	220
1000	Document Name	Purchase Order
1004	Document Number	T002391311
	Document Date and Time	
2007	Document Date, coded	911216

EFC	**ENGINEERING FILE CHARACTERISTICS**	
	File Information	
1899	File Sequence Number	2
	File Format	
6913	File Format, coded	VFS, (=VDAFS)
9906	Format Version	2.0
	Data Code	
1939	Data Code, coded	646, (=ISO 646 IRV)
	Generating System	
4882	Generating System	CADDS 4X
4880	Generating System's Version	6.2
	File Status	
9909	File Status, coded	TOD, (=For tool design)
	Data Type	
4894	Data Type	3D surface model
DSD	**DRAWINGS SPECIFICATION DETAILS**	
1809	Drawing Number	29956866
	Drawing Description	
1808	Drawing Description	Transmission Housing
	Technical Status	
7860	Design Revision Number	4
2001	Date, coded	911029
FTX	**FREE TEXT**	
4440	Free Text	Changes since previous issue:
4440	Free Text	4 holes added for oil filter
4440	Free Text	bracket.
EFC	**ENGINEERING FILE CHARACTERISTICS**	
	File Information	
1899	File Sequence Number	3
	File Format	
6913	File Format, coded	NAT (=Native)
	Generating System	
4882	Generating System	WordPerfect
4880	Generating System's Version	5.1
	Data Type	
4894	Data Type	Textfile

LOF	**LINKS TO OTHER FILES**	
	File Information	
1899	File Sequence Number	2
	Link Purpose	
4883	Link Purpose, coded	LAY, (=Layer Conv.)
TOT	**TOTALS**	
	Quantity	
6060	Quantity	3
6410	Measure Unit Specifier	PCE

Daraus ergibt sich die nachfolgend dargestellte ENGDAT-Beschreibungsdatei. (Bild E.1)

```
MID+73449+920129:1304'
SDE+0942012875632:VEHICLE CORPORATION++MR JOHN
     SMITH:DEPT.2100:?+12 83 4527719'
RDE+093153584711:SUPPLIER CORPORATION++FRAU MARIA
     BRAUN:SMALLTOWN PLANT:?+21 55 3499100'
DAN+:PROJECT+37710' DAN+220:BESTELLUNG+T002391311+911216'
EFC+2+VFS:VDAFS:2.0+646:ISO 646 IRV+CADDS 4X:6.2+TOD:FOR TOOL
DESIGN++3D SURFACE MODEL'
DSD+++29956866++TRANSMISSION HOUSING+4::911029'
FTX+CHANGES SINCE PREVIOUS ISSUE?::4 HOLES ADDED FOR OIL
     FILTER: BRACKET'
EFC+3+NAT:NATIVE++WORDPERFECT:5.1+++TEXTFILE'
LOF+2+LAY:LAYER CONVENTION'
TOT+3:PCE'
```

Bild E.1
ENGDAT-Beschreibungsdatei

Sachverzeichnis